PHP+ MySQL

网站开发

全程实例 第 2 版

于荷云 编著

清华大学出版社

北京

内 容 简 介

本书以全程实例教学为设计目标，内容丰富，图文并茂，对每一个知识点都进行了详细深入的讲解。从网站开发环境的配置及PHP的基本语法规范入手，由浅入深，循序渐进地介绍了PHP+MySQL开发技术在实际网站开发过程中的运用，并针对动态网站开发的关键功能模块，一步步引导读者掌握PHP应用开发技术的核心知识结构。

本书共分10章，在内容编排上独具匠心，各章节的知识点相互独立又前后贯穿有序。每章的实例均符合所讲解的知识点，实现了理论与实践相结合，对读者在学习过程中整理思路、构思创意会有所帮助。

本书对于PHP应用开发的新手而言是一本不错的入门教材，也适合有一定基础的网络开发人员，以及大中专院校的师生学习和参考。

本书封面贴有清华大学出版社防伪标签，无标签者不得销售。

版权所有，侵权必究。侵权举报电话：010-62782989　13701121933

图书在版编目（CIP）数据

PHP+MySQL网站开发全程实例/于荷云编著. – 2版. – 北京：清华大学出版社，2015（2019.1重印）
ISBN 978-7-302-39905-6

I. ①P… II. ①于… III. ①PHP语言—程序设计②关系数据库系统 Ⅳ. ①TP312②TP311.138

中国版本图书馆CIP数据核字（2015）第080021号

责任编辑：夏非彼
封面设计：王　翔
责任校对：闫秀华
责任印制：刘海龙

出版发行：清华大学出版社
　　　网　　　址：http://www.tup.com.cn，http://www.wqbook.com
　　　地　　　址：北京清华大学学研大厦A座　　　　邮　　编：100084
　　　社 总 机：010-62770175　　　　　　　　　　邮　　购：010-62786544
　　　投稿与读者服务：010-62776969，c-service@tup.tsinghua.edu.cn
　　　质量反馈：010-62772015，zhiliang@tup.tsinghua.edu.cn
印 装 者：北京鑫海金澳胶印有限公司
经　　销：全国新华书店
开　　本：190mm×260mm　　　印　张：25.25　　　字　数：646千字
版　　次：2012年12月第1版　　2015年6月第2版　　印　次：2019年1月第6次印刷
定　　价：59.00元

产品编号：061298-01

前　言

PHP是一种执行于服务器端、嵌入HTML文档的脚本语言，语言风格类似于C语言。 MySQL是一种关联数据库管理系统，其体积小、速度快、总体拥有成本低、开放源码。MySQL搭配PHP和Apache可组成良好的开发环境，该技术已成为目前国内中小型网站普遍采用的网站开发方式。

本书共分10章，前2章介绍网站开发环境的配置及PHP的基本语法规范，后8章分别为8个完整的网站开发全程实例，读者可根据自己的需要打乱顺序学习，借鉴这些项目。各章节的内容如下：

第1章引导读者进入PHP开发领域，了解Web开发所需要的各种构件，掌握基于数据库的动态网站运行原理，以及PHP的功能、开发优势和发展趋势。在Windows系统下独立安装各种PHP所需要的开发环境，掌握MySQL数据库的管理方法。

第2章以小实例的形式着重介绍了PHP的基本语法，包括语言风格、数据类型、变量、常量、PHP运算符和表达式的内容；还介绍了PHP的语言结构，包括条件语句、循环语句等流程控制结构和函数声明与应用的各个环节；介绍了PHP的数组与数据结构的应用。

第3章介绍了全程实例：成绩查询系统。重点介绍了Dreamweaver进行PHP开发的流程，搭建PHP动态系统开发的平台，检查数据库记录的常见操作和编辑记录的常见操作。

第4章介绍了全程实例：用户管理系统。本书按照软件开发的基本过程，以系统的需求分析、数据库设计和系统的设计为基本开发步骤，详细介绍了用户管理系统开发的全部过程。通过对用户注册信息的统计，可以让管理员了解到网站的访问情况；通过对用户权限的设置，可以限制其对网站页面的访问。

第5章介绍了全程实例：新闻管理系统。新闻管理系统主要实现对新闻的分类和发布，本实例模拟了一般新闻媒介的发布过程。新闻管理系统的作用就是在网上传播信息，通过对新闻的不断更新，使用户能及时了解行业信息、企业状况以及其他需要了解的知识。PHP实现这些功能相对比较简单，涉及的主要操作有访问者的新闻查询功能，系统管理员对新闻的新增、修改和删除功能。

第6章介绍了全程实例：在线投票管理系统。一个投票管理系统可分为3个主要的功能模块：投票功能、投票处理功能以及显示投票结果功能。投票管理系统首先给出投票选题，即供投票者选择的表单对象，当投票者单击选择投票按钮后，投票处理功能激活，对服务器传送过来的数据做出相应的处理，先判断用户选择的是哪一项，并累计相应项的字段值，然后对数据库进行更新，最后将投票的结果显示出来。

第7章介绍了全程实例：留言簿管理系统。网站留言板管理系统的功能主要是实现网站的访问者和网站管理者的一个交互性，访问者可以向管理者提出任何意见和信息，管理者可以在后台及时回复。开发的技术主要涉及数据库留言信息的插入，回复和修改信息的更新等操作，在设计回复时还会涉及一些关于PHP时间函数的设置问题。

第8章介绍了全程实例：网站论坛管理系统。论坛管理系统的主要功能是通过在计算机上运行服务软件，允许用户使用终端程序，通过Internet来进行连接，执行用户消息之间的交互功能。支持用户建贴、回复、搜索、查看等功能。主要设计网站论坛管理系统的首页，用户可以在这里发布讨论的主题，也可以回复主题，并且版主可以对自己的栏目或版块进行删除、修改等操作。

第9章重点介绍了全程实例：翡翠电子商城前台。网上购物系统通常拥有产品发布、订单处理和购物车等动态功能。管理者登录后台管理，即可进行商品维护和订单处理操作。网络商店是比较庞大的系统，它必须拥有会员系统、查询系统、购物流程和会员服务等功能模块，这些功能模块通过用户身份的验证统一进行使用，从技术角度上分析难点就在于数据库中各系统数据表的关联。本实例介绍了使用PHP进行网上购物系统前台开发的方法，系统介绍了翡翠电子商城的前台设计、数据库的规划以及常用的几个前台功能模块的开发。

第10章介绍了全程实例：翡翠电子商城后台。翡翠电子商城前台主要实现了网站针对会员的所有功能，包括了会员注册，购物车以及回复留言功能的开发。但一个完善的网上购物系统并不只提供给用户注册，还要给网站所有者一个功能齐全的后台管理功能。网站所有者登录后台管理即可进行发布新闻公告、会员注册信息的管理、回复留言、商品维护以及进行订单的处理等等。

本书是针对PHP开发初级读者特别编写的图书，书中使用的Dreamweaver CC是最新版本，书中应用到了Dreamweaver CC的扩展应用如"服务器行为"面板的绑定，可以方便初学者快速实现PHP的动态功能开发，读者在下载Dreamweaver CC版本后需要安装Adobe Extension Manage CC，然后下载Deprecated_ServerBehaviorsPanel_Support.zxp扩展安装即可以完全使用。

本书由于荷云编著，此外，陈益材、韩美坤、姜海洋、施慧、王峰、王楗楠、王玉州、于清勇、张波、朱文军、邹亮等参与了部分章节的编写工作，他们均为常年从事商业网站建设的资深网页设计师。由于作者水平有限，书中疏漏之处在所难免，恳请专家和广大读者批评指正。在学习过程中如果遇到疑难问题，可以通过以下方式与我们联系：booksaga@126.com，也可以访问图格新知官方微博http://weibo.com/booksaga留言，我们将在第一时间给予答复！

本书实例项目代码可以从下面网址下载，如果下载有问题可发电子邮件索取，邮件主题为"求PHP+MySQL一书代码"。

下载网址：http://pan.baidu.com/s/1qWHTCte

编　者

2015年12月

目　录

第 **1** 章

PHP 网站开发环境的配置

PHP是一种多用途脚本语言，尤其适合于Web应用程序开发。使用PHP强大的扩展性，可以在服务端连接Java应用程序，还可以与.NET建立有效的沟通甚至更广阔的扩展，从而可以建立一个强大的环境，以充分利用现有的和其他技术开发的资源。并且，开源和跨平台的特性使得使用PHP架构能够快速、高效地开发出可移植的、跨平台的、具有强大功能的企业级Web应用程序。在使用PHP进行网站开发之前，需要在操作系统上搭建一个适合PHP开发的操作平台。使用Windows自带的IIS服务器或者单独安装一个Apache服务器都可以实现PHP的解析运行，对于刚入门的新手而言， PHP的开发环境推荐使用Apache（服务器）＋Dreamweaver（网页开发软件）＋MySQL（数据库）组合，本章将重点介绍PHP网站开发环境的配置。对于初学者建议直接安装XAMPP集成环境进行学习。

本章的学习重点

- PHP 5.0的基础知识
- Apache服务器的安装与配置
- PHP环境的安装与配置
- MySQL数据库的安装
- phpMyAdmin的配置和使用
- XAMPP安装和使用

1.1 PHP 5.0开发环境与特性

PHP全名为 Personal Home Page，是最普及、应用最广泛的Web开发语言之一，其语法混合了C、Java、Perl以及PHP自创新的语法。它具有开放的源代码，多种数据库的支持，并且支持跨平台的操作和面向对象的编程，而且有完全免费的特点。本小节首先介绍一下最新版本PHP 5.0的一些新特点和开发环境的搭建知识。

1.1.1 开发环境的配置步骤

PHP的运行环境需要两个软件的支持：一个是PHP运行的Web服务器Apache，而在具体安装Apache服务器之前首先又要在运行的系统上安装支持Apache服务器的Java 2 SDK；一个是PHP运行时需要加载的主要软件包，该软件包主要是解释执行PHP页面的脚本程序，如解释PHP页面的函数。本书主要介绍Windows操作系统下使用Apache+PHP配置环境的方法。

PHP开发运行环境的需求如图1-1所示：

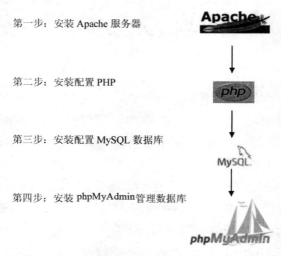

第一步：安装 Apache 服务器

第二步：安装配置 PHP

第三步：安装配置 MySQL 数据库

第四步：安装 phpMyAdmin管理数据库

图 1-1　PHP 环境配置步骤

1.1.2 PHP 5.0的新特性

PHP是超文本预处理语言（PHP:Hypertext Preprocessor）的嵌套缩写，是一种HTML内嵌式的语言。与微软的ASP相似，都是一种在服务器端执行、嵌入HTML文档的脚本语言，语言的风格又类似于C语言，现在被很多的网站编程人员接纳采用。

用PHP做出的动态页面与其他的编程语言相比，PHP是将程序嵌入到HTML文档中去执行，执行效率比完全生成HTML标记的CGI要高许多；与同样是嵌入HTML文档的脚本语言JavaScript相比，PHP在服务器端执行，充分利用了服务器的性能；PHP执行引擎还会将用户经常访问的PHP程序驻留在内存中，其他用户再一次访问这个程序时就不需要重新编译程序，只要直接执行内存中的代码就可以，这也是PHP高效率的体现之一，如图1-2所示为PHP的运行模式。PHP还具有非常强大的功能，所有的CGI或者JavaScript的功能PHP

都能实现，而且支持几乎所有流行的数据库以及操作系统。

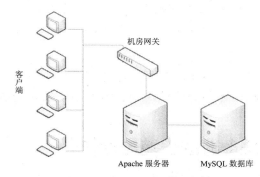

图 1-2 PHP 网站的运行模式

　　PHP最初只是简单地用Perl语言编写的程序，用来统计自己网站的访问量。后来又用C语言重新编写，包括可以访问数据库等功能，并在1995年发布了PHP 1.0。2004年7月13日PHP 5.0正式版本的发布，标志着一个全新的PHP时代的到来。它的核心是第二代Zend引擎，并引入了对全新的PECL模块的支持。在不断更新的同时，PHP 5.0依然保留对旧PHP 4.0程序的兼容。随着MySQL数据库的发展，PHP 5.0还绑定了新的MySQLi扩展模块，提供了一些更加有效的方法和实用工具用于处理数据库操作。PHP 5.0添加了面向对象的PDO（PHP Data Objects）模块，提供了另外一种数据库操作的方案，统一数据库操作的API。另外，PHP 5.0中还改进了创建动态图片的功能，目前能够支持多种图片格式（如PNG、GIF、TTIF、JPEG等）。PHP 5.0已经内置了对GD2库的支持，因此安装GD2库（主要指UNIX系统中）也不再是件难事，这使得处理图像变得十分简单和高效。

　　PHP 5.0还增加了只有成熟的编程语言体系结构中才有的一些特性，如下面列出的这些特性。

　　（1）增加的面向对象能力

　　PHP 5.0的最大特点是引入了面向对象的全部机制，并且保留了向下的兼容性。程序员不必再编写缺乏功能性的类，并且能够以多种方法实现类的保护。另外，在对象的集成等方面也不再存在问题。使用PHP 5.0引进的类型提示和异常处理机制，能更有效地处理和避免错误的发生。PHP 5.0增加了很多功能，例如显式构造函数和析构函数、对象克隆、类抽象、变量作用域和接口等。

　　（2）try/catch异常处理

　　从PHP 5.0开始支持异常处理。在许多语言中，如C++、C#、Python和Java等，异常处理长期以来一直都是错误管理方面的中流砥柱，为建立标准化的错误报告逻辑提供了一种绝佳的方法。

　　（3）字符串处理

　　之前版本的PHP默认将字符串看作数组，这也反映了PHP原先的数据类型观点不够严密。这种策略在版本5.0中有所调整，引入了一种专门的字符串偏移量（offset）语法，而以前的方法已经废弃不用。

（4）XML和Web服务支持

现在的XML支持建立在libxml2库基础上，并引入一个很新并且非常有前途的扩展包来解析和处理XML：SimpleXML。此外，PHP 5.0还支持SOAP扩展。

（5）对SQLite的内置支持

PHP 5.0为功能强大、简洁的SQLite数据库服务器提供了支持。如果开发人员需要使用一些只有重量级数据库产品中才有的特性，同时不希望带来相应的管理开销，SQLite则是一个很好的解决方案。

1.2　Apache服务器的安装与操作

基于Windows操作系统支持PHP开发的服务器主要有IIS和Apache两款，其中Apache服务器是专门为PHP设置的解析服务器，本小节重点介绍Apache服务器的安装和设置。

1.2.1　Apache服务器的知识

自从PHP发布之后，推出了各式各样的PHP引擎，最为经典的配置就是使用Apache服务器。Apache是一种开源的HTTP服务器软件，可以在包括UNIX、Linux以及Windows在内的大多数主流计算机操作系统中运行，由于其支持多平台和良好的安全性而被广泛使用。Apache作为常驻的后台任务运行。在UNIX系统中为守候进程（Daemon），在 Windows系统中为服务（Service）。由于Apache服务器的启动阶段比较耗费时间和资源，因此它一般在操作系统启动时被启动并一直运行。

Apache的运行分为启动阶段和运行阶段。启动阶段时，Apache 以特权用户root启动，进行解析配置文件、加载模块和初始化一些系统资源（例如日志文件、共享内存段、数据库连接）等操作。处于运行阶段时，Apache 放弃特权用户级别，使用非特权用户来接收和处理网络中用户的服务请求。这种基本安全机制可以阻止 Apache 中由于一个简单软件错误（也可能是模块或脚本）而导致的严重系统安全漏洞，例如微软的IIS就曾遭受"红色代码（Code Red）"和"尼姆达（Nimda）"等恶意代码的溢出攻击。

Apache的主配置文件通常为httpd.conf。但是由于这种命名方式为一般惯例，并非强制要求，因此提供rpm或者deb包的第三方，Apache发行版本可能使用不同的命名机制。另外，httpd.conf文件可能是单一文件，也可能是通过使用Include指令包含不同配置文件的多个文件集合。有些发行版本的配置非常复杂。httpd.conf 文件是一个文本文件，在系统启动时被逐行解析。该文件由指令、容器和注释组成。配置文件内允许有空行和空格，它们在解析时被忽略不计。

1.2.2　Apache服务器的下载

Apache软件和其他免费软件一样，可以直接到Apache的官方网站进行下载，下载的地址是：http://httpd.apache.org/download.cgi。下载Apache的最新版本步骤如下：

01 打开IE浏览器，在网址列输入http://httpd.apache.org/download.cgi链接至Apache的官方网站，如图1-3所示。

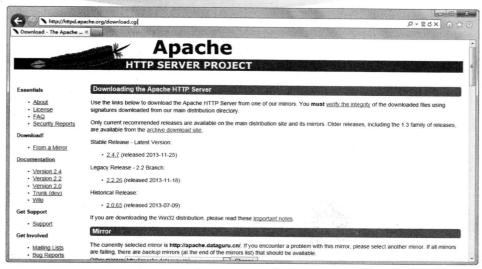

图 1-3　打开的官方网站

02 在这个页面中有许多的下载选项，为了初学者安装的容易，下载Apache的自动安装程序，单击选择页面上的"httpd-2.0.65-win32-x86-no_ssl.msi"文字，如图1-4所示。

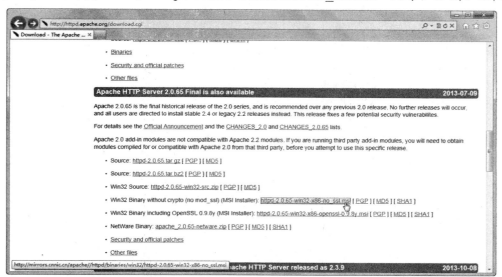

图 1-4　选择相应的文件下载

本书所下载的是编写此书时的最新版本，由于Apache软件经常更新版本，读者可能会下载到不同的最新版本，但这不会影响后面的操作与设置。

1.2.3　Apache服务器的安装

完成下载Apache的安装程序后，双击下载的可执行安装文件（在本书的原素材资源中phpsoft文件夹下也有下载的安装文件包），如图1-5所示。

图 1-5 下载的 Apache 安装文件包

安装的步骤如下：

01 双击安装文件包，Apache安装精灵会提示我们将安装Apache服务器，并有警告信息，如图1-6所示。

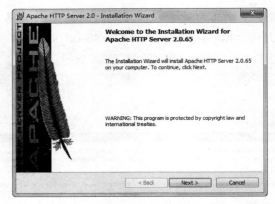

图 1-6 开始安装

02 单击 Next > 按钮，继续安装程序。选中 "I accept the terms in the license agreement（我接受告知条款上的内容）" 单选按钮同意合约的授权，继续进行安装，如图 1-7所示。

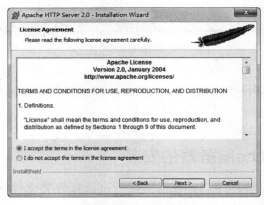

图 1-7 同意安装

03 单击 Next > 按钮，继续安装程序，打开 "Read This First（预读下面内容）" 界面，如图1-8所示。

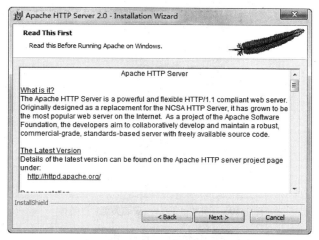

图 1-8 "Read This First（预读下面内容）" 界面

04 在预读界面中主要是介绍Apache HTTP Server（Apache网页服务器）的一些基础知识，初次使用的读者可以认真地去了解一下，以方便进一步地使用。单击 Next > 按钮，打开 "Server Information（服务器信息）" 界面，如图1-9所示。这里要自行设定服务器和域名名称，并要输入管理者的联系邮箱。

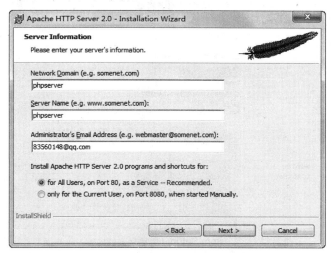

图 1-9 "Server Information（服务器信息）" 对话框

05 设定完成后，再单击 Next > 按钮，继续进行下一步的安装。打开 "Setup Type（安装类型）" 界面，这里有Typical（典型）和Custom（自定义）安装两个单选项，如图1-10所示。

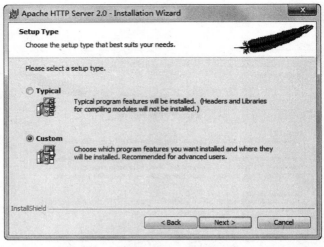

图 1-10　″Setup Type（安装类型）″界面

06 选中"Custom（自定义）"单选按钮，再单击 Next > 按钮，打开"Custom Setup（自定义安装内容）"界面，如图1-11所示。这里将选择所有的内容进行安装以方便后面PHP程序的开发应用的需要，由于Apache预设的路径有点长，为了方便起见，因此将安装路径改成C:\Apache，单击"Change（改变）"按钮，将服务器的安装路径设置为C:\Apache\。

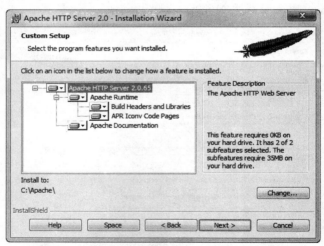

图 1-11　″Custom Setup（自定义安装内容）″界面

07 单击 Next > 按钮，打开"Ready to Install the Program（准备安装）"界面，如图1-12所示。

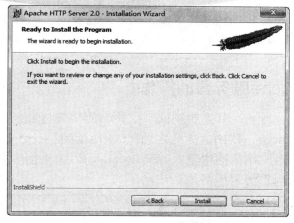

图 1-12　准备安装对话框

08 单击 `Install` 按钮，开始进行具体的安装，安装的过程如图1-13所示。

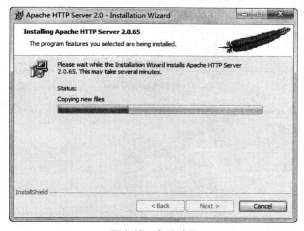

图 1-13　安装过程

09 安装完成后，单击 `Finish` 按钮，如图1-14所示。

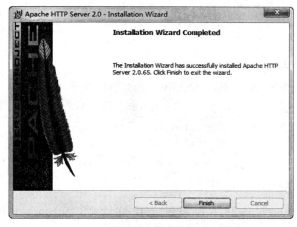

图 1-14　完成安装

到此Apache服务器的安装步骤就完成了。这里在完装的时候要注意使用的操作系统端口80不能被占用，如果计算机上默认安装了IIS并已经占用了80端口，那么需要将其禁用方可安装成功。

1.2.4 Apache服务器的操作

安装Apache服务器完成后，首先要测试一下前面的安装与设定是否成功，由于我们是在本地计算机安装Apache服务器的，因此它的HTTP地址的预设路径是http://localhost。

首先请打开IE浏览器，在地址栏输入http://localhost，如果能顺利开启如图1-15所示的网页画面，就表示Apache服务器服务成功启动了。

图 1-15　测试成功页面

Apache服务器的服务，对PHP网页的执行有很重要的关联，因此接着我们要来说明Apache服务器的设定与操作。

1. Apache 服务器的启动

当在Apache服务器安装完成的页面上，已经勾选"for All User,on Port 80,as a Service-Recommended."的选项，那么Apache就已经自动启动。可以发现在Windows工作列上的系统图标多了一个图示。

如果Apache服务器停止服务后要再启动Apache服务器，请在Windows系统图标中的图标上单击鼠标右键弹出快捷菜单，再选择"Start（开始）"选项就可以重新启动Apache服务器。

2. Apache 服务器的停止

如果要停止Apache服务器，请在Windows系统图标中的图标上单击鼠标右键弹出快捷菜单，只要选择"Stop（停止）"选项就可以停止Apache服务器的服务，如图1-16所示；这时，Apache的系统图标变成。

图 1-16　停止操作界面

3. Apache 服务器的目录

正常情况下，Apache服务器主目录的预设位置在C:\Program Files\Apache Software Foundation\Apache路径下；由于前面安装时将Apache服务器安装在C:\Apache文件夹中，因此主目录也在C:\Apache路径下，打开的二级目录如图1-17所示。

图 1-17　打开的文件夹目录

Apache服务器各主目录的意义与用途说明如表1-1所示。

表1-1　Apache安装文件夹说明

文件夹名称	主要功能
bin	储存编译程序及指令文件
cgi-bin	储存用于设置支持cgi的文件
conf	储存服务器结构档案，httpd.conf文件是设置服务器的主要文件
error	储存运行出错时提示用的文件
htdocs	储存运行成功时显示的文件，该版本就简单的一行字
icons	储存服务器显示相应网页的所有图片文件
include	储存支持服务器的一些主要包含文件
lib	储存Apache所需的lib文件
logs	储存日志档案
manual	储存服务器的模块功能文件
modules	储存网页应用程序的目录
proxy	储存代理的功能模块

4. 服务器的网站目录

Apache服务器安装完成后，需要将所有PHP网站目录都放到C:/Apache/Apache 2/htdocs文件夹内。例如写了一个名为website的PHP网站目录，则这个website的网站目录位置应该放到C:\Apache\Apache 2\htdocs\的资料夹中。当然也可以直接打开httpd.conf文件，找到如图1-18所示的位置，将ServerRoot "C:/Apache/Apache2"这一行代码进行相应的设置即可更改为新的网站目录。

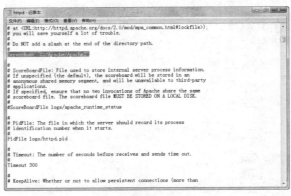

图 1-18　设置网站文件位置

进行到此，已经完成了PHP网页开发环境Apache服务器的安装。

1.3　PHP的安装与配置

在计算机上安装完成Apache服务器后，就要开始安装和配置PHP的执行环境，PHP的安装与配置有多种方法，这里介绍使用PHP官方提供的安装包来进行安装的方法。

1.3.1　PHP5软件的下载

安装好Apache服务器以后，下面开始安装PHP。PHP开发软件包是开发PHP程序的核心，该软件包需要从PHP官方网站下载，地址为http://www.php.net。目前PHP最新的版本是2013年12月发布的PHP 5.3.28，这里以该版本为例，下载的页面如图1-19所示。

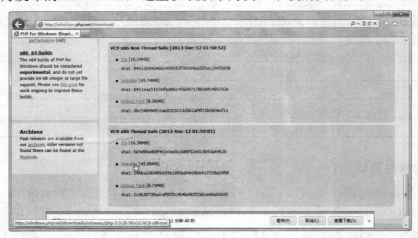

图 1-19　下载 PHP 的最新安装版本

PHP5.3.28有None Thread Safe与Thread Safe两种版本可供选择。这两种版本有何不同，作为使用者来说又应该如何选择呢？先从字面意思上理解，None Thread Safe就是非线程安全，在执行时不进行线程（thread）安全检查；Thread　Safe就是线程安全，执行时会进行线程（thread）安全检查，以防止有新要求就启动新线程的CGI执行方式耗尽系统资源。再来看PHP的两种执行方式：ISAPI和FastCGI。FastCGI执行方式是以单一线程来执行操作，所以不需要进行线程的安全检查，除去线程安全检查的防护反而可以提高执行效率，所以，

如果是以FastCGI（无论搭配 IIS 6 或 IIS 7以上更高版本）执行PHP ，都建议下载、执行 Non Thread Safe版本的PHP （PHP 的二进位文档有两种包装方式：msi 、zip ，请下载zip 套件）。而线程安全检查正是为ISAPI方式的PHP准备的，因为有许多PHP模块都不是线程安全的，所以需要使用Thread Safe的PHP。本书是使用Apache服务器，所以要选择VC9版本的 Thread Safe这个PHP来安装。

1.3.2　PHP5软件的安装

下载后即可以开始PHP的安装，具体的安装步骤如下：

01 双击下载的文件php-5.3.28-win32-installer.msi，弹出PHP安装程序欢迎安装向导对话框，如图1-20所示。

图 1-20　欢迎安装界面

02 单击 Next 按钮，打开 "End-User License Agreement（终端用户许可）" 界面。选中 "I accept the terms in the license Agreement" 复选框，同意合约的授权，继续进行安装，如图1-21所示。

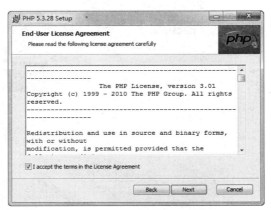

图 1-21　同意安装

03 单击 Next 按钮，打开 "Destination Folder（安装路径文件）" 界面，单击Browse（浏览）按钮来更改PHP的安装路径，这里设置为C: \PHP\，如图1-22所示。

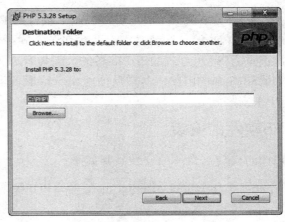

图 1-22　设置安装路径

04 设置PHP安装路径之后，单击 Next 按钮，选择需要安装的Apache版本号，这里为Apache 2.2x Module，如图1-23所示。

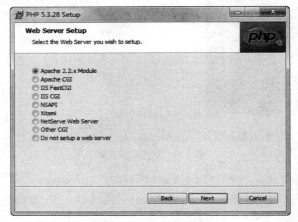

图 1-23　选择 Apache 版本号

05 单击 Next 按钮，设置Apache服务器的安装路径，如图1-24所示。

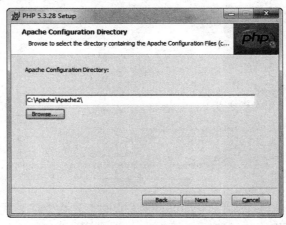

图 1-24　设置 Apache 服务器安装路径

06 然后单击 Next 按钮，打开 "Choose Items to Install（选择安装项目）" 界面，选择要安装的PHP组件，设置如图1-25所示。

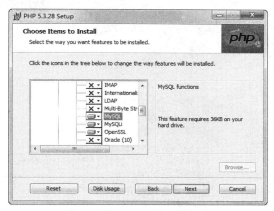

图 1-25　选择需安装的 PHP 组件

在安装的时候一定要展开PHP的列选项，选择MySQL的组件，这样才能把PHP和MySQL数据库关联起来，以方便进一步的数据库连接使用。

07 设置完成后单击 Next 按钮，打开 "Ready to install PHP（准备安装）" 界面，如图1-26所示。

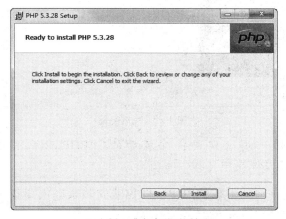

图 1-26　准备安装对话框

08 单击 Install 按钮安装PHP，安装的过程会有安装进度提示，如图1-27所示。

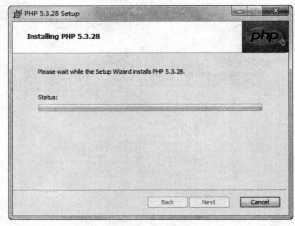

图 1-27　安装过程

09 安装完成后会显示完成对话框，提示成功安装了 PHP 软件包，单击 [Finish] 按钮完成安装，如图 1-28 所示。

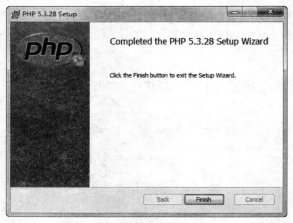

图 1-28　完成安装

10 这是最关键的一步，需要将安装后的 C:\PHP\ext 文件夹下的驱动都复制到 C:\WINDOWS\system32 文件夹中。

如果读者在 PHP 官方网站下载的 PHP 软件包非安装程序而是压缩包，那么在配置时需要设置环境变量。设置环境变量的具体方法如下：

首先将 PHP 包解压到指定文件夹中作为 PHP 的根目录，例如 C:\PHP 目录中。然后再配置 Apache 运行时需要加载的 php5apache2_2.dll 文件。方法是将 PHP 的安装路径追加到 Windows 系统中 path 路径的下面。右击"我的电脑"，选择"属性"命令，在弹出的"系统属性"对话框中切换到"高级"选项卡，再单击"环境变量"按钮，打开"环境变量"对话框。从"系统变量"列表中找到 Path 路径，单击"编辑"按钮后，在弹出对话框的"变量值"文本框中将"C: \PHP"追加到路径中即可，如图 1-29 所示。

图 1-29　编辑系统变量对话框设置

1.3.3　让Apache支持PHP

安装完成PHP并不能直接在Apache里运行PHP文件，还要进一步配置一下Apache才可以支持PHP的运行，配置的方法很简单，方法如下：

01 进入Apache服务器的安装文件夹，如图1-30所示。

图 1-30　进入 Apache 的安装文件夹

02 双击进入conf目录，打开httpd.conf文件，在文件的最下方增加下面1行内容（如图1-31所示）：

```
AddType application/x-httpd-php  .php
```

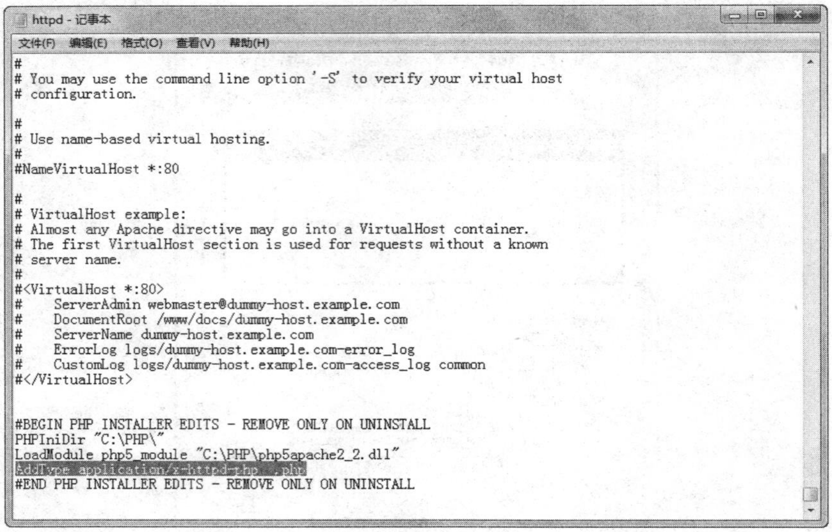


```
#
# You may use the command line option '-S' to verify your virtual host
# configuration.

#
# Use name-based virtual hosting.
#
#NameVirtualHost *:80

#
# VirtualHost example:
# Almost any Apache directive may go into a VirtualHost container.
# The first VirtualHost section is used for requests without a known
# server name.
#
#<VirtualHost *:80>
#    ServerAdmin webmaster@dummy-host.example.com
#    DocumentRoot /www/docs/dummy-host.example.com
#    ServerName dummy-host.example.com
#    ErrorLog logs/dummy-host.example.com-error_log
#    CustomLog logs/dummy-host.example.com-access_log common
#</VirtualHost>


#BEGIN PHP INSTALLER EDITS - REMOVE ONLY ON UNINSTALL
PHPIniDir "C:\PHP\"
LoadModule php5_module "C:\PHP\php5apache2_2.dll"
AddType application/x-httpd-php .php
#END PHP INSTALLER EDITS - REMOVE ONLY ON UNINSTALL
```

图 1-31　加入支持 PHP 的代码

该段代码中，第1行表示要加载的模块在哪个位置存储。

第2行表示PHP所在的初始化路径。

第3行表示将一个MIME类型绑定到某个或某些扩展名。.php只是一种扩展名，这里可以设定为.html、.php2等。

此时PHP环境就配置完成了。

03 同样查找DirectoryIndex这个代码：将其后面的代码改为如下：

```
DirectoryIndex index.php default.php index.html
```

表示默认访问站点时打开的首页顺序是index.php default.php index.html。

1.3.4 PHP环境的测试

PHP软件包安装完成后，就可以在Apache中测试PHP环境是否正确了。下面创建一个PHP示例来测试，该示例是执行一个带有PHP脚本的程序，如果执行成功则证明PHP安装成功。打开Apache下的htdocs目录（这里为C:\Apache\Apache2\htdocs），然后使用记事本创建一个名为test.php的文件，再添加如下代码到文件中。

```
<?php
    phpinfo(); //输出PHP环境信息
?>
```

保存test.php文件，然后在IE浏览器的地址栏中输入http://localhost/test.php，如果显示PHP的相关信息，则证明PHP软件包和环境配置成功（如图1-32所示），否则安装失败。

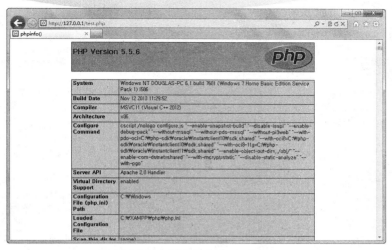

图 1-32　测试安装成功显示的页面

特别说明：本书第1版有很多读者反馈装到这一步的时候运行不了，主要是因为安装系统和环境不同的结果，为了解决这一问题笔者建议初学者使用集成环境，如XAMPP（Apache+MySQL+PHP+PERL）的官方网址：http://www.apachefriends.org/，读者可以下载后一次性安装完成，也不用安装后面的数据库。本书后面的实例也将使用XAMPP环境，方便初学者学习。

> **注意**
>
> 由于刚才在前面重新配置了Apache服务器，所以在测试之前一定要重启一下Apache服务器，让配置的功能能够正确地使用上。

 1.3.5 PHP文件的配置

安装 PHP 后还可以根据需要编辑 php.in 文件，对 PHP 的配置进行设置。下面就将对 PHP 配置文件 php.ini 的组织方式进行简要的说明。文件命名为 php.ini 的原因之一是它遵循许多 Windows 应用程序中 INI 文件的常见结构。php.ini 是一个 ASCII 文本文件，并且被分成几个不同名称的部分，每一部分包括与之相关的各种变量。

每一部分类似于如下结构：

```
[MySection]
variable="value"
anothervariable="anothervalue"
```

各部分的名称通过方括号"[ ]"括起来放在顶部，然后是任意数量的"变量名=值"对，每一对占单独一行。如果行以分号";"开头则表明该行是注释语句。

在php.ini中允许或禁止PHP功能变得非常简单。只需要将相关语句注释掉而无须删除，该语句就不会被系统解析。特别是当希望在一段时间以后重新打开某种功能的时候特别方便，因为不需要在配置文件中将此行删除。

如下面php.ini文件中的一个片段：

```
;;;;;;;;;;;;;;;;;;;;
; Language Options ;
;;;;;;;;;;;;;;;;;;;;
; Enable the PHP scripting language engine under Apache.
engine = On
; Enable compatibility mode with Zend Engine 1 (PHP 4.x)
zend.ze1_compatibility_mode = Off
; Allow the <? tag.  Otherwise, only <?php and <script> tags are
recognized.
; NOTE: Using short tags should be avoided when developing applications
or
; libraries that are meant for redistribution, or deployment on PHP
; servers which are not under your control, because short tags may not
; be supported on the target server. For portable, redistributable code,
; be sure not to use short tags.
short_open_tag = Off
; Allow ASP-style <% %> tags.
asp_tags = Off
; The number of significant digits displayed in floating point numbers.
precision    = 14
```

在这个文件中可对PHP的12个方面进行设置，包括：语言选项、安全模式、语法突出显示、杂项、资源限制、错误处理和日志、数据处理、路径和目录、文件上传、Fopen包装器、动态扩展和模块设置。php.ini文件存放在PHP的安装路径，在每次启动PHP时都会读取。因此，在通过修改php.ini文件改变PHP配置之后，需要重启Web服务器以使配置改变生效。本书的实例需要配置的对象为：

```
magic_quotes_gpc = on
```

magic_quotes_gpc 功能为：是否自动为GPC(get,post,cookie)传来的数据中的\' \" \\加上反斜线。

如果magic_quotes_gpc=On，返回 1 ，PHP 解析器就会自动为post、get、cookie 过来的数据增加转义字符" "，以确保这些数据不会引起程序，特别是数据库语句因为特殊字符引起的污染而出现致命的错误。

在magic_quotes_gpc=On 的情况下，如果输入的数据有单引号（ ' ）、双引号（ " ）、反斜线（ \ ）与NUL（NULL 字符）等字符都会被加上反斜线，这些转义是必须的。如果这个选项为Off，返回 0 ，那么我们就必须调用addslashes函数来为字符串增加转义。

1.4　MySQL数据库的安装

PHP可以与很多数据库完美的结合，从而开发出动态网站。对于初学者而言使用MySQL数据库被认为是容易上手的数据库，本小节就介绍MySQL数据库的下载与安装知识。

1.4.1　MySQL数据库简介

MySQL是一个真正的多用户、多线程SQL数据库服务器。SQL（结构化查询语言）是世界上最流行的和标准化的数据库语言。MySQL是以一个客户机/服务器结构的实现，由一个服务器守护程序mysqld和很多不同的客户程序以及库组成。

SQL是一种标准化的语言，它使得存储、更新和存取信息更容易。例如，能用SQL语言为一个网站检索产品信息及存储顾客信息，同时MySQL也足够快和灵活以允许你存储记录文件和图像。

MySQL主要目标是快速、健壮和易用。最初是因为MySQL创始人需要这样一个SQL服务器——它能处理与任何不昂贵的硬件平台上提供数据库的厂家在一个数量级上的大型数据库，但速度更快，MySQL因此就开发出来。自1996年以来，MySQL一直都在被使用，其环境超过40个数据库，包含10,000个表，其中500多个表超过700万行，这大约有100GB的关键应用数据。

MySQL已用在高要求的生产环境多年，尽管仍在开发中，但它已经提供了一个丰富和极其有用的功能集。

在这里推荐使用MySQL的主要原因在：

- 便宜（通常是免费）。
- 网络承载比较少。
- 经过高度最佳化（HighlyOptimized）。
- 应用程序通过它做起备份来比较简单。
- 为各种不同的数据格式提供弹性的接口。
- 较好学且操作简单。

MySQL的优点有以下几点：

（1）避免网络阻塞

针对多个使用者共同存取的支持，MySQL内定最大连结数为100个使用者。但是，纵使网络上有大量数据往来，似乎并不会对查询最佳化(query optimization)有多大的影响。

（2）最佳化

数据库结构设计也会影响到MySQL的执行效率，例如MySQL并不支持外来键(Foreign key)；这个缺点会影响到我们的数据库设计以及网站的效率。

对于使用MySQL做数据库支持的网站，应该着重的是如何让硬盘存取减少到最低、如何让一个或多个CPU随时保持在高速作业的状态，以及支持适当的网络频宽，而非实际上的数据库设计以及数据查询状况。

（3）多线程

MySQL是一个快速、多线程（multithread）、多使用者且功能强大的关系型数据库管理系统（Relational database management system；RDBMS）。也就是说当客户端与MySQL数据库连接时，服务器会产生一个线程（thread）或一个进程（Process）来处理这个数据库连接的请求（request）。

（4）可延伸性以及数据处理能力

MySQL同时提供高度多样性，能够提供给很多不同的使用者接口，包括命令列、客户端操作、网页浏览器，以及各式各样的程序语言接口，例如C++、Perl、Java、PHP以及Python。

MySQL可用于Unix、Windows、OS/2等平台，也就是说它可以用在个人计算机或者是服务器上。

（5）便于学习

MySQL支持结构化查询语言（Structured Query Language；SQL），那么精通数据库的人在一天之内，就可以把MySQL学会了，对于初学者也非常容易上手。

1.4.2 MySQL数据库的下载

可以到MySQL的官方网站http://www.mysql.com下载MySQL的最新版本。下载MySQL数据库的步骤如下：

01 打开IE浏览器，进入MySQL的官方网站主页（http://www.mysql.com）下载MySQL数据库，如图1-33所示。

图 1-33　打开 MySQL 主页

02 打开下载的频道之后找到相关下载文件，下载的是MySQL的最新版本mysql-5.6.15-win32.msi，单击"Download（下载）"按钮即可下载将要使用的数据库，如图1-34所示。

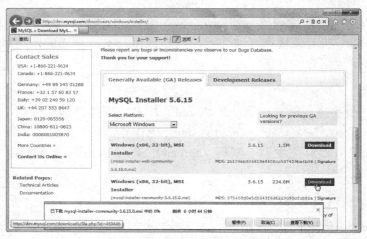

图 1-34　选择下载的版本

1.4.3　MySQL数据库的安装

下载的安装包有240MB，具体的安装步骤如下：

01 双击安装程序mysql-5.6.15-win32.msi，打开欢迎安装对话框，如图1-35所示。该版本较早期的一些版本的安装界面有了很大程度上的改变。

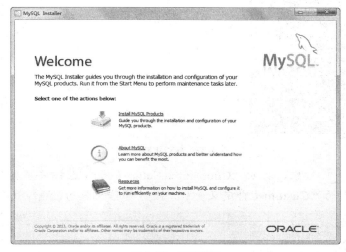

图 1-35　开始安装

02 单击"Install MySQL Products（安装MySQL产品）"按钮以继续安装程序，打开"License Agreement（终端用户许可）"界面。选中"I accept the license terms"复选框同意合约的授权，继续进行安装，如图1-36所示。

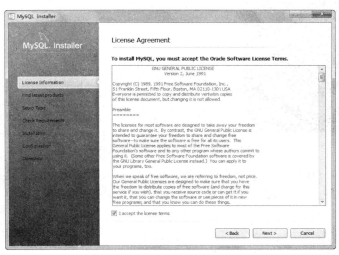

图 1-36　同意许可安装

03 单击 Next 按钮，打开"Find latest products（查找最新版的产品）"界面，提示安装之前可以连接到官方网站进行核查并下载更新版的软件，这里选中"Skip the check for updates（not recommended）（跳过更新）"复选框，如图1-37所示。

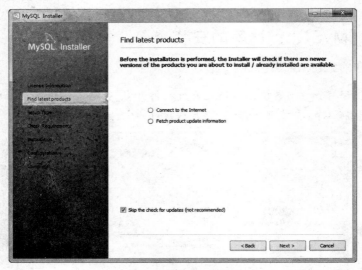

图 1-37　跳过更新设置

04 单击 Next 按钮，打开"Choosing a Setup Type（选择安装类型）"界面，选择 MySQL的安装类型为"Custom（自定义）"，同时将路径改为C:\MySQL，如图1-38所示。

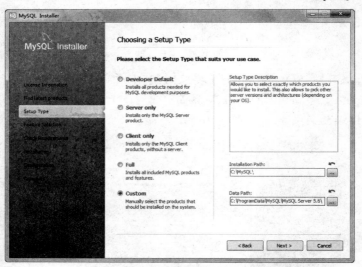

图 1-38　设定安装类型和目录安装

05 确认后，单击 Next 按钮，打开"Feature Selection（安装选择）"界面，在这里建议保持安装的默认值，即选中所有的安装复选框，如图1-39所示。

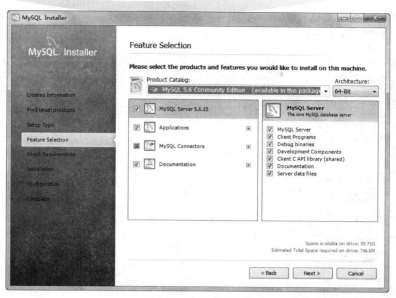

图 1-39　选择安装软件

06 单击 Next 按钮，打开 "Check Requirements（检查组件）" 对话框，在该对话框中要求安装的环境中必须有 .NET Framework 4 和 Visual C++ 等开发组件，如图 1-40 所示。

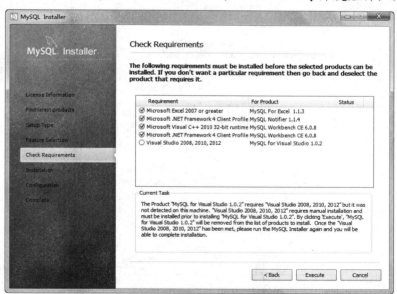

图 1-40　提示要安装的组件

07 如果你的计算机中没有安装相应的组件，单击 Execute 按钮，则安装程序就会自动从互联网下载相应的组件安装程序，下载的进度提示如图 1-41 所示。

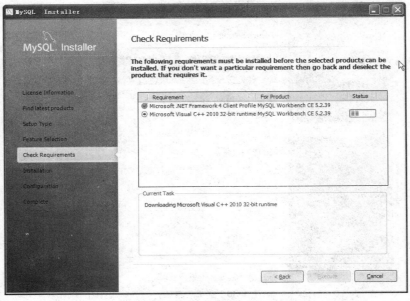

图1-41　设定安装类型和目录安装

08 下载成功后会自动弹出相应组件的开始安装对话框，这里以安装Microsoft Visual C++ 2010为例。打开安装对话框，选中"我已阅读并接受许可条款"复选框，如图1-42所示。

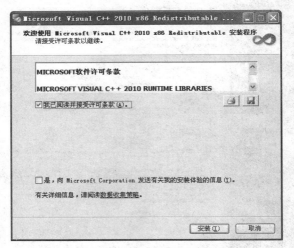

图1-42　接受安装许可对话框

09 单击"安装"按钮，打开"安装进度"对话框，由于只是安装简单的环境组件，并不需要进行复杂的配置，只需等待安装即可，如图1-43所示。

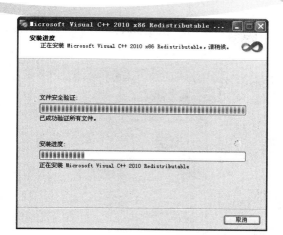

图 1-43　安装组件的过程

🔟 安装结束后会弹出"安装完毕"对话框，如图1-44所示。

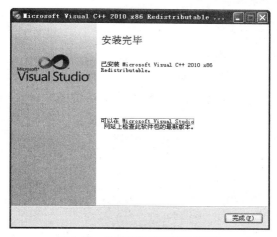

图 1-44　设定安装类型和目录安装

⓫ 单击"完成"按钮，完成组件的安装，这时在原来"Check Requirements（检查组件）"界面中的组件就自动勾选上了，如图1-45所示。

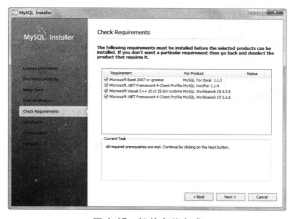

图 1-45　组件安装完成

12 单击 Next 按钮，打开"Installation Progress（安装进程）"界面，对话框中显示了即将安装软件的进度为"To be installed（即将被安装）"状态，如图1-46所示。

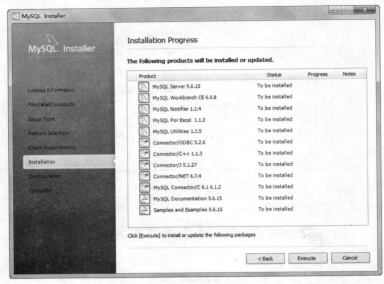

图 1-46　提示即将安装

13 单击 Execute 按钮，则安装程序会自动开始安装所有的程序并提示安装的进程，如图1-47所示。

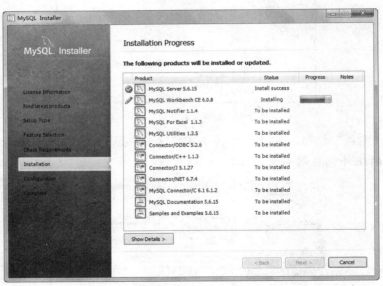

图 1-47　安装的进程

14 安装完成时当所有安装选项前面都打上对勾，则表示该程序安装成功，安装完成的对话框如图1-48所示。

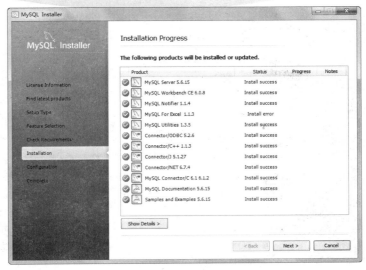

图 1-48　安装完成的对话框

15 单击 Next 按钮，打开 "Configuration Overview（确认预览）" 界面，提示安装的MySQL数据库将要进行确认，如图1-49所示。

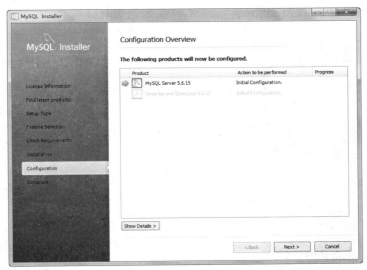

图 1-49　"Configuration Overview（确认预览）" 界面

16 单击 Next 按钮，打开 "MySQL Server Configuration（数据库确认）" 界面，提示选择数据库服务器的安装类型，这里选中 "Developer Machine（开发者机器）" 单选按钮，其中 "Enable TCP/IP Networking（设置TCP/IP工作方式的选项）" 表示将MySQL数据库服务器注册为TCP/IP的服务以方便管理，同时端口为3306，如图1-50所示。

图 1-50　设定安装类型和目录安装

17 选择确认模式后再单击 <kbd>Next</kbd> 按钮，打开 "MySQL Server Configuration（数据库确认）" 界面的第二步，两次输入前面安装时设置的root密码（这里设置的密码为admin，后面章节数据库登录全是使用admin），具体的设置如图1-51所示。

图 1-51　确认安全设置

18 设置完成后，单击 <kbd>Next</kbd> 按钮，打开 "MySQL Server Configuration（数据库确认）" 界面的第三步 "Windows Service Details（Windows操作系统细节设置）"，保持默认值，如图1-52所示。

图 1-52　Windows 操作系统细节设置

19 单击 Next 按钮，打开 "Configuration Overview（确认预览）" 界面，如果前面的设置和安装全部正确，则安装的选项前面将会显示对勾，如图1-53所示。

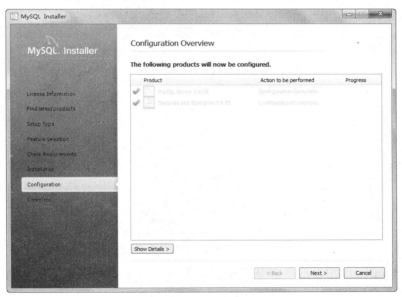

图 1-53　确认预览面板

20 确认后再单击 Next 按钮，打开最后的 "Installation Complete（完成安装）" 界面，单击选择 "Star MySQL Workbench after Setup（完成安装后启动MySQL的工作界面）" 复选框，如图1-54所示。

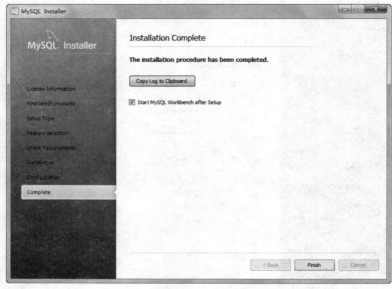

图 1-54　完成安装的对话框

安装完成后，单击 Finish 按钮，MySQL数据库的安装就完成了。用上述的方法安装完数据库后打开C盘下的MySQL/MySQL Server5.6/Date文件夹，如图1-55所示。

图 1-55　数据库的存放位置

该文件夹表示数据库存放的默认的位置，即后面章节所有制作的实例的数据库就可以直接放在这里。

1.5　MySQL数据库的管理

在安装完MySQL数据库后，可以自动运行数据库的管理软件MySQL Workbeach，如图1-56所示。该数据库管理软件是英文版的，对于英语不是很精通的学习者在使用上有一定的难度。在国内比较普及的针对MySQL数据库进行管理的还有好几款软件，其中phpMyAdmin是最简单的网页版，由于本软件有中文版，配置也非常的简单，这里推荐使用phpMyAdmin对MySQL数据库进行管理应用，如图1-56所示。

图 1-56　MySQL Workbeach 主界面

1.5.1　phpMyAdmin的下载

phpMyAdmin就是一种MySQL的管理工具，安装该工具后，即可以通过Web形式直接管理MySQL数据，不需要通过执行系统命令来管理，非常适合对数据库操作命令不熟悉的数据库管理者，下面就从phpMyAdmin官网上下载该软件。

下载的步骤如下：

01 打开phpMyAdmin的官方站点：http://www.phpmyadmin.net/ ，在页面中单击"Download（下载）"进入下载频道，如图1-57所示。

图 1-57　下载 phpMyAdmin 频道

02 选择最新的版本单击"Download 4.1.3"文件包进行下载，如图1-58所示。

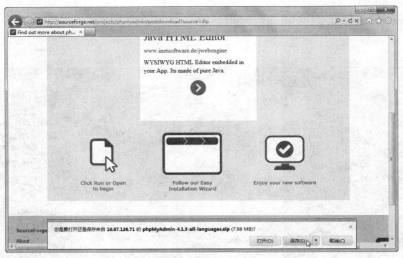

图1-58　选择下载的文件包

03 下载后的ZIP文件通过解压软件解压到本地硬盘。如果本地有MySQL则可在本地测试，这里将所有解压文件复制到C:\Apache\Apache2\htdocs文件夹内，如图1-59所示。则可通过"http://localhost/phpmyadmin"进行访问。

图1-59　解压缩到 Apache 站点文件内

1.5.2　phpMyAdmin的安装

无论是在本地测试还是在远程服务器上测试，都需要进行如下的文件配置才能正常使用phpMyAdmin。

配置的方法也比较简单，具体的配置步骤如下：

01 在下载解压下来的文件中查找到文件config.sample.inc.php，这是phpMyAdmin配置文件的样本文件，需要把该文件中的所有代码复制，新建一个文件config.inc.php，并将代码粘贴。文件config.inc.php是phpMyAdmin的配置文件，上传服务器时必须上传该文件，如图1-60所示。

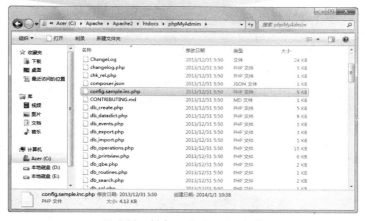

图 1-60　创建 config.inc.php 文件

02 对于config.inc.php文件，最重要的是修改加入phpMyAdmin连接MySQL的用户名和密码，寻找到代码行：

PHP代码

```
// $cfg['Servers'][$i]['controluser'] = 'pma';
// $cfg['Servers'][$i]['controlpass'] = 'pmapass';
// $cfg['Servers'][$i]['controluser'] = 'pma';
// $cfg['Servers'][$i]['controlpass'] = 'pmapass';
```

将"//"注释号删除，同时输入 MySQL中配置的用户名和密码（远程服务器的请联系你的空间服务商），比如这里：

PHP代码

```
$cfg['Servers'][$i]['controluser'] = 'root';
$cfg['Servers'][$i]['controlpass'] = 'admin';
$cfg['Servers'][$i]['controluser'] = 'root';
$cfg['Servers'][$i]['controlpass'] = '******';
```

修改后的文档如图1-61所示。

图 1-61　修改用户名和密码

03 如果需要通过远程服务器调试使用phpMyAdmin，则需要添加blowfish_secret内容定义Cookie，寻找到代码行：

PHP代码

```
$cfg['blowfish_secret'] = '';
//设置内容为Cookie
```

修改为：

```
$cfg['blowfish_secret'] = 'evernory';
```

设置后如图1-62所示。

图 1-62　设置 Cookie 权限

1.5.3　phpMyAdmin的使用

在IE浏览器中输入http://127.0.0.1/phpmyadmin/，即可以进入软件的管理界面，选择相关数据库可看到数据库中的各表，可进行表、字段的增删改，可以导入、导出数据库信息，如图1-63所示。

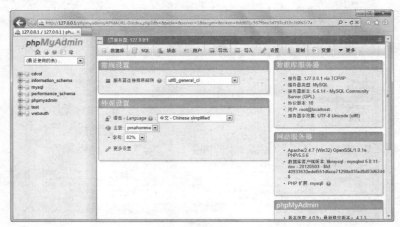

图 1-63　软件的管理界面

MySQL数据库的管理软件有很多，读者也可以下载一些其他常用的软件进行管理，对于初学者而言建议使用phpMyAdmin软件。

1.6　集成环境XAMPP安装和使用

XAMPP（Apache+MySQL+PHP+PERL）是一个功能强大的建站集成软件包。这个软件包原来的名字是LAMPP，但是为了避免误解，最新的几个版本就改名为 XAMPP 了。它可以在Windows、Linux、Solaris三种操作系统下安装使用，支持多语言：英文、简体中文、繁体中文、韩文、俄文、日文等。

1.6.1　XAMPP集成套件的下载安装

XAMPP也是笔者用到现在为止感觉最好用的一款APACHE+MYSQL+PHP套件了。同时支持Zend Optimizer，支持插件安装，编写本书时最新XAMPP的版本是1.8.1。下载的方法如下：

01 打开IE浏览器，输入官方网址：http://www.apachefriends.org/，按回车键后，进入到下载页面如图1-64所示。

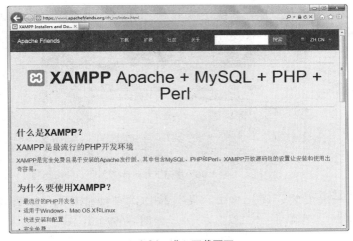

图 1-64　进入下载页面

02 单击页面上的"XAMPP for Windows（适用于 Windows的XAMPP）"文字链接，即开始下载。AMPP是完全免费的，并且遵循GNU通用公众许可协议，XAMPP目前包含的功能模块如下：

- Apache 2.4.3
- 5.5.27
- PHP 5.4.7
- phpMyAdmin 3.5.2.2
- FileZilla FTP Server 0.9.41
- Tomcat 7.0.30 (with mod_proxy_ajp as connector)
- Strawberry Perl 5.16.1.1 Portable

● XAMPP Control Panel 3.1.0 (from hackattack142)

1.6.2 XAMPP的安装测试过程

XAMPP的安装过程很简单，解压包等就更简单一点。这里以Windows 7操作系统中安装XAMPP为例，其步骤如下：

01 安装时最好放置到D盘，不建议放到系统盘去，尤其是早期的XAMPP版本可能默认安装在Program files下，在Vista、Windows 7可能需要修改写入权限，双击下载的文件安装包，打开如图1-65所示的提示安装注意事项。

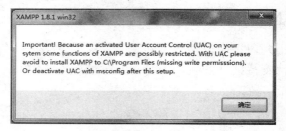

图 1-65 开始安装

02 如果是第一次安装，或者系统上没有装有Microsoft Visual C++ 2008组件时，会提示先下载该组件对话框，如图1-66所示。

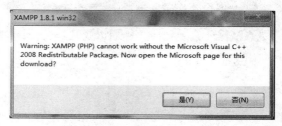

图 1-66 提示下载组件

03 这里是第一次安装，因此单击"是"按钮，自动打开浏览器并链接到下载页面，选择中文（简体）版，再单击"下载"按钮，如图1-67所示。

图 1-67 下载相应的组件

04 下载后先安装下载的组件，完成安装之后切换回XAMPP的安装步骤，提示将开始安装XAMPP组件，如图1-68所示。

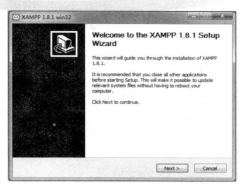

图 1-68　开始安装面板

05 单击Next（下一步）按钮，打开"Choose Components（选择安装组件）"对话框，这里保持默认值即勾选所有的组件进行安装，如图1-69所示。

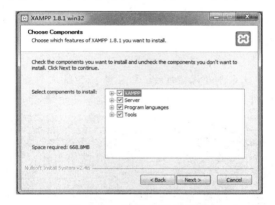

图 1-69　选择安装的组件

06 单击Next（下一步）按钮，打开"Choose Install Location（选择安装路径）"对话框，这里选择在D盘下安装，设置如图1-70所示。

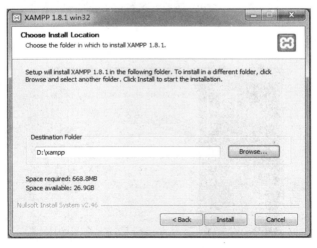

图 1-70　选择安装路径

Vista以上操作系统用户请注意：由于对 Vista 默认安装的C:\program files文件夹没有

足够的写权限，推荐为 XAMPP 安装创建新的路径，如D:\XAMPP或D:\myfolder\XAMPP。

07 设置完路径之后，再单击"Install（安装）"按钮，组件即开始安装到你的计算机上，安装的组件比较多，近700MB，需要耐心等上几分钟，安装的过程提示如图1-71所示。

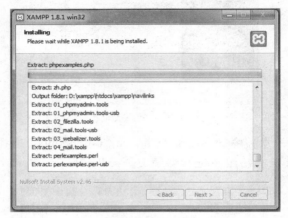

图1-71　安装过程提示

08 安装完成后，会弹出COMMAND设置窗口，进行文件的最后确认，如图1-72所示，这里不需要进行任何的操作，以前的版本就需要根据提示进行一些设置。

图1-72　DOS窗口下的配置

09 配置完毕后弹出完成安装的窗口，如图1-73所示。

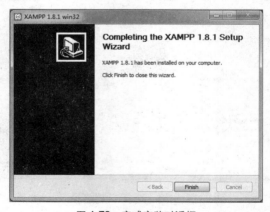

图1-73　完成安装对话框

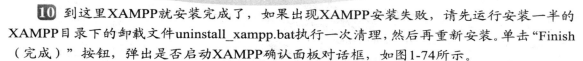

10 到这里XAMPP就安装完成了，如果出现XAMPP安装失败，请先运行安装一半的XAMPP目录下的卸载文件uninstall_xampp.bat执行一次清理，然后再重新安装。单击"Finish（完成）"按钮，弹出是否启动XAMPP确认面板对话框，如图1-74所示。

11 下面我们来看一下XAMPP的控制面板，单击面板上各软件组件后面的Star按钮，弹出"Windows安全警报"对话框，全部选择"允许访问"按钮，如图1-75所示。

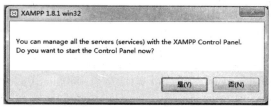

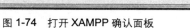

图 1-74　打开 XAMPP 确认面板　　　　　　　　　图 1-75　设置允许访问

12 开启Apache、MySQL两个核心程序，最后设置完毕的对话框如图1-76所示。图中，可以看到XAMPP的一些基本控制功能，注意不建议把这些功能注册为服务（开机启动），每次使用的时候自己就当个软件运行就可以了（桌面上已经有图标），这样在不使用XAMPP时更节省资源。

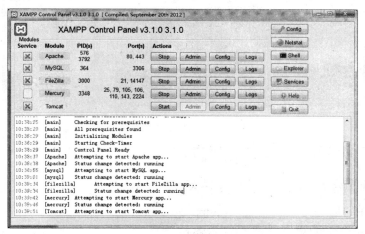

图 1-76　启动组件服务

13 启动成功之后打开IE浏览器，输入服务器默认IP地址：127.0.0.1，回车之后打开如图1-77所示的欢迎界面，说明就已经安装成功可以开始使用。

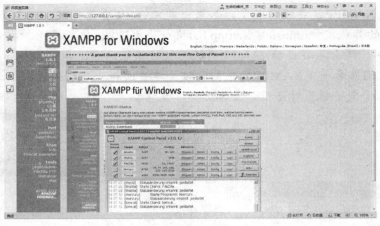

图 1-77　欢迎界面

　　这里要特别说明的是：对初学者而言开发后的PHP网站程序不知道放在哪里，其实很简单只要将整个网站程序放在htdocs文件夹下就可以进行访问了，如图1-78所示。同样要将数据库文件放在Mysql/date文件夹底下，同时数据库的连接用户名要为root，密码为空（XAMPP默认安装下的用户名和密码）。

图 1-78　网站所放置的位置

1.6.3　XAMPP基本使用方法

　　XAMPP安装完成之后进行使用的方法如下：

　　（1）XAMPP的启动路径：xampp\xampp-control.exe

　　（2）XAMPP服务的启动和停止脚本路径。

- 启动 Apache 和 MySQL：xampp\xampp_start.exe
- 停止 Apache 和 MySQL：xampp\xampp_stop.exe
- 启动 Apache：xampp\apache_start.bat
- 停止 Apache：xampp\apache_stop.bat
- 启动 MySQL：xampp\mysql_start.bat
- 停止 MySQL：xampp\mysql_stop.bat
- 启动 Mercury 邮件服务器：xampp\mercury_start.bat

- 设置 FileZilla FTP 服务器：xampp\filezilla_setup.bat
- 启动 FileZilla FTP 服务器：xampp\filezilla_start.bat
- 停止 FileZilla FTP 服务器：xampp\filezilla_stop.bat

（3）XAMPP的配置文件路径。

- Apache 基本配置：xampp\apache\conf\httpd.conf
- Apache SSL：xampp\apache\conf\ssl.conf
- Apache Perl（仅限插件）：xampp\apache\conf\perl.conf
- Apache Tomcat（仅限插件）：xampp\apache\conf\java.conf
- Apache Python（仅限插件）：xampp\apache\conf\python.conf
- PHP：xampp\php\php.ini
- MySQL：xampp\mysql\bin\my.ini
- phpMyAdmin：xampp\phpMyAdmin\config.inc.php
- FileZilla FTP 服务器：xampp\FileZillaFTP\FileZilla Server.xml
- Mercury 邮件服务器基本配置：xampp\MercuryMail\MERCURY.INI
- Sendmail：xampp\sendmail\sendmail.ini

（4）XAMPP的其他常用路径。

- 网站根目录的默认路径：xampp\htdocs
- MYSQL数据库默认路径：xampp\mysql\data

（5）日常使用只需要使用XAMPP的控制面板即可，可以随时控制apache、PHP、MYSQL以及FTP服务的启动和终止。

（6）附XAMPP的默认密码

- MySQL

```
User: root   Password: (空)
```

- FileZilla FTP

```
User: newuser   Password: wampp
User: anonymous   Password: some@mail.net
```

- Mercury

```
Postmaster: postmaster (postmaster@localhost)
Administrator: Admin (admin@localhost)
TestUser: newuser   Password: wampp
```

- WEBDAV

```
User: wampp   Password: xampp
```

参照上文XAMPP安装和配置完成后，就可以安装Dreamweaver等网页程序编辑软件，进行网页编程测试了。

第 **2** 章

PHP 的基本语法

　　PHP 是一种创建动态交互性站点的强有力的服务器端脚本语言。既然是脚本语言，那么在使用之前我们就要学习PHP的基本语法，只有掌握了基本语法才可以方便地进行动态网站的开发。PHP 语法非常类似于 Perl 和 C，对于有相关经验的读者可以非常轻松地掌握，本章就介绍一些PHP的基本语法，包括变量、常量、运算符、控制语句以及数组等，通过学习这些基础知识使读者能更深入地了解PHP，并能在后面的章节中轻松开发出动态网页。

本章的学习重点

- PHP基础程序结构
- PHP表单变量的使用
- PHP程序中常量、变量、表达式以及函数的基础
- 掌握MySQL数据库的操作

2.1　PHP基础程序结构

在编写动态网页程序时可以将HTML标记与这些动态语言代码混合到一个文件中，通过使用一些特殊的标识将两者区别开来，如ASP使用的是<%%>。PHP也是如此，可以与HTML标记共存，PHP提供了多种方式来与HTML标记区别，可以根据自己的习惯选择一种，也可以同时使用几种。本小节就介绍一下PHP的基础程序结构，包括输出和注释的方法。

2.1.1　基础程序结构

PHP程序结构和Perl以及C一样，结构比较严谨，需要在每条语句后使用分号";"来作为结束，而且对语句中的大小写敏感。

常用的方式有如下3种：

方法一：PHP 标准结构（推荐）

```
<?php
Echo "这是第一个PHP程序!";
?>
```

方法二：PHP 的简短风格（需要设置 php.ini）

```
<?Echo "这是第一个PHP程序!";?>
```

方法三：PHP 的 Script 风格（冗长的结构）

```
<script language="php">echo"这是第一个PHP程序!"; </script>
```

在C:\XAMPP\htdocs\建立一个php文件夹用来保存本章节的实例，将本实例保存为pg001，刚开始创建文档时都用记事本进行编写，保存为.php文件即可，运行的结果如图2-1所示。

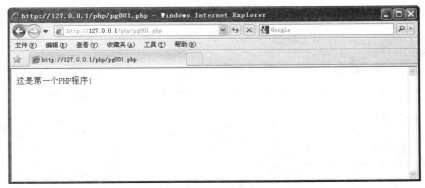

图 2-1　输出的第一个程序

实际开发时，第1种和第2种是最常用的方法，即：使用小于号加上问号之后跟PHP代码，在程序代码的最后，使用问号及大于号作为结束。第3种方法有点类似于JavaScript的编写方式。

 2.1.2 打印输出结果

PHP输出所有参数可以用echo()命令，echo()实际上不是一个函数（它是一个语言结构），因此不是一定要使用小括号来指明参数，单引号，双引号都可以。echo()不像其他语言构造表现得像一个函数，所以不能总是使用一个函数的上下文。另外，如果想给echo()传递多个参数，那么就不能使用小括号。

> 🔔 **注意**
>
> 也可以使用print()命令来实现，但echo()函数比print()函数速度运行快一些。

举例用PHP输出语句，包括HTML格式化标签：

```php
<?php
Echo "<p>这是我输出打印的第一个文档。</p>";
?>
```

输出的结果如图2-2所示。

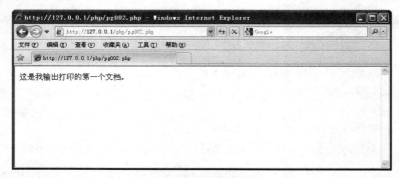

图2-2　echo 输出字符

 2.1.3 程序的注释

在PHP的语法编写过程中可以使用3种风格的注释方式：

```php
/* 第1种PHP注释　适合用于多行*/
// 第2种PHP注释　适合用于单行
# 第3种PHP注释　适合用于单行
```

注释和C、C++、Shell的注释风格一样，以/*为开始，*/为结束，如下：

```php
<?php
/*
注释：这是程序的注释
该段程序主要用于文字的说明……
*/
?>
```

单行注释(有//和#这两种):

```php
<?php
echo "单行"; //输出单行文字
```

```
echo "说明"; #输出说明文字
?>
```

注意一下，注释符号只有在<?php ?>里面才会起到应有的效果，如图2-3所示。

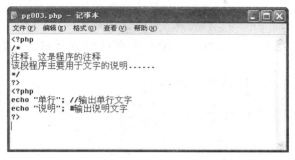

图 2-3　注释的程序

2.2　动态输出字符

在实际的网页设计过程中，只使用echo()函数命令并不能满足实际的应用，如需要输出随机的数字、控制字符串的大小写以及一些特殊的字符处理等常用操作，都可以通过调用相应的函数命令加以实现。

2.2.1　随机函数的调用

如果要实现相应的字符控制就需要调用相应的函数命令，在PHP编程中调用相应的函数还是比较简单的，如使用rand()函数来产生一个随机数字（范围是0~10）：

```
<?php
echo rand(0,10);
?>
```

刷新便可看到输出结果的变化，rand函数中的0和10为指定给rand函数的参数。前面的0就意味着最小可能出现的数值为0，10则意味着最大可能出现的数值为10，很多函数都有必选或是可选的参数，如图2-4所示为随机输出的数字8。

图 2-4　随机函数的输出

2.2.2　控制字符串首尾

使用trim()函数可以返回去除字符串string首尾的空白字符的字符串。

语法：

```
string trim(string str);
```

返回值：字符串

函数种类：资料处理

在使用来自HTML表单信息之前，一般都会对这些数据做一些整理，举例如下：

```
<?php
//清理字符串中开始和结束位置的多余空格
$name = " 1235678 ";
$name = trim($name);
echo $name;
?>
```

运行的结果可以将前后的空白去除，如图2-5所示。

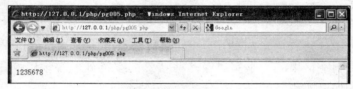

图2-5　去除前后空白的输出效果

 ### 2.2.3 格式化输出字符

nl2br()函数可以将换行字符转换成HTML换行的
指令。

语法：

```
string nl2br(string string);
```

返回值：字符串

函数种类：资料处理

举例如下：

```
<?php
$str = "今天的是周一，心情也很好，
决定去学校游泳场，好好的游个泳。";
echo $str;
echo "<br />";
echo nl2br($str);
?>
```

输出的结果如图2-6所示。

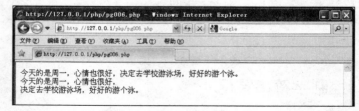

图2-6　格式化输出字符的结果

2.2.4 打印格式化输出

PHP支持print()结构在实现echo功能的同时能返回值(true或false，是否成功)，使用printf()可以实现更复杂的格式。

语法：

```
int printf(string format, mixed [args]...);
```

返回值：整数

函数种类：资料处理

举例如下：

```php
<?php
$num = 3.6;
//将$num里的数值以字符串的形式输出
printf("数值为:%s",$num);
echo "<br />";
//转换成为带有2位小数的浮点数
printf("数值为:%.2f",$num);
echo "<br />";
//解释为整数并作为二进制数输出
printf("数值为:%b",$num);
echo "<br />";
//打印%符号
printf("数值为:%%%s",$num);
?>
```

输出的结果如图2-7所示。

图 2-7　格式化输出效果

2.2.5 字母大小写转换

字母的大小写转换在PHP网页转换中经常使用到，涉及的常用函数命令，如strtoupper()可以将字符串转换成大写字母，将每个单词的第一个字母变大写可以使用ucwords()，将字符串的第一个字母转成大写可以使用ucfirst()，将字符串转换成小写字母可以使用strtolower()，举例如下：

```php
<?php
$str = "I like php!";
//将字符串转换成大写字母
echo strtoupper($str)."<br />";
//将字符串转换成小写字母
echo strtolower($str)."<br />";
```

```
//将字符串的第一个字母转成大写
echo ucfirst($str)."<br />";
//将每个单词的第一个字母变大写
echo ucwords($str);
?>
```

输出的结果如图2-8所示。

图 2-8　字母转换大小写

 2.2.6　特殊字符的处理

有些字符对于 MySQL 是有特殊意义的，比如引号、反斜杠和 NULL 字符。可以使用 addslashes() 函数和 stripslashes() 函数正确处理这些字符，PHP5 中默认是开启魔术引号的 magic_quotes_gpc，例如：

```
<?php
$str = " \" ' \ NULL";
echo $str."<br />";
echo addslashes($str)."<br />";
echo stripslashes($str)."<br />";
?>
```

运行结果如图2-9所示。

图 2-9　处理特殊的字符

2.3　表单变量的应用

在HTML中，表单拥有一个特殊功能：它们支持交互作用。除了表单之外，几乎所有的HTML元素都与设计以及展示有关，只要愿意就可将内容传送给用户；另一方面，表单为用户提供了将信息传送回Web站点创建者和管理者的可能性。如果没有表单, Web就是一个静态的网页图片。对于PHP的动态网页开发,使用表单变量对象也是经常遇到的,通常主要有post()和get()两种方法,这和其他动态语言开发的命令是一样的,本小节就介绍表单变量的使用方法。

 2.3.1 POST表单变量

POST表单变量用于设置处理表单数据的类型,POST是系统的默认值,表示将数据表单的数据提交到"动作"属性设置的文件中进行处理。假设有一HTML表单用method="post"的方式传递给本页一个name="test"的文字信息,可用3种风格来显示这个表单变量:

```
<form action="" method="post" >
<input type="text" name="test" />
<input type="submit" name="变量"  value="提交" />
 <?php
Echo $test; //简短格式,需配置php.ini中的默认设置
echo $_POST["test"]; //中等格式,推荐使用这种方式
echo $HTTP_POST_VARS["test"]; //冗长格式
?>
</form>
```

运行结果如图2-10所示。

图 2-10 post 测试效果

GET和POST的主要区别:

（1）数据传递的方式以及大小;

（2）GET会将传递的数据显示在URL地址上,POST则不会;

（3）GET传递数据有限制,一般大量数据都得使用POST方法。

 2.3.2 GET表单变量

GET表示追加表单的值到URL并且发送服务器请求,对于数据量比较大的长表单最好不要用这种数据处理方式。

假设有一HTML表单用method="get"的方式传递给本页一个name="test"的文字信息,可用3种风格来显示这个表单变量:

```
<form action="" method="get" >
<input type="text" name="test" />
<input type="submit" name="变量"  value="提交" />
<?php
Echo $test; //简短格式,需要配置php.ini中的默认设置
echo $_GET["test"]; //中等格式，推荐使用此方法
echo $HTTP_GET_VARS["test"]; //冗长格式
?>
</form>
```

运行结果如图2-11所示，在IE地址栏里显示了表单变量传递的值。

图 2-11　get 测试效果

 2.3.3　连接字符串

在PHP程序里要让多个字符串进行连接，要用到一个(.)"点"号，如下：

```
<?php
$website = "www.sina";
echo $website.".com";
?>
```

上面的输出结果就是www.sina.com，如图2-12所示。

图 2-12　连接字符串输出效果

有一种情况，当echo后面使用的是(")双引号的话可以这样来达到和上面同样的效果：

```
<?php
$website = "www.sina";
echo "$website.com";//双引号里的变量还是可以正常显示出来，并和一般的字符串自动
```

```
区分开来
?>
```

但如果是单引号的话，就会将里面的内容完全以字符串形式输出给浏览器：

```php
<?php
$website = "www.sina.com";
echo '$website.com';
?>
```

将显示$website.com。

2.4　PHP常量和变量

常量和变量是编程语言的最基本构成要素，代表了运算中所需要的各种值。通过变量和常量，程序才能对各种值进行访问和运算。学习变量和常量是编程的基础。常量和变量的功能就是用来存储数据的，但区别在于常量是一旦初始化就不再发生变化，可以理解为符号化的常数，本小节就介绍一下PHP中的常量和变量。

2.4.1　PHP中的常量

常量是指在程序执行过程中无法修改的值。在程序中处理不需要修改的值时，常量非常有用，例如定义圆周率PI。常量一旦定义，在程序的任何地方都不可以修改，但是可以在程序的任何地方访问。

在PHP中使用define()函数定义常量，函数第1个参数表示常量名，第2个参数表示常量的值。

例如，下面定义一个名为HOST的常量：

```php
<?php
define("HOST","www.163.com");        //将值 "www.163.com" 赋于常量HOST
echo HOST;                           //输出HOST常量的值
?>
```

运行结果如图2-13所示。

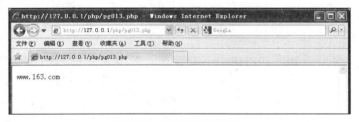

图2-13　定义常量输出结果

常量默认区分大小写，按照惯例，常量标识符总是大写。常量名和其他任何PHP标记遵循相同的命名规则。合法的常量名以字母或下划线开始，后面跟任何字母、数字或下划线。

PHP的系统常量包括5个魔术常量和大量的预定义常量。

魔术常量会根据它们使用的位置而改变，PHP提供的5个魔术常量分别是：

（1）_LINE_：表示文件中的当前行号。

（2）_FILE_：表示文件的完整路径和文件名。如果用在包含文件中，则返回包含文件名。自PHP 4.0.2 起，_FILE_总是包含一个绝对路径，而在此之前的版本有时会包含一个相对路径。

（3）_FUNCTION_：表示函数名称（PHP 4.3.0新加）。自PHP5起，本常量返回该函数被定义时的名字（区分大小写）。在PHP 4中该值总是小写字母的。

（4）_CLASS_：表示类的名称（PHP 4.3.0新加）。自 PHP 5起，本常量返回该类被定义时的名字（区分大小写）。在 PHP 4 中该值总是小写字母的。

（5）_METHOD_：表示类的方法名（PHP 5.0.0新加）。返回该方法被定义时的名字（区分大小写）。

预定义常量又分为内核预定义常量和标准预定义常量两种，内核预定义常量在PHP的内核、Zend 引擎和 SAPI 模块中定义，而标准预定义常量是 PHP 默认定义的。比如常用的E_ERROR、E_NOTICE、E_ALL等。

2.4.2 PHP中的变量

在PHP中，创建一个变量首先需要定义变量的名称。变量名区分大小写，总是以$符号开头，然后是变量名。如果在声明变量时，忘记变量前面的$符号，那么该变量将无效。在PHP中设置变量的正确方法如下：

```
$var_name = value;
```

在PHP中，可以使用值赋值和引用赋值这两种方法为变量赋值。值赋值是直接把一个数值通过赋值表达式传递给变量。值赋值是一种常量的变量赋值的方法，其使用格式如下所示。

```php
<?php
$name = "baidu";                    //有效变量
$Name = "website";                  //有效变量
echo "$name, $Name";                //输出为 "baidu, website"
$1website = "www.baidu.com";        //无效变量，以数字开始
$_1website = "www.baidu.com";       //有效变量
?>
```

从上述代码中可以看到，在PHP中不需要在设置变量之前声明该变量的类型，而是根据变量被设置的方式，PHP会自动把变量转换为正确的数据类型。

在PHP中，变量的命名规则有如下几点：

● 变量名必须以字母或下划线"_"开头。

● 变量名只能包含字母、数字、字符以及下划线。

● 变量名不能包含空格。如果变量名由多个单词组成，那么应该使用下划线进行分隔（例如$my_string），或者以大写字母开头（例如$myString）。

在PHP中，还支持另一种赋值方式，称为变量的引用赋值，例如：

```php
<?php
```

```
$wo = 'baidu';                    //为变量$wo赋值
$ba = &$wo;                       //取变量 $ba引用了变量$wo的值
$ba = "Web site is $ba";         //修改变量$ba的值
echo $wo;                        //结果为"Web site is baidu"
echo $ba;                        //变量$ba的值也被修改，结果与$ba相同
?>
```

从这里可以看出，对一个变量值的修改将会导致对另外一个变量值的修改。从本质上讲，变量的引用赋值导致两个变量指向同一个内存地址。因此，不论对哪一个变量进行修改，修改的是同一个内存地址中的数据，从而出现同时被修改的结果。

PHP提供了大量的预定义变量，这些变量在任何范围内都会自动生效，因此通常也被称为自动全局变量（autoglobals）或者超全局变量（superglobals，PHP中没有用户自定义超全局变量的机制）。在PHP 4.1.0之前，如使用超全局变量，人们要么依赖register_globals，要么就是长长的预定义 PHP 数组（$HTTP_*_VARS）。自 PHP 5起，长格式的 PHP 预定义变量可以通过设置 register_long_arrays来屏蔽。

常用的超全局变量如下。

- $GLOBALS：包含一个引用指向每个当前脚本的全局范围内有效的变量。该数组的键名为全局变量的名称。从PHP 3开始存在$GLOBALS数组。
- $_SERVER：变量由Web服务器设定或者直接与当前脚本的执行环境相关联。类似于旧数组 $HTTP_SERVER_VARS（依然有效，但反对使用）。
- $_GET：经由URL请求提交至脚本的变量。类似于旧数组$HTTP_GET_VARS（依然有效，但反对使用）。
- $_POST：经由 HTTP POST 方法提交至脚本的变量。类似于旧数组$HTTP_POST_VARS（依然有效，但反对使用）。
- $_COOKIE：经由 HTTP Cookies 方法提交至脚本的变量。类似于旧数组$HTTP_COOKIE_VARS（依然有效，但反对使用）。
- $_FILES：经由 HTTP POST文件上传而提交至脚本的变量。类似于旧数组$HTTP_POST_FILES数组（依然有效，但反对使用）。
- $_ENV：执行环境提交至脚本的变量。类似于旧数组$HTTP_ENV_VARS（依然有效，但反对使用）。
- $_REQUEST：经由GET，POST和COOKIE机制提交至脚本的变量，因此该数组并不值得信任。所有包含在该数组中的变量存在与否以及变量的顺序均按照php.ini中的variables_order配置指示来定义。此数组在 PHP 4.1.0 之前没有直接对应的版本。
- $_SESSION：当前注册给脚本会话的变量。类似于旧数组$HTTP_SESSION_VARS（依然有效，但反对使用）。

2.4.3 PHP数据类型

数据是程序运行的基础，所有的程序都是在处理各种数据。例如，财务统计系统所要处理的员工工资额、论坛程序所要处理的用户名、密码、用户发贴数等等，所有这些都是

数据。在编程语言中，为了方便对数据的处理以及节省有限的内容资源，需要对数据进行分类。PHP支持7种原始类型，分别是：boolean（布尔型true/false）、integer（整数类型）、float（浮点型，也称为double，可用来表示实数）、string（字符串类型）、array（数组同一变量保存同类型的多条数据）、object（对象）和特殊类型（resource资源和NULL未设定）。

下面介绍这些数据类型。

1. 布尔型（boolean）

布尔型是最简单的类型，它表达了真值，可以为True或False。要指定一个布尔值，使用关键字True或False，并且True或False不区分大小写。例如：

```
$pay = true;  // 给变量$pay赋值为true
```

某些运算通常返回布尔值，并将其传递给控制流程。比如用比较运算符（==）来比较两个运算数，如果相等，则返回True，否则返回False。代码如下：

```
if ($A == $B) {
echo "$A与$B相等";
}
```

对于如下的代码

```
if ($pay == TRUE) {
echo "已付";
}
```

可以使用下面的代码代替：

```
if ($pay) {
echo " 已付 ";
}
```

转换成布尔型用bool或者boolean来强制转换，但是很多情况下不需要用强制转换，因为当运算符、函数或者流程控制需要一个布尔参数时，该值会被自动转换。

当转换为布尔型时，以下值被认为是False：

- 布尔值False。
- 整型值0（零）。
- 浮点型值0.0（零）。
- 空白字符串和字符串"0"。
- 没有成员变量的数组。
- 没有单元的对象（仅适用于PHP 4）。
- 特殊类型NULL（包括尚未设定的变量）。

所有其他值都被认为是True（包括任何资源）。

2. 整型（integer）

一个整数是集合Z = {…, -2, -1, 0, 1, 2, …} 中的一个数。整型值可以用十进制、十六进制或八进制表示，前面可以加上可选的符号（-或者+）。如果用八进制，数字前必须加上0（零），用十六进制数字前必须加上0x。PHP不支持无符号整数。整型数的字长和平台有关，通常最大值大约是20亿（32位有符号）。如果给定的一个数超出了整型的范围，将会被解释为浮点型，同样如果执行的运算结果超出了整型范围，也会返回浮点型。

要将一个值转换为整型，用int或integer强制转换。不过大多数情况下都不需要强制转换，因为当运算符、函数或流程控制需要一个整型参数时，值会自动转换。还可以通过函数intval()来将一个值转换成整型。

从布尔型转换成整型，False会转换为0，True将会转换为1。当从浮点数转换成整数时，数字将被取整（丢弃小数位）。 如果浮点数超出了整数范围，则结果不确定，因为没有足够的精度使浮点数给出一个确切的整数结果。

3. 浮点型（float）

浮点数也叫双精度数或实数，可以用以下任何语法定义：

```php
<?php
  $a = 1.234;
  $b = 1.2e3;
  $c = 7E-10;
?>
```

浮点数的字长和平台相关，通常最大值是1.8e+308并具有14位十进制数字的精度。

4. 字符串（string）

字符串是由引号括起来的一些字符，常用来表示文件名、显示消息、输入提示符等。字符串是一系列字符，字符串的大小没有限制。字符串可以用单引号、双引号或定界符3种方法定义，下面分别介绍这3种方法。

（1）单引号

指定一个简单字符串的最简单的方法是用单引号（'）括起来。例如：

```php
<?php
 echo 'Hello World '; // 输出为：Hello World
?>
```

如果字符串中有单引号，要表示这样一个单引号，和很多其他语言一样，需要用反斜线（\）转义。例如：

```php
<?php
 echo 'I\'m Tom'; // 输出为：I'm Tom
?>
```

如果在单引号之前或字符串结尾需要出现一个反斜线（\），需要用两个反斜线（\\）表示。例如：

```
<?php
 echo 'Path is c:\windows\system\\'; // 输出为：Path is c:\windows\system\
?>
```

对于单引号（'）括起字符串，**PHP** 只懂得单引号和反斜线的转义序列。如果试图转义任何其他字符，反斜线本身也会被显示出来。另外，还有不同于双引号和定界符的很重要的一点就是，单引号字符串中出现的变量不会被解析。

（2）双引号

如果用双引号（"）括起字符串，PHP懂得更多特殊字符的转义序列（见表2-1）。

表2-1 转义字符

序　列	含　义
\n	换行
\r	回车
\t	水平制表符
\\	反斜杠字符
\$	美元符号
\"	双引号
\0nnn	此正则表达式序列匹配一个用八进制表示的字符
\xnn	此正则表达式序列匹配一个用十六进制表示的字符

如果试图转义任何其他字符，反斜线本身同样也会被显示出来。双引号字符串最重要的一点是能够解析其中的变量。

（3）定界符

另一种给字符串定界的方法就是使用定界符语法（<<<）。应该在<<<之后提供一个标识符，接着是字符串，然后是同样的标识符结束字符串。例如：

```
<?php
 // 输出为：Hello World
 echo <<<abc
 Hello World
 abc;
?>
```

在此段代码中，标识符命名为abc。结束标识符必须从行的第一列开始。标识符所遵循的命名规则是：只能包含字母数字下划线，而且必须以下划线或非数字字符开始。

定界符文本表现的就和双引号字符串一样，只是没有双引号。这意味着在定界符文本中不需要转义引号，不过仍然可以用以上列出的转义代码，变量也会被解析。在以上的3种定义字符串的方法中，若使用双引号或者定界符定义字符串，其中的变量会被解析。

5. 数组 array

PHP 中的数组实际上是一个有序图，图是一种把value映射到key的类型。新建一个数组使用array()语言结构，它接受一定数量用逗号分隔的key => value参数对。

语法如下：

```
array( [ key => ] value , ... )
```

其中，键key可以是整型或者字符串，值value可以是任何类型，如果值又是一个数组，则可以形成多维数组的数据结构。例如：

```
<?php
 $edName = array(0 =>"id", 1=>"username", 2=>"password");
 echo "列名是$edName[0], $edName[1], $edName[2]";
?>
```

此段代码的输出为：列名是id、username、password。

如果省略了键key，会自动产生从0开始的整数索引。上面的代码可以改写为：

```
<?php
 $edName = array("id", "username", "password");
 echo "列名是$edName[0], $edName[1], $edName[2]";
?>
```

此段代码的输出仍为：列名是id、username、password。

如果key是整数，则下一个产生的key将是目前最大的整数索引加1。如果指定的键已经有了值，则新值会覆盖旧值。再次改写上面的代码为：

```
<?php
 $edName = array(1=>"id", "username", "password");
 echo "列名是$edName[1], $edName[2], $edName[3]";
?>
```

此段代码的输出仍为：列名是id、username、password。

定义数组的另一种方法是使用方括号的语法，通过在方括号内指定键为数组赋值来实现。也可以省略键，在这种情况下给变量名加上一对空的方括号（[]）。

语法如下：

```
$arrayName[key] = value;
$arrayName [] = value;
```

其中，键key可以是整型或者字符串，值value可以是任何类型。例如：

```
<?php
 $edName[0]= "id";
 $edName[1]= "username";
 $edName[2]= "password";
 echo "列名是$edName[0], $edName[1], $edName[2]";
?>
```

此段代码的输出仍为：列名是id、username、password。

如果给出方括号但没有指定键，则取当前最大整数索引值，新的键将是该值加1。如果当前还没有整数索引，则键将为0。如果指定的键已经有值了，该值将被覆盖。

对于任何的类型——布尔、整型、浮点、字符串和资源等，如果将一个值转换为数组，将得到一个仅有一个元素的数组（其下标为 0），该元素即为此标量的值。如果将一个对象转换成一个数组，所得到的数组的元素为该对象的属性（成员变量），其键为成员变量名。如果将一个NULL值转换成数组，将得到一个空数组。

6. 对象（object）

使用class定义一个类，然后使用new 类名（构造函数参数）来初始化类的对象。该数据类型将在后面的实例应用中具体进行解析。

7. 其他数据类型

除了以上介绍的6种数据类型，还有资源和NULL两种特殊类型。

（1）资源

资源是通过专门函数来建立和使用的一个特殊变量，保存了外部资源的一个引用。可以保存打开文件、数据库连接、图形画布区域等的特殊句柄，无法将其他类型的值转换为资源。资源大部分可以被系统自动回收。

（2）NULL

NULL类型只有一个值，就是区分大小写的关键字NULL。特殊的NULL值表示一个变量没有值。

在下列情况下，一个变量被认为是NULL：

- 被赋值为NULL。
- 尚未被赋值。
- 被unset()。

例如：

```php
<?php
$php = "" ;
if(isset($a))
echo "[1] is NULL<br>" ;
$php = 0;
if(isset($a))
echo "[2] is NULL<br>" ;
$php = NUll;
if(isset($a))
echo "[3] is NULL<br>" ;
$php = FALSE;
if(isset($a))
echo "[4] is NULL<br>" ;
?>
```

结果是什么？

在三种情况下变量被认为是空值：

- 变量没有被赋值；
- 变量被赋值为null，0，FALSE 或者空字符串；
- 变量在非空值的情况下，被unset()函数释放。

 2.4.4 数据类型转换

在PHP中若要进行数据类型的转换，就要在转换的变量之前加上用括号括起来的目标类型。在变量定义中不需要显示的类型定义是根据使用该变量的上下文所决定的。

例如通过类型的转换，可将变量或其所附带的值转换成另外一种类型：

```php
<?php
$num = 123; //当前是整数类型
 $float = (float)$num; //$num"临时性"地转换成了浮点型，$float变量所携带的数据类型就为浮点型
echo gettype($num)."<br />";//使用gettype(mixed var)函数来获取变量类型
echo gettype($float)
?>
```

运行结果如图2-14所示。

图 2-14　数据类型的转换

如要将一变量彻底转换成另一种类型，得使用settype(mixed var,string type)函数。

允许的强制转换有：

- int、integer：转换成整型。
- bool、boolean：转换成布尔型。
- float、double、real：转换成浮点型。
- string：转换成字符串。
- array：转换成数组。
- object：转换成对象。

2.5 PHP运算符

学过其他语言的读者，对于运算符应该不会陌生，运算符可以用来处理数字、字符串及其他的比较运算和逻辑运算等。在PHP中，运算符两侧的操作数会自动地进行类型转换，

这在其他的编程语言中并不多见。在PHP的编程中主要有三种类型的运算符，它们分别是：

- 一元运算符，只运算一个值，例如：！（取反运算符）或++（加一运算符）。
- 二元运算符，PHP 支持的大多数运算符都是这种，例如：$a + $b。
- 三元运算符，（即？：）它被用来根据一个表达式的值在另两个表达式中选择一个，而不是用来在两个语句或者程序路线中选择。

PHP中常用运算符有算术运算符、赋值运算符、比较运算符、三元运算符、错误控制运算符、逻辑运算符、字符串运算符、数组运算符等。本节将主要介绍这些常用的运算符，以及运算符的优先级。

2.5.1 算术运算符

算术运算符是用来处理四则运算的符号，是最简单、也最常用的符号，尤其是数字的处理，几乎都会使用到算术运算符号。PHP的算术运算符如表2-2所示。

表2-2　算术运算符

符号	示例	名　称	意义
！	！a	取反	$a 的负值
+	$a + $b	加法	$a 和 $b 的和
-	$a - $b	减法	$a 和 $b 的差
*	$a * $b	乘法	$a 和 $b 的积
/	$a / $b	除法	$a 除以 $b 的商
%	$a % $b	余数	$a 除以 $b 的余数
++	$a ++	累加	$a的累加
--	$a --	递减	$a 的递减

除号（/）总是返回浮点数，即使两个运算数是整数（或由字符串转换成的整数）也是这样。

2.5.2 赋值运算符

赋值运算符（Assignment Operator）把表达式右边的值赋给左边变量或常量。基本的赋值运算符是=，它意味着把右边表达式的值赋给左边的运算数。PHP中的赋值运算符见表2-3所示。

表2-3　赋值运算符

符号	示例	意义
=	$a = $b	将右边的值连到左边
+=	$a += $b	将右边的值加到左边，即$a = $a + $b
-=	$a -= $b	将右边的值减到左边，即$a = $a - $b

（续表）

符号	示例	意义
*=	$a *= $b	将左边的值乘以右边，即$a = $a * $b
/=	$a /=$b	将左边的值除以右边，即$a = $a / $b
%=	$a % $b	将左边的值除对右边取余数，即$a = $a % $b
.=	$a .= $b	将右边的字串加到左边，即$a = $a . $b

在基本赋值运算符之外，还有适合于所有二元算术和字符串运算符的"组和运算符"，这样可以在一个表达式中使用它的值并把表达式的结果赋给它，例如：

```php
<?php
$a ="baidu";
$b =".com";
echo $a .= $b;
?>
```

运行结果如图2-15所示。

图 2-15 赋值运算字符串结果

 2.5.3 比较运算符

比较操作符，顾名思义就是可用来比较的操作符号，根据结果来返回true或false。比较运算符，允许对两个值进行比较，PHP的比较运算符如表2-4所示。

表2-4 比较运算符

例 子	名 称	意义
$a == $b	等于	True，如果 $a 等于 $b
$a === $b	全等	True，如果 $a 等于 $b，并且它们的类型也相同
$a != $b	不恒等	True，如果 $a 不恒等于 $b
$a <> $b	不等	True，如果 $a 不等于 $b
$a !== $b	非全等	True，如果 $a 不等于 $b，或者它们的类型不同（PHP 4 引进）
$a < $b	小于	True，如果 $a 严格小于 $b
$a > $b	大于	True，如果 $a 严格大于$b
$a <= $b	小于等于	True，如果 $a 小于或者等于 $b
$a >= $b	大于等于	True，如果 $a 大于或者等于 $b

2.5.4 三元运算符

三元运算符是?:，三元运算符的功能和if...else语句很相似，语法如下：

```
(expr1) ? (expr2) : (expr3)
```

首先对expr1求值，若结果为True，则表达式(expr1) ? (expr2) : (expr3)的值为expr2，否则其值为expr3。例如：

```php
<?php
$action = (empty($_POST['action'])) ? 'default' : $_POST['action'];
?>
```

首先判断$_POST['action']变量是否为空值，若是则给$action赋值为default，否则将$_POST['action']变量的值赋值给$action。可以将上面的代码改写成以下的代码：

```php
<?php
if (empty($_POST['action'])) {
  $action = 'default';
} else {
  $action = $_POST['action'];
}
?>
```

2.5.5 错误抑制运算符

抑制操作符可在任何表达式前使用，PHP支持一个错误抑制运算符@。当将其放置在一个PHP表达式之前，该表达式可能产生的任何错误信息都被忽略掉。@运算符只对表达式有效。

那么，何时使用此运算符呢？一个简单的规则就是，如果能从某处得到值，就能在它前面加上@运算符。例如，可以把它放在变量、函数和include()调用、常量之前。不能把它放在函数或类的定义之前，也不能用于条件结构（例如if和foreach等）。

比如下面的代码：

```php
<?php
$Conn= mysql_connect ("localhost","username","pwd");
if ( $Conn)
 echo "连接成功！";
else
 echo "连接失败！";
?>
```

如果mysql_connect()连接失败，将显示系统的错误提示，而后继续执行下面的程序。如果不想显示系统的错误提示，并希望失败后立即结束程序，则可以改写上面的代码如下：

```php
<?php
$Conn = @mysql_connect ("localhost","username","pwd") or die ("连接数据库服务器出错");
?>
```

在mysql_connect()函数前加上@运算符来屏蔽系统的错误提示，同时使用die()函数给出自定义的错误提示，然后立即退出程序。这种用法在大型程序中很常见。

2.5.6　逻辑运算符

PHP 的逻辑运算符（Logical Operators）通常用来测试真假值，常用的逻辑运算符如表2-5所示。

表2-5　逻辑运算符

符号	例 子	意义
and	$a and $b	如果$a与$b都为True
Or	$a or $b	如果$a或$b任一为True
Xor	$a xor $b	如果$a或$b任一为True，但不同时是
Not	! $a	如果$a不为True
And	$a && $b	如果$a与$b都为True
Or	$a || $b	如果$a或$b任一为True

"与"和"或"有两种不同形式运算符，它们运算的优先级不同，&&比||优先级高。

2.5.7　字符串运算符

字符串运算符（String Operator）有两个字符串运算符。第一个是连接运算符（.），它返回其左右参数连接后的字符串。第二个是连接赋值运算符（.=），它将右边参数附加到左边的参数后。

例如：

```php
<?php
 $a = "你好";
 $a = $a . "朋友!"; //此时 $a是 "你好朋友!"
 $b = "你好 ";
 $b .= "朋友!";  //此时 $b 是 "你好朋友!"
?>
```

2.5.8　数组运算符

PHP 的数组运算符，如表2-6所示。

表2-6　数组运算符

符号名称	例 子	意义
+	$a + $b	$a和$b的联合，返回包含了$a和$b中所有元素的数组
==	$a == $b	如果$a和$b具有相同的元素就返回true
===	$a === $b	两者具有相同元素且顺序相同返回true
!=	$a != $b	如果$a和$b不是等价的就返回true
<>	$a <> $b	如果$a不等于$b则返回True
!==	$a !== $b	如果$a和$b不是恒等的就返回true

联合运算符（+）把右边的数组附加到左边的数组后面，但是重复的键值不会被覆盖。下面通过一个实例来看一下如何用+运算符联合两个数组：

```php
<?php
$a = array("1"=>"No1",
"2"=>"No2",
"3"=>"No3",
"4"=>"No4");

$b = array("3"=>"No3",
"4"=>"No4",
"5"=>"No5",
"6"=>"No6");
$c = $a+$b;
print_r($c);  //联合两数组
echo "<br />";
if($a==$b)
echo "等价";
else
echo "不等价";
?>
```

可以看到，在联合之后的数组结果如图2-16所示。

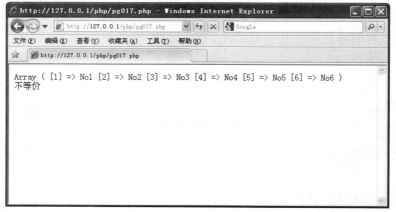

图 2-16　联合数组标例

2.5.9　运算符的优先级

运算符优先级指定了两个表达式绑定得有多"紧密"。例如，表达式1 + 2 * 3的结果为7是因为乘号（*）的优先级比加号（+）高。必要时可以用括号来强制改变优先级。例如(1 + 2) * 3的值为9。使用括号也可以增强代码的可读性。如果运算符优先级相同，则使用从左到右的左结合顺序（左结合表示表达式从左向右求值，右结合相反）。

表2-7从高到低列出了PHP所有运算符的优先级。同一行中的运算符具有相同优先级，此时它们的结合方向决定求值顺序。

表2-7 运算符优先级

结合方向	运 算 符	附加信息
非结合	new	new
左	[	array()
非结合	++ --	递增／递减运算符
非结合	! ~ - (int) (float) (string) (array) (object) @	类型
左	* / %	算数运算符
左	+ - .	算数运算符和字符串运算符
左	<< >>	位运算符
非结合	< <= > >=	比较运算符
非结合	== != === !==	比较运算符
左	&	位运算符和引用
左	^	位运算符
左	|	位运算符
左	&&	逻辑运算符
左	||	逻辑运算符
左	? :	三元运算符
右	= += -= *= /= .= %= &= |= ^= <<= >>=	赋值运算符
左	and	逻辑运算符
左	xor	逻辑运算符
左	or	逻辑运算符
左	,	多处用到

下面结合前面所用到的操作符号来完成一项需要综合使用它们的任务：

```php
<?php
//定义几个常量，最好是使用大写
define("PEN", 20); //钢笔为20元
define("RULE",10); //尺子为10元

$pen_num = 10; //10只钢笔
$ruler_num =20; //20把尺子

$total_price = $pen_num * PEN
+ $ruler_num * RULE;

$total_price = number_format($total_price);

echo "购买10只钢笔和20把尺子一共要花".$total_price."元";
?>
```

运行结果如图2-17所示。

图 2-17　综合运算符的应用

2.6 PHP表达式

在PHP程序中，任何一个可以返回值的语句，都可以看作表达式。也就是说，表达式是一个短语，能够执行一个动作并具有返回值。一个表达式通常由两部分构成，一部分是操作数，另一部分是运算符。本节介绍常用的几种控制语句表达式，分别是条件语句、循环语句，以及require和include语句等。

2.6.1 条件语句

条件语句在PHP中非常普遍，是PHP程序的主要控制语句之一。通常情况下，在客户端获得一个参数，根据传入的参数值，做出不同的响应。在PHP中条件语句分别为if语句、if-else语句、if-elseif-else语句和switch语句。

下面我们分别介绍这3种形式的条件语句：

1. if 语句

if语句是许多高级语言中重要的控制语句，使用if语句可以按照条件判断来执行语句，增强了程序的可控制性。if语句的条件语句是最简单的一种条件语句，语法如下：

```
if ( expr )
statement
```

首先对expr求值，如果expr的值为True，则执行statement，如果值为False，将忽略statement。

图2-18所示为上述语法格式在执行时的逻辑结构。

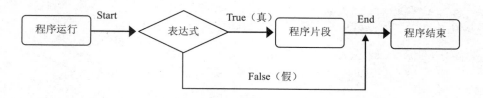

图 2-18　if 语句逻辑示意图

例如：

```
<?php
```

```
    $Num1=10;
    $Num2=9;
    if($Num1>$Num2)
    echo "$Num1大于$Num2";
?>
```

上述实例演示了if语句的逻辑结构，会在变量$Num1大于$Num2时输出"$Num1大于$Num2"。

2. if-else 语句

条件语句的第二种形式是if...else，除了if语句之外，还加上了else语句，else语句可以在if语句中表达式的值为False时执行，语法如下：

```
if ( expr )
 statement1
else
 statement2
```

首先对expr求值，如果expr的值为True，则执行statement1；如果值为False，则执行statement2。

这种情况的执行逻辑结构如图 2-19 所示。

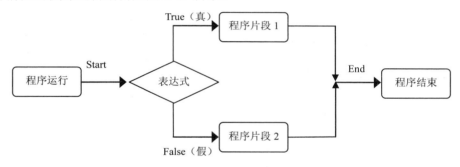

图 2-19　if-else 语句逻辑示意图

例如以下代码，在$a大于$b时显示"a大于b"，反之则显示"a不大于b"：

```
<?php
 if ($a > $b)
    echo "a大于 b";
 else
    echo "a 不大于 b";
?>
```

else语句仅在if以及if-else（如果有的话）语句中的表达式值为False时执行，它不可以单独使用。

3. if-elseif-else 语句

条件语句的第三种形式是if...elseif...else，elseif是if和else的组合。和else一样，它延伸了if语句，可以在原来的if表达式值为False时执行不同语句。但是和else不一样的是，它仅在 elseif的条件表达式值为True时执行语句，语法如下：

```
if ( exp1 )
 statement1
elseif ( exp2 )
 statement2
elseif ( exp3 )
 ...
else
 statementn
```

首先对expr1求值，如果expr1的值为True，则执行statement1，如果值为False，则对expr2求值，如果 expr2 的值为True，则执行statement2，如果值为False，则对expr3求值，依次类推，如果所有的表达式的值都为False，则执行statementn。

这种情况的执行逻辑结构，如图2-20所示。

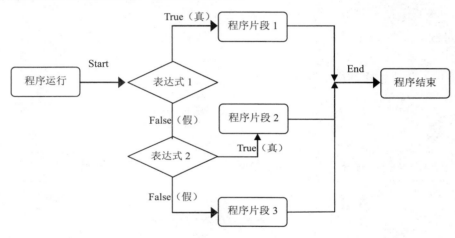

图 2-20　if-elseif-else 语句逻辑示意图

例如以下代码将根据条件分别显示"a大于b"、"a等于b"和"a小于b"：

```php
<?php
 if ($a > $b) {
   echo "a 大于 b";
 } elseif ($a == $b) {
   echo "a 等于 b";
 } else {
   echo "a 小于 b";
 }
?>
```

注意

elseif也可以写成else if（两个单词），它和elseif（一个单词）的行为完全一样。

4. switch 语句

使用switch语句可以避免大量地使用if-else控制语句。switch语句首先根据变量值得到一个表达式的值，然后根据表达式的值执行语句。switch语句计算expression的值，然后和case后的值进行比较，跳转到第一个匹配的case语句开始执行后面的语句，如果没有case匹配就跳转到default语句执行，如果没有default语句，则退出。到找到匹配项的时候，解析器会一直运行直到switch结尾或者遇见break语句。case语句可以使用空语句。

PHP提供了分支（switch）语句来直接处理多分支选择，语法如下：

```
switch (expr) {
 case constant-expression:
    statement
    jump-statement
 [default:
    statement
    jump-statement
 ]
}
```

其中的常量表达式（constant-expression）可以是任何求值类型的表达式，即整型或浮点数以及字符串。

其逻辑结构如图2-21所示。

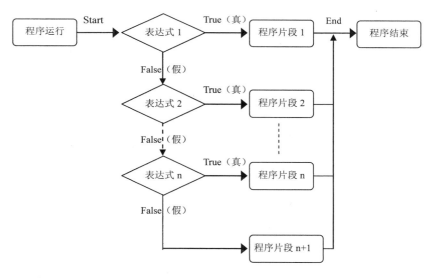

图 2-21　switch 语句逻辑结构

下面一段代码是switch语句的简单应用：

```php
<?php
 switch ($a) {
   case 0:
     echo "a = 0";
     break;
   case 1:
```

```
    echo "a = 1";
    break;
  case 2:
    echo "a = 2";
    break;
  }
?>
```

switch语句一行接一行地执行（实际上是语句接语句）。开始时没有代码被执行，仅当一个 case语句中的值和switch表达式的值匹配时PHP才开始执行语句，直到switch的程序段结束或者遇到第一个break语句为止。如果不在case的语句段最后写上break的话，PHP将继续执行下一个case中的语句段。例如：

```
<?php
switch ($a) {
  case 0:
    echo "a = 0";
  case 1:
    echo "a = 1";
  case 2:
    echo "a = 2";
  }
?>
```

这里如果$a等于 0，PHP 将执行所有的输出语句；如果$a等于1，PHP 将执行后面两条输出语句；只有当$a等于2时才会得到结果：a = 2。

2.6.2 循环语句

循环语句也称为迭代语句，让程序重复执行某个程序块，直到某个特定的条件表达式结果为假时，结束执行语句块。在PHP中循环语句的形式有：while循环、do-while循环、for循环和foreach循环。

1. while 循环语句

While循环语句的。格式是：

```
while (expr)
  statement
```

只要expr的值为True就重复执行嵌套中的循环语句。每次开始循环时检查expr的值。有时候如果while表达式的值一开始就是False，则循环语句一次都不会执行。 一般来说，在代码片段中会存在改变表达式中变量的值，否则可能成为死循环。图2-22所示为该语句的逻辑结构。

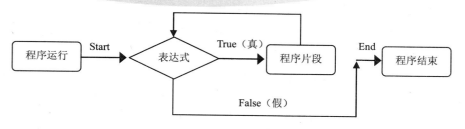

图 2-22 while 语句逻辑示意图

例如：

```php
<?php
$a = 1;
while ($a <= 5) {
  echo $a++; // 从1到5依次输出
}
?>
```

执行该程序后会输出从1到5的数字。

2. do-while 循环语句

do-while语句和while语句基本一样。不同之处在于while语句在"{}"内的语句执行之前检查条件是否满足，而do-while语句则先执行"{}"内的语句，然后再判断条件是否满足，如果满足就继续循环，不满足就跳出循环。

```
do
  statement
while(expr)
```

图2-23所示为该语句的逻辑结构。

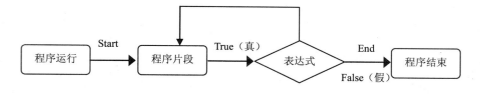

图 2-23 do-while 语句逻辑示意图

例如：

```php
<?php
$a = 0;
do {
 echo $a;
}
while ($a > 0);
?>
```

以上循环将正好运行一次，因为经过第一次循环后，当检查表达式的真值时，其值为

False（$a 不大于 0）而导致循环终止。

3. for 循环语句

for 循环是 PHP 中最复杂的循环结构。for循环的语法是：

```
for (expr1; expr2; expr3)
   statement
```

其中，第1个expr1在循环开始前无条件求值一次。第2个expr2在每次循环开始前求值。如果值为True，则继续循环，执行嵌套的循环语句。如果值为False，则终止循环。第3个expr3在每次循环之后被求值（执行）。每个表达式都可以为空。expr2为空意味着将无限循环下去（和C一样，PHP认为其值为True）。因为有时候会希望用break语句来结束循环而不是用for的表达式真值判断。

图2-24所示为该语句的逻辑结构，表达式2为true则执进程序片段，其值在表达式1中初始化，在表达式3中进行修改。

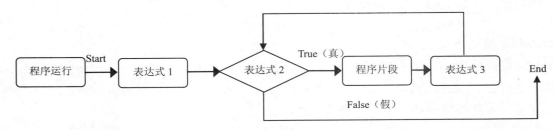

图 2-24   for 语句逻辑示意图

下面通过使用for循环语句输出九九乘法表：

```php
<?php
 for($i=1;$i<10;$i++)
   {
     for($j=1;$j<10;$j++)
     {
      echo "$i*$j=".$i*$j;
      echo " ";
     }
     echo "<br/>";
   }
?>
```

4. foreach 循环语句

foreach 语句是一种遍历数组的简便方法。foreach仅能用于数组，当试图将其用于其他数据类型或者一个未初始化的变量时会产生错误。有两种语法，第二种比较次要，但却是第一种的有用的扩展。

第一种格式：

```
foreach (array_expression as $value)
  statement
```

第二种格式：

```
foreach (array_expression as $key => $value)
  statement
```

第一种格式遍历给定的**array_expression**数组。每次循环中，当前单元的值被赋给**$value**并且数组内部的指针向前移一步（因此下一次循环中将会得到下一个单元）。第二种格式做同样的事，只除了当前单元的键名也会在每次循环中被赋给变量 **$key**。其执行的逻辑结构如图2-25所示。

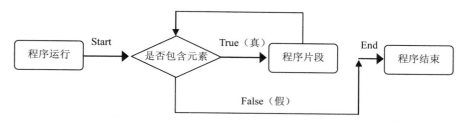

图 2-25　foreach 语句逻辑示意图

该语句的使用方法如下：

```php
<?php
 $arr = array("one", "two", "three");
 foreach ($arr as $value) {
  echo "Value: $value<br />\n";
}?>
```

此段代码的输出为：

```
Value: one
Value: two
Value: three
```

在这段代码中遍历数组使用的是foreach语句的第一种格式，也可以使用第二种格式，改写上面的代码如下：

```php
<?php
 $arr = array("one", "two", "three");
 foreach ($arr as $key => $value) {
  echo "Key: $key; Value: $value<br />\n";
}?>
```

此段代码的输出为：

```
Key: 0; Value: one
Key: 1; Value: two
Key: 2; Value: three
```

2.6.3 其他语句

为了帮助程序员更加精确地控制整个流程，方便程序的设计，PHP还提供了一些其他语句，这里做一下简单的介绍。

1. break 语句

break语句用来结束当前的for、while或switch循环结构，继续执行下面的语句。break语句后面可以跟一个数字，用于在嵌套的控制结构中表示跳出控制结构的层数。

2. continue 语句

continue语句用来跳出循环体，不继续执行循环体下面的语句，而是回到循环判断表达式，并决定是否继续执行循环体。continue语句后面同样可以跟一个数字，作用和break语句相同。

3. return 语句

return()语句通常用于函数中，如果在一个函数中调用return()语句，将立即结束此函数的执行并将它的参数作为函数的值返回。

4. include()语句和 require()语句

include()语句和require()语句包含并运行指定文件。require()和include()除了处理失败之外，在其他方面都完全一样。include()产生一个警告，而require()则导致一个致命错误。也就是说，如果想在丢失文件时停止处理页面，应该使用require()，而include()则会继续执行脚本，同时也要确认设置了合适的include_path。

5. require_once()语句和 include_once()语句

require_once()语句和include_once()语句分别对应require()语句和include()语句。require_once()语句和include_once()语句主要用于需要包含多个文件时，可以有效地避免把同一段代码包含进去而出现函数或变量重复定义的错误。

2.7 PHP函数应用

程序在完成一个功能时，可以把众多的程序写在一起，但这样容易引起混乱。另一种策略就是把总的功能分成小的功能模块，把每一个模块分别实现，在总的框架中根据需要把模块搭建在一起。实现程序模块化的策略就是使用函数，直观来说，函数就是代表一组语句的标识符，在使用函数时，外部调用者不需要关心函数的内部处理过程，只需要关心函数的输入和输出接口的应用。函数可以简单地分为两大类：一类是系统函数，一类是用户自定义函数。对于系统函数，可以在需要时直接选择使用，而用户自定义函数，首先要定义，然后才能使用。本节的重点是如何定义并使用用户自定义函数，主要包括函数定义的一般形式，函数的参数和返回值，函数的嵌套和递归等。

2.7.1　使用函数

一个函数可由以下的语法来定义：

```
function funcName([$arg_1][, $arg_2][, ...][, $arg_n]){
  statement
}
```

定义函数需要使用function关键字，之后是函数名，有效的函数名必须以字母或下划线打头，后面跟字母，数字或下划线。$arg_1到$arg_n为函数的可选参数列表，不同的参数之间用逗号分隔。在函数内部可以放置任何有效的 PHP 代码，甚至包括其他函数和类定义。

例如：

```
<?php
function maxNum($a,$b){
$c=$a>$b?$a:$b;
return $c;
}
echo maxNum(10,100); // 输出：100
?>
```

上面的一段代码也可以写成：

```
<?php
echo maxNum(10,100); // 输出：100
function maxNum($a,$b){
$c=$a>$b?$a:$b;
return $c;
}
?>
```

2.7.2　设置函数参数

通过函数参数列表可以传递信息到函数，**PHP支持按值传递参数**。默认情况下，函数参数通过值传递，即若在函数内部改变了参数的值，也不会影响到函数外部的值。

例如：

```
<?php
function change($string){
  $string = "改变之后";
}
$str = "改变之前";
change($str);
echo $str;
?>
```

这段代码的输出为"改变之前"。尽管在函数内部改变了参数$string的值，也没有影响到函数外部$str的值。如果希望允许函数修改它的参数值，必须通过引用传递参数，方法是在函数定义中该参数的前面预先加上&符号。

修改上面的代码如下：

```php
<?php
function change(&$string){
  $string = "&改变之后";
}
$str = "改变之前";
change($str);
echo $str;
?>
```

这段代码的输出为"改变之后"。在函数内部改变了参数$string的值，也影响到了函数外部$str的值。前后两段代码的唯一区别就是，后面一段代码的参数传递是引用传递，即在函数定义中的参数前面加上了&符号。

2.7.3 返回函数值

所有的函数都可以有返回值，也可以没有返回值。主要通过使用可选的return()语句返回值。任何类型都可以返回，其中包括列表和对象。这导致函数立即结束它的运行，并且将控制权传递回它被调用的行。

举例如下：

```php
<?php
  $num1=100;
  $num2=200;
echo "较大的是 ".maxNum($num1, $num2); // 输出：较大的是200
function maxNum($a,$b){
if($a<$b) $a = $b;
return $a;
}
?>
```

2.7.4 函数嵌套和递归

PHP中的函数可以嵌套定义和嵌套调用。所谓嵌套定义，就是在定义一个函数时，其函数体内又包含另一个函数的完整定义。这个内嵌的函数只能在包含它的函数被调用之后才会生效，举例如下：

```php
<?php
function foo()
{
 function bar()
 {
  echo "并没有关闭直到 foo()函数被应用.";
 }
}
/* 不能嵌套应用bar()函数，因为它并没有被关闭. */
foo();
/*现在可以应用bar()函数，
 foo()'s 的进程允许使用. */
bar();
?>
```

这段代码的输出为"并没有关闭直到foo()函数被应用。"

所谓嵌套调用，就是在调用一个函数的过程中，又调用另一个函数。举例如下：

```php
<?php
$num1=100;
$num2=200;
myoutput($num1, $num2);
function myoutput($a, $b){
echo "较大的是".maxNum($a, $b);
}
function maxNum($a,$b){
if($a<$b) $a = $b;
return $a;
}
?>
```

这段代码的输出是"较大的是200"。在此段代码中首先调用的myoutput()，而在调用这个函数的过程中，又调用了另一个函数maxNum()，这就是函数的嵌套调用。

PHP中还允许函数的递归调用，即在调用一个函数的过程中又直接或间接地调用该函数本身。举例如下：

```php
<?php
  recursion(5);
function recursion($a)
{
  if ($a <= 10) {
    echo "$a ";
    recursion($a + 1);
  }
}
?>
```

这段代码的输出是数字5，6，7，8，9，10。在此段代码中首先调用的recursion()，而在调用这个函数的过程中，如果参数的值小于等于10，则又调用此函数本身，这就是函数的递归调用。嵌套和递归在使用PHP进行一些结算系统的应用时经常使用到，需要读者举一反三，清晰地掌握逻辑关系后方可以进行应用，否则很容易出现死循环。

2.8　MySQL数据库操作

要想快速成为PHP网页编程高手，核心掌握MySQL的数据库操作是非常重要的，一般PHP实现对MySQL的操作主要包括连接、创建、插入、选择、查询、排序、更新以及删除等操作，下面就分别介绍一下实现这些功能的函数命令。

2.8.1　连接数据库（MYSQL_CONNECT()）

在能够访问并处理数据库中的数据之前，必须创建到达数据库的连接。在PHP中，这个任务通过 mysql_connect()函数完成。

语法：

```
mysql_connect(servername,username,password);
```

举例如下：

在下面的例子中，我们在一个变量中 ($conn) 存放了在脚本中供以后使用的连接。如果连接失败，将执行die部分。

```php
<?php
$conn = mysql_connect("localhost","root","admin");
if (!$conn)
  {
  die('不能连接数据库: ' . mysql_error());
  }
?>
```

脚本一结束，就会关闭连接。如需提前关闭连接，则使用mysql_close() 函数实现。

```php
<?php
$conn = mysql_connect("localhost","root","admin");
if (!$conn)
  {
  die('不能连接数据库: ' . mysql_error());
  }
mysql_close($conn);
?>
```

2.8.2 创建数据库（CREATE）

CREATE DATABASE 语句用于在 MySQL 中创建数据库。

语法：

```
CREATE DATABASE database_name
```

为了让PHP执行上面的语句，必须使用 mysql_query() 函数。此函数用于向MySQL连接发送查询或命令。

举例如下：

在下面的例子中，创建了一个名为**my_db**的数据库。

```php
<?php
$conn = mysql_connect("localhost","root","admin");
if (!$conn)
  {
  die('不能连接数据库: ' . mysql_error());
  }
if (mysql_query("CREATE DATABASE my_db",$conn))
  {
  echo "Database created";
  }
else
  {
  echo "Error creating database: " . mysql_error();
  }
mysql_close($conn);
?>
```

CREATE TABLE 用于在 MySQL 中创建数据库表。

语法：

```
CREATE TABLE table_name
(
column_name1 data_type,
column_name2 data_type,
column_name3 data_type,
.......
)
```

为了执行此命令，必须向 mysql_query() 函数添加 CREATE TABLE 语句。

举例如下：

下面的例子展示了如何创建一个名为Persons的表，此表有三列。列名是FirstName，LastName以及Age。

```
<?php
$conn = mysql_connect("localhost","root","admin");
if (!$conn)
  {
  die('不能连接数据库: ' . mysql_error());
  }
if (mysql_query("CREATE DATABASE my_db",$conn))
  {
  echo "Database created";
  }
else
  {
  echo "Error creating database: " . mysql_error();
  }
mysql_select_db("my_db", $conn);
$sql = "CREATE TABLE Persons
(
FirstName varchar(15),
LastName varchar(15),
Age int
)";
mysql_query($sql,$conn);
mysql_close($conn);
?>
```

在创建表之前，必须首先选择数据库。通过mysql_select_db() 函数选取数据库。当创建 varchar 类型的数据库字段时，必须规定该字段的最大长度，例如：varchar(15)。MySQL各种数据类型如表2-8~表2-11所示。

表2-8　MySQL 数据类型表

数值类型	描述
int(size) smallint(size) tinyint(size) mediumint(size) bigint(size)	仅支持整数。在 size 参数中规定数字的最大值
decimal(size,d) double(size,d) float(size,d)	支持带有小数的数字。在 size 参数中规定数字的最大值。在 d 参数中规定小数点右侧的数字的最大值

表2-9　文本数据类型表

文本数据类型	描述
char(size)	支持固定长度的字符串（可包含字母、数字以及特殊符号）。在 size 参数中规定固定长度
varchar(size)	支持可变长度的字符串。（可包含字母、数字以及特殊符号）。在 size 参数中规定最大长度
tinytext	支持可变长度的字符串，最大长度是 255 个字符
text blob	支持可变长度的字符串，最大长度是 65535 个字符
mediumtext mediumblob	支持可变长度的字符串，最大长度是 16777215 个字符
longtext longblob	支持可变长度的字符串，最大长度是 4294967295 个字符

表2-10　日期数据类型表

日期数据类型	描述
date(yyyy-mm-dd) datetime(yyyy-mm-dd hh:mm:ss) timestamp(yyyymmddhhmmss) time(hh:mm:ss)	支持日期或时间

表2-11　杂项数据类型表

杂项数据类型	描述
enum(value1,value2,ect)	ENUM 是 ENUMERATED 列表的缩写。可以在括号中存放最多 65535 个值
set	SET 与 ENUM 相似。但是，SET 可拥有最多 64 个列表项目，并可存放不止一个 choice

　　每个表都应有一个主键字段。主键用于对表中的行进行唯一标识。每个主键值在表中必须是唯一的。此外，主键字段不能为空，这是由于数据库引擎需要一个值来对记录进行定位。主键字段永远要被编入索引。这条规则没有例外。必须对主键字段进行索引，这样

数据库引擎才能快速定位给予该键值的行。

下面的例子把personID字段设置为主键字段。主键字段通常是 ID 号，且通常使用 AUTO_INCREMENT 设置。AUTO_INCREMENT 会在新记录被添加时逐一增加该字段的值。要确保主键字段不为空，必须向该字段添加 NOT NULL 设置。

举例如下：

```
$sql = "CREATE TABLE Persons
(
personID int NOT NULL AUTO_INCREMENT,
PRIMARY KEY(personID),
FirstName varchar(15),
LastName varchar(15),
Age int
)";
mysql_query($sql,$conn);
```

 2.8.3 插入数据（INSERT INTO）

INSERT INTO语句用于向数据库表添加新记录。

语法：

```
INSERT INTO table_name
VALUES (value1, value2,....)
```

还可以规定希望在其中插入数据的列：

```
INSERT INTO table_name (column1, column2,...)
VALUES (value1, value2,....)
```

SQL 语句对大小写不敏感。INSERT INTO与 insert into 相同。为了让 PHP 执行该语句，必须使用mysql_query()函数。该函数用于向MySQL连接发送查询或命令。

举例如下：

在前面创建了一个名为Persons的表，其中有三个列：Firstname、Lastname和Age。下面将在本例中使用同样的表，向Persons表添加两个新记录。

```
<?php
$conn = mysql_connect("localhost","root","admin");
if (!$conn)
  {
  die('不能连接数据库: ' . mysql_error());
  }
mysql_select_db("my_db", $conn);
mysql_query("INSERT INTO Persons (FirstName, LastName, Age)
VALUES ('chen', 'yicai', '35')");
mysql_query("INSERT INTO Persons (FirstName, LastName, Age)
VALUES ('yu', 'heyun', '28')");
```

```
mysql_close($conn);
?>
```

2.8.4 选择数据（SELECT）

SELECT 语句用于从数据库中选择数据。

语法：

```
SELECT column_name(s) FROM table_name
```

SQL语句对大小写不敏感，SELECT与select等效。为了让PHP执行上面的语句，必须使用mysql_query() 函数，该函数用于向MySQL发送查询或命令。

举例如下：

下面的例子选取存储在 Persons表中的所有数据（* 字符选取表中所有数据）。

```php
<?php
$conn = mysql_connect("localhost","root","admin");
if (!$conn)
  {
  die('不能连接数据库: ' . mysql_error());
  }
mysql_select_db("my_db", $conn);
$result = mysql_query("SELECT * FROM Persons");
while($row = mysql_fetch_array($result))
  {
  echo $row['FirstName'] . " " . $row['LastName'];
  echo "<br />";
  }
mysql_close($conn);
?>
```

上面这个例子在$result变量中存放由mysql_query() 函数返回的数据。接下来，使用mysql_fetch_array()函数以数组的形式从记录集返回第一行。每个随后对 mysql_fetch_array() 函数的调用都会返回记录集中的下一行。while loop语句会循环记录集中的所有记录。为了输出每行的值，使用了PHP的$row变量 ($row['FirstName'] 和 $row['LastName'])。

2.8.5 条件查询（WHERE）

如需选取匹配指定条件的数据，请向SELECT语句添加WHERE子句。

语法：

```
SELECT column FROM table
WHERE column operator value
```

下面的运算符如表2-12所示，可与 WHERE 子句一起使用。

表2-12　可用于查询的运算符

运算符	说明
=	等于
!=	不等于
>	大于
<	小于
>=	大于或等于
<=	小于或等于
BETWEEN	介于一个包含范围内
LIKE	搜索匹配的模式

举例如下：

下面的例子将从Persons表中选取所有FirstName='Root' 的行。

```php
<?php
$conn = mysql_connect("localhost","root","admin");
if (!$conn)
  {
  die('不能连接数据库: ' . mysql_error());
  }
mysql_select_db("my_db", $conn);
$result = mysql_query("SELECT * FROM Persons
WHERE FirstName='chen'");

while($row = mysql_fetch_array($result))
  {
  echo $row['FirstName'] . " " . $row['LastName'];
  echo "<br />";
  }
?>
```

2.8.6　数据排序（ORDER BY）

ORDER BY　关键词用于对记录集中的数据进行排序。

语法：

```
SELECT column_name(s)
FROM table_name
ORDER BY column_name
```

举例如下：

下面的例子选取persons表中存储的所有数据，并根据Age列对结果进行排序。

```php
<?php
$conn = mysql_connect("localhost","root","admin");
```

```
    if (!$conn)
      {
      die('不能连接数据库: ' . mysql_error());
      }
    mysql_select_db("my_db", $conn);
    $result = mysql_query("SELECT * FROM Persons ORDER BY age");
    while($row = mysql_fetch_array($result))
      {
      echo $row['FirstName'];
      echo " " . $row['LastName'];
      echo " " . $row['Age'];
      echo "<br />";
      }
    mysql_close($conn);
    ?>
```

如果使用ORDER BY关键词，记录集的排序顺序默认是升序（1在9之前，a在p之前）。使用 DESC 关键词来设定降序排序（9在1之前，p在a之前）。

```
SELECT column_name(s)
FROM table_name
ORDER BY column_name DESC
```

可以根据两列进行排序，也可以根据多个列进行排序。当按照多个列进行排序时，只有第一列相同时才使用第二列。

```
SELECT column_name(s)
FROM table_name
ORDER BY column_name1, column_name2
```

2.8.7 更新数据（UPDATE）

UPDATE语句用于在数据库表中修改数据。
语法：

```
UPDATE table_name
SET column_name = new_value
WHERE column_name = some_value
```

举例如下：
通过下面的例子更新Persons表的一些数据。

```
<?php
$conn = mysql_connect("localhost","root","admin");
if (!$conn)
  {
  die('不能连接数据库: ' . mysql_error());
  }
mysql_select_db("my_db", $conn);
```

```
mysql_query("UPDATE Persons SET Age = '38'
WHERE FirstName = 'chen' AND LastName = 'yicai'");
mysql_close($conn);
?>
```

 ### 2.8.8　删除数据（DELETE FROM）

DELETE FROM 语句用于从数据库表中删除记录。

语法：

```
DELETE FROM table_name
WHERE column_name = some_value
```

举例如下：

```php
<?php
$conn = mysql_connect("localhost","root","admin");
if (!$conn)
  {
  die('不能连接数据库：' . mysql_error());
  }
mysql_select_db("my_db", $conn);
mysql_query("DELETE FROM Persons WHERE LastName='yicai'");
mysql_close($conn);
?>
```

本小节介绍了PHP实现对MySQL数据库的一些常用操作，读者在学习的时候一定要认真编写每一行的代码，养成规范，方便后面内容的学习。

第 **3** 章

全程实例一：成绩查询系统

进行PHP网站开发的环境有很多，对于已经很熟悉HTML语言和PHP的设计人员甚至可以直接使用记事本进行代码的编写工作；对于新手来说可以使用Dreamweaver配合MySQL进行动态系统的开发。Dreamweaver提供了方便的图形化界面，只需使用鼠标选择，输入一些基本设置参数就能够与MySQL数据库交互，实现建立数据，查询，新增记录，更新记录，删除记录等操作，不用自己写程序即可以实现PHP+MySQL动态系统的开发。本章将介绍如何使用Dreamweaver的服务器行为，引导读者熟悉由Dreamweaver所产生的程序代码、掌握Dreamweaver绑定生成的PHP程序逻辑。

本章的学习重点：

- 掌握Dreamweaver进行PHP开发的流程
- 在Dreamweaver进行PHP开发平台的搭建
- 搭建PHP动态系统开发的平台
- 检查数据库记录的常见操作
- 编辑记录的常见操作

3.1　搭建PHP开发环境

Dreamweaver提供了网站开发的整合性环境，它可以支持不同服务器技术，如ASP、PHP、JSP等等，建立动态支持数据库的网络应用程序。同时也能让不懂程序代码的网站设计人员或初学者能在不用撰写程序代码的情况下，学习动态网页技术的设计。

3.1.1　网站开发的步骤

在开始制作网站之前，还要了解在Dreamweaver CC中的网页设计和发布流程。它可以分为如下5个主要步骤：

第一步：规划网站站点

需要了解网站建设的目的，确定网站提供的服务，针对的是什么样的访问者，以确定网页中应该出现什么内容。

第二步：建立站点的基本结构

在Dreamweaver CC中可以在本地计算机上建立出整个站点的框架，并在各个文件夹中合理地安置文档。Dreamweaver CC可以在站点窗口中以两种方式显示站点结构，一种是目录结构，另一种是站点地图。可以使用站点地图方式快速构建和查看站点原型。一旦创建了本地站点并生成了相应的站点结构，创建了即将进一步编辑的各种文档，就可以在其中组织文档和数据。

第三步：实现所有页面的设计

建立站点之后，进入Dreamweaver CC软件中，开始进行页面的版面规划设计，利用强大的编辑设计功能实现各种复杂的表格，然后再组织页面内容。为了保持页面的统一风格可以利用模板来快速生成文档。

第四步：充实网页内容

在创建了基本版面页面后，就要往框架里填充内容。在文档窗口中合适的地方，可以输入文字和其他资源，例如图像、水平线、Flash插件和其他对象等，大多可以通过插入面板或插入菜单来完成插入。

第五步：发布和维护更新

在站点编辑完成后，需要将本地的站点同位于Internet服务器上的远端站点关联起来，把本地设计好的网站内容传到服务器上，并注意后期的随时更新和维护。

3.1.2　网站文件夹设计

在制作网站之前首先是把设计好的网站内容放置在本地设计计算机的硬盘上，为了方便站点的设计及上传，设计好的网页都应存储在Apache服务器的安装路径下，如本书的路径为C:\XAMPP\htdocs目录下，再用合理的文件夹来管理文档，在本地站点规划的时候，应该注意如下的操作规则：

1. 设计合理的文件夹

在本地站点中应该用文件夹来合理构建文档的结构。首先为站点创建一个主要文件夹，然后再在其中创建多个子文件夹，最后将文档分类存储到相应的文件夹下。例如可以在images的文件夹中放置网站页面的图片，可以在data文件夹中放置网站的数据库，可以在css文件夹中放置网页的样式表，如图3-1所示的一个phpweb网站规划建立的文件夹文档。

图 3-1　网站在本地硬盘上的文件夹建立

2. 设计合理的文件名称

网站建设由于要生成的文件很多，所以经常要用合理的文件名称。这样操作的目的一是为了方便在网站的规模变得很大时，可以进行修改更新；其二也是为了方便浏览者在看了网页的文件名就能够知道网页所要表述的内容。

在设计合理的文件名时要注意以下几点：

● 第一：尽量使用短文件来命名。
● 第二：应该避免使用中文文件名，因为很多Internet服务器使用的是英文操作系统，不能对中文文件名提供很好的支持，而且浏览网站的用户也可能使用英文操作系统，中文文件名同样可能导致浏览错误或访问失败。
● 第三：建议在构建的站点中，全部使用小写的文件名称。很多Internet服务器采用Unix操作系统，它是区分文件的大小写的。

3. 设计本地和远程站点为相同的文件结构

在本地站点中规划设计的网站文件结构要同上传到Internet服务器中被人浏览的网站文件结构相同。这样在本地站点上相应的文件夹和文件上的操作，都可以同远程站点上的文件夹和文件一一对应。Dreamweaver CC将整个站点上传到Internet服务器上，都可以保证远程站点是本地站点的完整的复制，方便浏览和修改。

3.1.3　流畅的浏览顺序

在网站创建的时候首先要考虑到网站所有页面的浏览顺序，注意主次页面之间的链接是否流畅。如果采用标准统一的网页组织形式，可以让用户轻松自如地访问每个他们要访问的网页。这样能提高用户浏览兴趣，加大网站的访问量。建立站点的浏览顺序，要注意如下几个方面的浏览顺序：

● 在每个页面建立主页的链接

在网站所有的页面上，都要放置返回主页的链接。如果在网页中包含返回主页的链接，就可以保证用户在不知道自己目前位置的情况下，快速返回到主页中，重新开始浏览站点中其他内容。

● 建立网站导航

应该在网站任何一个页面上建立网站导航，通过导航提供站点的简明目录结构，引导用户从一个页面快速进入到其他的页面上。

● 突出当前页位置

在网站页面的设计中，往往需要加入当前页在网站中的位置说明，或者是加入说明的主题，以帮助浏览者了解他们现在访问的是什么地方。如果页面嵌套过多，则可以通过创建"前进"和"后退"之类的链接，来帮助浏览者进行浏览。

● 增加搜索和索引功能

对于一些带数据库的网站，还应该给浏览者提供搜索的功能，或是给浏览者提供索引检索的权利，使用户能快速查找到自己需要的信息。

● 必要的信息反馈功能

网站建设发布后，都会存在一些小问题，从浏览者那里及时获取他们对网点的意见和建议是非常重要的，为了及时从用户处了解到相关信息，应该在网页上提供用户同网页创作者或网站管理员的联系途径。常用的方法是建立留言簿或是创建一个E-mail超级链接，帮助用户快速将信息回馈到网站中。

3.2　成绩查询系统环境

本小节就以实例"成绩查询"系统的形式具体介绍Dreamweaver中的服务器行为的使用方法。在开始制作一个PHP网站之前，需要在Dreamweaver中定义一个新站点。在"新建站点"中可以让Dreamweaver知道，现在网站的本地目录，测试的路径等信息。

3.2.1　查询系统设计

"成绩查询"系统结构主要分成用户登录入口与找回密码入口两个部分，其中index.php是这个网站的首页。

在本地的计算机设置站点服务器，除在Dreamweaver CC的网站环境下按F12键来浏览网页之外,还可以在IE浏览器输入"http://localhost/phpweb/index.php"来打开用户系统的首页index.php,其中phpweb为站点名。

本实例制作5个功能页面,各页面的功能如表3-1所示。

表3-1　网页功能表

页面	主要的功能
index.php	用来显示所有的成绩记录
detail.php	显示详细成绩信息页面
add.php	增加成绩信息页面
update.php	更新成绩信息页面
del.php	删除成绩信息页面

index.php用于浏览数据库内记录,为detail.php提供附带URL参数ID的超级链接,便于查看详细的记录信息,如图3-2所示。

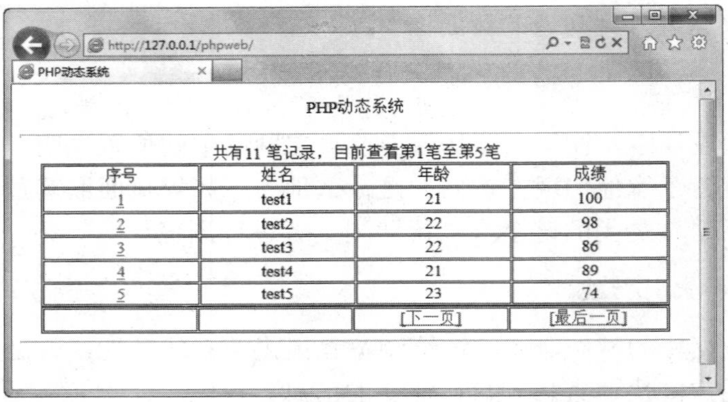

图3-2　index 页面效果

detail.php用于接收由index.php传来的URL参数ID,利用URL参数筛选数据库中的记录。更新与删除记录都是依据数据库中的主键字段ID来识别记录的,如图3-3所示。

图3-3　detal.php 页面效果

当制作一个PHP系统功能时,提前规划网站的架构是一件很重要的事情。在我们的脑子里这个网站要有一个雏形,大概有哪些页面、页面间的关系如何等。数据库的架构规划也是一样的,要有哪些数据表、字段,如何跟网页配合等都是很重要的工作。

3.2.2 创建数据库

经过对前面功能的分析发现,数据库应该包括ID,姓名,年龄,成绩4个字段。所以

在数据库中必须包含一个容纳上述信息的表，将数据库命名为phpweb，接下来就要使用phpmyAdmin软件建立网站数据库websql作为任何数据查询、新增、修改与删除的后端支持。

创建的步骤如下：

01 在IE浏览器中输入http://127.0.0.1/phpmyadmin/，输入MySQL的用户名和密码（xammp默认环境下可以直接登录）。

02 单击"执行"按钮即可以进入软件的管理界面，选择相关数据库可看到数据库中的各表，可进行表、字段的增删改，可以导入、导出数据库信息，如图3-4所示。

图3-4　软件的管理界面

03 单击 数据库 命令，打开本地的"数据库"管理页面，在"新建数据库"文本框中输入数据库的名称phpweb，单击后面的数据库类型下拉列表框，在弹出的下拉菜单中选择utf8_general_ci选项，如图3-5所示。

图3-5　软件的管理界面

注意

UTF8是数据库的编码格式，通常在开发PHP动态网站的时候Dreamweaver默认的格式就是UTF8格式，在创建数据库的时候也要保证数据库储存的格式和网页调用的格式一样，这里要介绍一下utf8_bin和utf8_general_ci的区别。其中ci是 case insensitive，即 "大小写不敏感"，a和A在字符判断中会被当做一样的；bin是二进制，a和A会被区别对待。

04 单击"创建"按钮，返回"常规设置"页面，在数据库列表中就已经建立了phpweb的数据库，如图3-6所示。

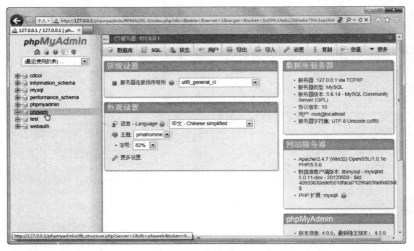

图3-6　创建后的页面

05 数据库建立后还要建立网页数据所需的数据表。这个网站数据库的数据表是websql。建立数据库后，接着单击左边的phpweb数据库将其连接上，如图3-7所示。

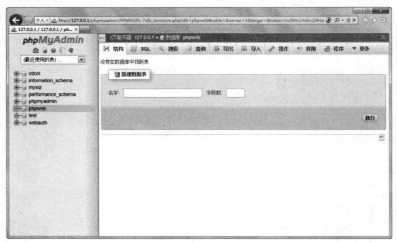

图3-7　开始建数据表

06 打开数据库右方画面会出现"新建数据表"的设置区域，含有"名字"、"字段数"两个文本框，在"名字"中输入数据表名websql，"字段数"文本框中输入本数据表的字段数为4，表示将创建4个字段来储存数据，如图3-8所示。

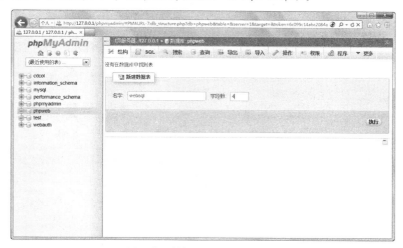

图 3-8　输入数据表名 websql 和字段数

[07] 再单击"执行"按钮，切换到数据表的字段属性设置页面，输入数据域名以及设置数据域位的相关数据，如图3-9所示。各字段的意义如表3-2所示。这个数据表主要是记录每个人的基本数据和成绩。

表3-2　websql数据表

字段名称	字段类型	字段大小	说明
ID	int	11	自动编号
name	varchar	20	个人姓名
age	tinyint	4	个人年龄
Result	varchar	20	个人成绩

图 3-9　设置数据库字段属性

[08] 最后再单击"保存"按钮，切换到"结构"页面。实例将要使用的数据库建立完

毕，如图3-10所示。

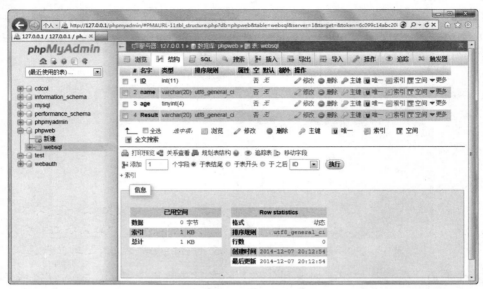

图 3-10 建立的数据库页面

09 为了页面制作的调用需要，可以先在数据表里加入10笔数据，在数据表手动加入名为test1~test10的10个测试姓名，年龄和成绩也编辑不同的数据，如图3-11所示。

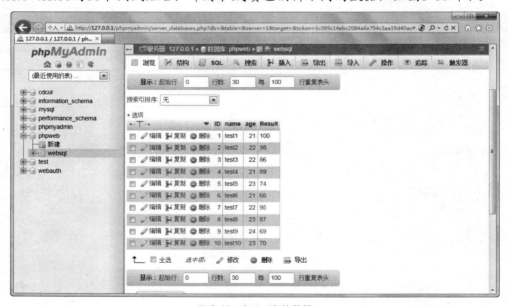

图 3-11 加入 10 笔数据

 **3.2.3** 定义Web站点

在Dreamweaver CC中创建一个"成绩查询"网站站点phpweb，由于这是PHP数据库网站，因此必须设置本机数据库和测试服务器，主要的设置如表3-3所示。

表3-3　站点设置的基本参数

站点名称	web
本机根目录	C:\XAMPP\htdocs\phpweb
测试服务器	C:\XAMPP\htdocs\
网站测试地址	http://127.0.0.1/phpweb/
MySQL服务器地址	C:\XAMPP \MySQL\ data\phpweb
管理账号 / 密码	root / 空
数据库名称	phpweb

创建web站点的具体操作步骤如下：

01 在C:\XAMPP\htdocs路径下建立phpweb文件夹（如图3-12所示），本实例所有建立的网页文件都将放在该文件夹底下。

图 3-12　建立站点文件夹 phpweb

02 启动Dreamweaver CC，执行菜单栏中的"站点"→"管理站点"命令，打开"管理站点"对话框，如图3-13所示。

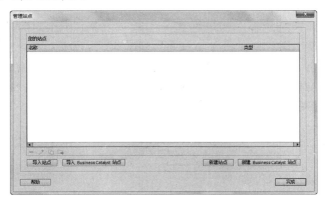

图 3-13　"管理站点"对话框

03 单击"新建站点"按钮，打开"站点设置对象"对话框，左边是站点列表框，其中显示了可以设置选项。进行如图3-14所示的参数设置，设置站点名称为phpweb，本地站点文件夹地址为C:\XAMPP\htdocs\phpweb。

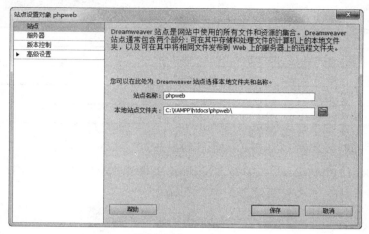

图 3-14　建立 web 站点

04 单击列表框中的"服务器"选项，并单击"添加服务器"按钮 ，打开"基本"选项卡进行如图3-15所示的参数设置。

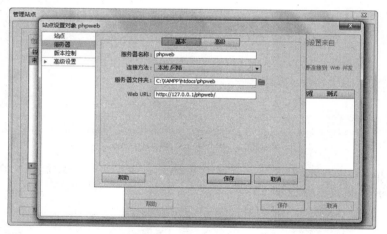

图 3-15　"基本"选项卡设置

05 设置后再单击"高级"选项卡，打开"高级"服务器设置对话框，选中"维护同步信息"复选框，在"服务器模型"下拉列表框中选择PHP MySQL选项（表示是使用PHP开发的网页），其他的保持默认值，如图3-16所示。

图 3-16　设置"高级"选项卡

06 单击"保存"按钮，返回"服务器"设置界面，选中"测试"复选框，如图3-17所示。

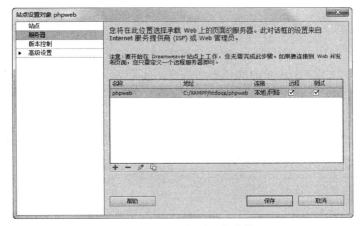

图 3-17　设置"服务器"参数

07 单击"保存"按钮，则完成站点的定义设置。在Dreamweaver CC中就已经拥有了刚才所设置的站点web。单击"完成"按钮，关闭"管理站点"对话框，这样就完成了Dreamweaver CC测试web站点的网站环境设置。

3.2.4　建立数据库连接

完成了站点的定义后，需要将网站与前面建立的price数据库建立连接。

网站与数据库的连接步骤如下：

01 执行菜单栏"文件"→"新建"命令，在网站根目录下新建一个名为index.php的网页，输入网页标题"PHP动态系统"，然后执行菜单栏"文件"→"保存"命令将网页保存，如图3-18所示。

02 执行菜单栏上的"窗口"→"数据库"命令，打开"数据库"面板。在"数据库"面板中单击"+"图标，并在打开的菜单中选择"MySQL 连接"选项，如图3-19所示。

图 3-18　创建空白网页

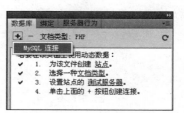

图 3-19　选择 MySQL 连接

03 在 "MySQL连接" 对话框中，输入 "连接名称" 为webconn， "MySQL服务器" 名为localhost， "用户名" 为root，密码为空。选择所要建立连接的数据库名称，可以单击 "选取" 按钮浏览MySQL服务器上的所有数据库。选择刚导入的范例数据库phpweb，具体的设置内容如图3-20所示。

04 单击 "测试" 按钮测试与MySQL数据库的连接是否正确，如果正确则弹出一个提示消息框（如图3-21所示），这表示数据库连接已设置成功。

图 3-20　设置 MySQL 连接参数

图 3-21　设置成功

单击 "确定" 按钮，则返回编辑页面，在 "数据库" 面板中则显示绑定过来的数据库，如图3-22所示。

在建立完成MySQL连接后，在 "文件在" 面板中会看到Dreamwaver自动建立了Connections文件夹，在该文件夹下有一个与前面所建立的MySQL连接名称相同的文件，如图3-23所示。

图 3-22　绑定的数据库

图 3-23　自动生成的 webconn.php 文件

Connections文件夹是Dreamweaver用来存放MySQL连接设置文件的文件夹。打开该文件并使用"代码"视图，可以看到有关连接数据库的设置，如图3-24所示。

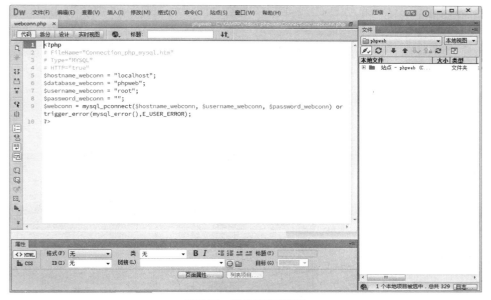

图 3-24　数据库连接设置

在这个文件中定义了与MySQL服务器的连接（mysql_pconnect函数），包括以下内容。

● $hostname：MySQL服务器的地址。
● $database：连接数据库的名称。
● $username：用户名称。
● $password：用户密码。

定义的值与我们前面在图形界面所设置的值是对应的，然后利用函数mysql_pconnect与数据库连接。连接后才能对数据库进行查询、新增、修改或删除的操作。如果在网站制作完成后将文件上传至网络上的主机空间时发现，网络上的MySQL服务器访问的用户名、密码等方面与本机设置有所不同，可以直接修改位于Connection文件夹下的webconn.php文件。

3.3　动态服务器行为

在Dreamweaver中可以利用软件自带的动态服务器行为快速建立一些基本动态功能，本小节就介绍在Dreamweaver中与检查数据库记录相关的"服务器行为"，主要包括了创建记录集、插入记录、更新记录、重复区域、显示区域和记录集分页等常用的动态服务器行为。

3.3.1　创建新记录集

在每个需要查看数据库记录的页面中皆须为其建立一个"记录集（查询）"，从而可以让Dreamweaver知道，目前这个网页中所需要的是数据库中的哪些数据。即便需要的内容一样，在不同网页也需要单独建立。同一个数据库只需建立一次MySQL连接，但我们可为同一个MySQL数据库连接建立多个"记录集"，配合筛选的功能达到某个记录集只包含数据库中符合某些条件的记录。

打开index.php文件后，然后打开菜单栏上的"应用程序"→"绑定"面板，选择"记录集（查询）"便可以建立记录集。"绑定"面板中的"记录集（查询）"与"服务器行为"面板中"记录集"是相同的，如图3-25所示。

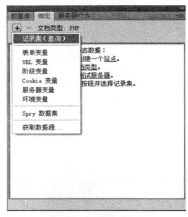

图 3-25　选择"记录集"命令

按说明设置各项字段（如图3-26所示），然后单击"测试"按钮，Dreamweaver会显示目前设置所返回的记录集内所有记录，如图3-27所示，字段的功能说明如表3-4所示。

表3-4　字段与功能说明

字　　段	说　　明
名称	一般用Recordset（记录集）的缩写rs作为开头
连接	选择所建立记录集的数据库是在哪个MySQL连接
列	此处显现该数据库连接中所有的数据表，以及所选数据表内所有字段
筛选	是否依据条件筛选记录
排序	是否依照某个字段值进行排序。比如，在新闻系统中需要把新的新闻放到前面位置，就可以使用排序的功能

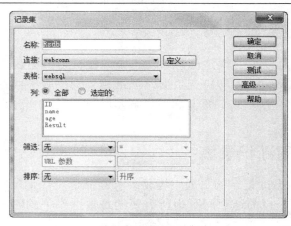

图 3-26　设置记录集

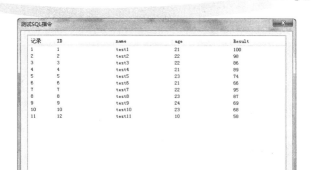

图 3-27 单击"测试"按钮浏览记录集

记录集使用到的就是SELECT语句，因为查询出来的结果可能会有很多条，所以称为记录集（合），而"筛选"部分则对应WHERE子句。

单击"测试"按钮后，可以看到返回的记录。因为没有做任何筛选的处理，所以会返回完整的所有记录。

可以单击"高级"按钮查看该SQL语句。可以看到，Dreamweaver提供了一个基本的图形界面，实际上它会生成相应的程序代码。在"高级"窗口中可以看到相应的SQL语句，另外还提供加入变量、修改SQL语句的功能，用以满足使用简单图形界面设置无法满足的情况，如图3-28所示。

在记录集建立完毕后，我们可以在"应用程序"→"绑定"面板中查看到目前页面里的所有记录集，以及各记录集中的字段，双击记录集可以重新打开图3-29所示的设置窗口。

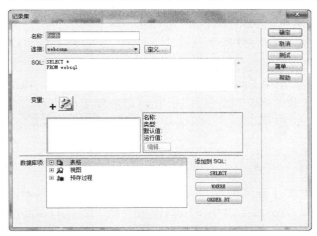

图 3-28 "高级"记录集窗口

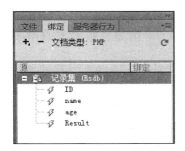

图 3-29 绑定的记录集效果

建立记录集与直接写SELECT语句是相同的，将页面切换到"代码"视图，如图3-30所示。其中第1行的require_once函数是用来引入文件的，即前面介绍过的webconn.php。在Dreamweaver中，若是我们已经定义好数据库连接，那么在其他建立记录集、更新记录、插入记录、删除记录的页面中这个连接设置文件就会在页面的最前面被引入（这就是为什么在同一个站点中只需要定义一次MySQL数据库连接），因为该文件中所包括的与数据库连接相关的设置需要被使用。

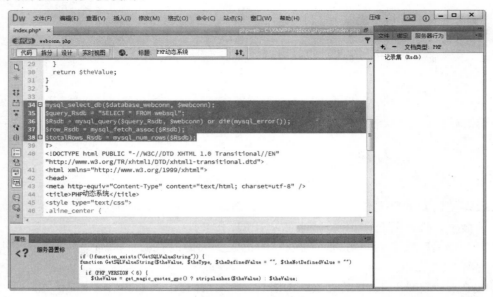

图 3-30　自动生成的代码

其程序具体分析如下：

（1）第34行引用了webconn.php内的设置（变量$database_webconn与$webconn被定义在这个文件中）来选择数据库（mysql_select_db()），随后的mysql_query()所作用的都是此数据库。

（2）第35行定义了查询数据库的SQL语句。

（3）第36行使用35行所定义的SQL语句对数据库执行查询操作（mysql_query()），此时返回结果是资源标识符，还不能被使用。

（4）第37行将前面查询的结果以关系型数组的形式（mysql_fetch_assoc()）传至变量$row_rsdb，然后就可以使用$row_记录集名称['字段名称']来取得记录集字段值。

（5）第38列取得查询结果的记录条数（mysql_num_rows()）并赋给变量$totalRows_rsdb。

（6）最后mysql_free_result()释放查询结果与占用的内存资源。

上面是Dreamweaver连接数据库并执行查询的标准步骤，在mysql_query($query_rsdb, $webconn) or die(mysql_error())的部分，若or前面语句出现错误或失败，就执行or后面的程序。所以若数据库查询失败的时候就会产生错误信息，并终止程序的运行。

在一般PHP程序中，典型的连接与查询程序类似下面的例子。

```
mysql_select_db($database_webconn, $webconn);
$query_rsdb = "SELECT * FROM websql";
$rsdb = mysql_query($query_rsdb, $webconn) or die(mysql_error());
$row_rsdb = mysql_fetch_assoc($rsdb);
$totalRows_rsdb = mysql_num_rows($rsdb);
mysql_free_result($rsdb);
```

可能会觉得Dreamweaver产生出来的程序代码比较复杂，这是因为Dreamweaver建立的记录集需要搭配很多服务器行为来使用。

3.3.2 显示记录功能

要将记录集内的记录（即数据库中的数据）直接显示到网页上，实现的步骤如下：

在"文件"面板中打开index.php，在网页中制作一个如图3-31所示的2×4表格，然后在"应用程序"→"绑定"面板上选择所需的字段并拖动到表格中。

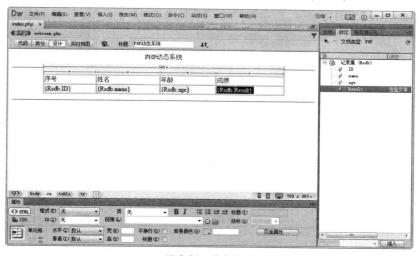

图 3-31　绑定字段

在使用鼠标拖动字段至页面上放开后，会出现{rsdb.name}的字样，其中rsdb为记录集名称，name为字段名称。将序号、姓名、年龄、成绩4个字段分别拖至相应的单元格后，单击 实时视图 按钮。

视图所呈现的效果与使用浏览器打开网页一样，原本仅显示{记录集名称.字段名称}的部分将会显示出记录集内的记录，如图3-32所示。

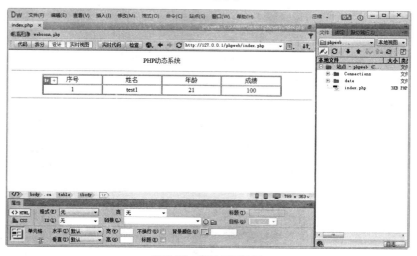

图 3-32　实时视图效果

再单击一次 [实时视图] 按钮，将页面切换到 [代码] 视图。我们来看{记录集名称.字段名称}的部分代码。可以看到，程序代码中使用echo来输出字段值，如图3-33所示。

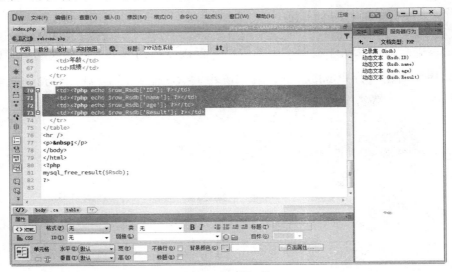

图 3-33　代码视图效果

3.3.3　重复区域功能

现在只能看到记录集中的第1条记录，那后面的记录怎么显示出来呢？Dreamweaver提供了"重复区域"及"记录集分页"的功能，只需要鼠标拖动就可以实现这个功能。

选取需要重复的部分，即表格中的第2行（如图3-34所示），然后在"服务器行为"面板中单击"+"按钮，从弹出的下拉菜单中选择"重复区域"如图3-35所示。

PHP动态系统

序号	姓名	年龄	成绩
{Rsdb.ID}	{Rsdb.name}	{Rsdb.age}	{Rsdb.Result}

图 3-34　选取表格第 2 行

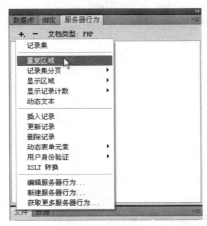

图 3-35　选择重复区域命令

　　之所以要确认选取的标签为 <tr> ，是因为重复区域会使用do…while循环包围所作用的范围。而需要重复的仅是第2行的表格，在HTML中表格的行是使用 <tr >标签。确认选取的标签正确，执行时才不会发生错误。

　　此时会弹出一个窗口（如图3-36所示），要求我们选择要重复记录的记录集，以及需要重复几条记录或显示全部记录。同样地选择 实时视图 ，这时就可以看到原来只有两行的表格已经增长到6行（如图3-37所示），而记录集内的前5条记录都显示在页面上了。

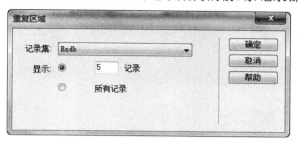

图 3-36　设置重复区域

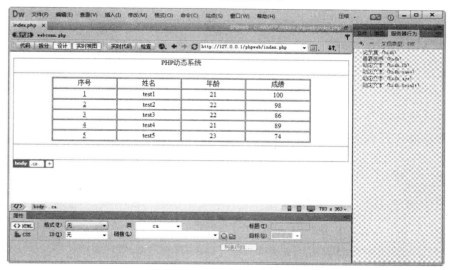

图 3-37　实时预览效果

　　所有页面上的"服务器行为"都会被列在"窗口"→"服务器行为"面板的清单中，在本例中我们选择重复5条记录。若想要修改服务器行为的设置，则可以通过双击该服务器行为来进行，如图3-38所示。

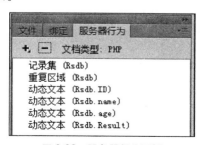

图 3-38　服务器行为面板

将页面切换到"代码"视图，在套用了"重复区域"服务器行为后，在程序代码当中的变化便是这行单元格的上下被"do...while"循环包围了，而重复的条件为第84行语句（如图3-39所示），用这样的循环可以达到将记录集中的记录全部输出才停止循环。

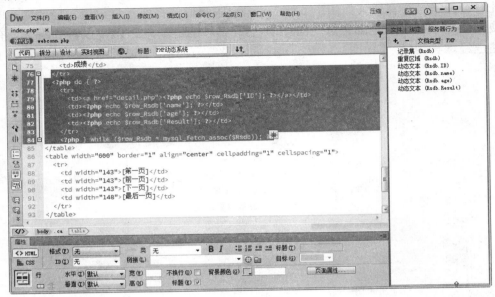

图 3-39　循环语句

在建立记录集时我们就知道有10条记录都在记录集中，可是在这里怎么显示了5条记录呢？回头来检查下代码，如图3-40所示。

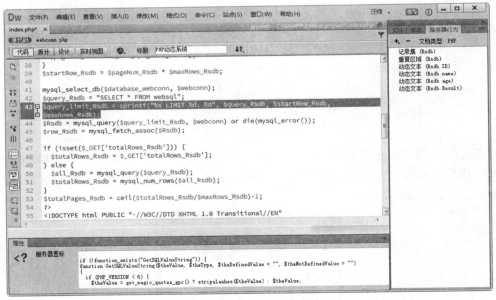

图 3-40　代码窗口

发现数据库查询语句被改写过，在第42行变量$query_rsdb所用的SQL语句是以前介绍过的，但在第43行该变量会放到字符串的第一个%s位置处。

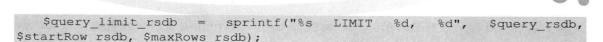

```
$query_limit_rsdb = sprintf("%s LIMIT %d, %d", $query_rsdb,
$startRow_rsdb, $maxRows_rsdb);
```

由上述代码可知，%s表示字符串，后面两个%d表示数值，所要代入的值是
$startRow_rsdb与$maxRows_rsdb。$maxRows_rsdb这个变量值与我们前面在重复区域所选
择的重复5条记录是同步的，可以看到第34行定义了这个变量的值。

```
$maxRows_rsdb = 5;
```

可以知道，Dreamweaver使用了一堆变量来记录在图形界面中所选择和设置的值，然
后使用LIMIT子句来做到一次显示指定条数的记录。

3.3.4　记录集的分页

上一节已经可以浏览记录集中第1~5条记录了，那剩下的记录如何显示出来呢？下面
就介绍记录集分页功能的实现方法。

01 在页面下方加上1×4的表格，接着在单元格中分别输入[第一页]、[前一页]、[下一
页]、[最后一页]的文字，使用鼠标选取[第一页]，然后在"服务器行为"面板单击"+"按
钮，从弹出的下拉菜单中选择"记录集分页"→"移至第一页"命令，如图3-41所示。

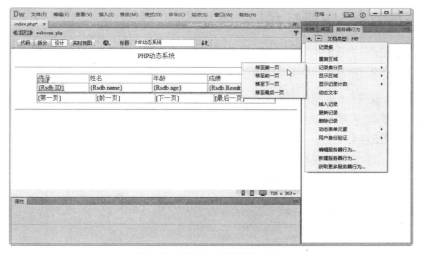

图 3-41　设置为"移至第一页"

02 在弹出的对话框中选择记录集，以及确认链接所选的范围，如图3-42所示。

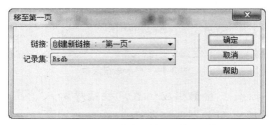

图 3-42　设置"移至第一页"对话框

03 分别为[前一页]、[下一页]、[最后一页]套用"移至上一页"、"移至下一页"、

"移至最后一页"的服务器行为。然后按键盘上的F12键，在浏览器中检查输出结果，如图3-43所示。在页面中测试刚刚完成的导航条，可以看到网址后面加了pageNum_dbrs与totalRows_dbrs两个URL变量，它们被用来在分页浏览时与重复区域服务器行为相搭配。

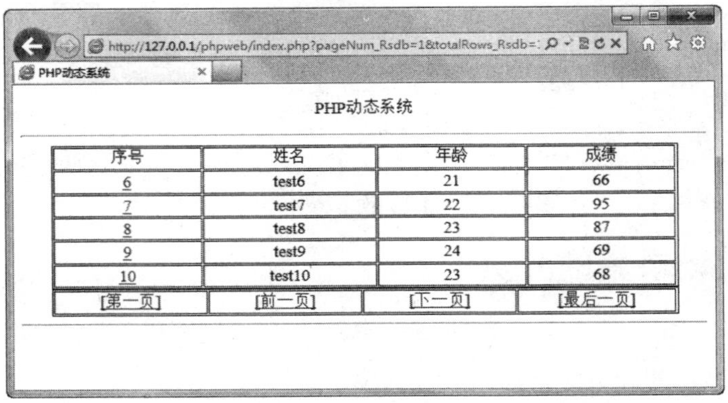

图 3-43　分页浏览效果

也可以在Dreamweaver菜单中执行"插入"→"数据对象"→"记录集分页"→"记录集导航条"命令来快速地插入本范例中所建立的记录集导航条。

3.3.5　显示记录计数

在页面上方输入"共有*笔记录，目前查看第*笔至第*笔"，建立起记录集导航条，以便让用户了解有多少页记录，当前正在浏览第几页。

01 将插入点置于"共有"和"笔记录"之间，选择"服务器行为"面板，单击"+"按钮，从弹出的下拉菜单中选择"显示记录计数"→"显示总记录数"选项，然后同样要选择记录集，如图3-44所示。

图 3-44　显示总记录数

02 按同样的方式将插入点置于相应位置，按顺序加入"显示起始记录编号"及"显示结束记录编号"，完成后页面如图3-45所示。

图 3-45 加入统计记录

完成后，当我们浏览该网页时便会出现当前共有几笔记录，目前查看的是第几笔到第几笔的提示文字，如图3-46所示。

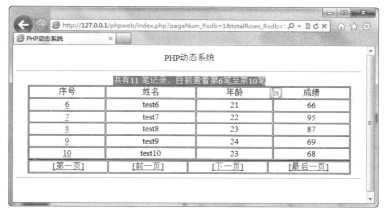

图 3-46 建立导航条效果

也可以在Dreamweaver菜单中执行"插入"→"数据对象"→"显示记录计数"→"记录集导航状态"命令来快速地插入本例中所建立记录集导航条。

3.3.6 显示区域功能

如果打开的是首页，那么"第一页"与"前一页"的文字链接是没有意义的。下面我们就来处理这个问题，当不是第一页时，显示"[第一页]"与"[前一页]"。当不是最后一页时，显示"[下一页]"与"[最后一页]"。

实现的步骤如下：

01 选择[第一页]，在"服务器行为"面板中单击"+"按钮，从弹出的下拉菜单中选择"显示区域"→"如果不是第一页则显示"选项（如图3-47所示），打开"如果不是第一页则显示"对话框，选择"记录集"rsdb，再单击"确定"按钮，然后为[前一页]也做同样的设置，完成设置。

图 3-47　选择"如果不是第一页则显示"选项

02 选取[下一页]链接文字，在"服务器行为"面板中单击"+"按钮，从弹出的下拉菜单中选择"显示区域"→"如果不是最后一页则显示"选项，如图3-48所示。然后为[最后页]也做同样的设置，选择的命令为"如果是最后一页则显示"命令。

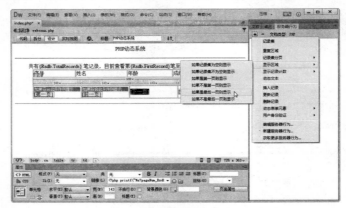

图 3-48　设置"如果不是最后一页则显示"

03 完成后在每个套用"显示区域"服务器行为的部分会出现"如果符合此条件则显示"的提示文字，如图3-49所示。

图 3-49　套用显示区域效果

04 最后按下F12键在浏览器中检查输出结果，如图3-50所示。

图 3-50 设置显示区域后的效果

注意

也可以在Dreamweaver菜单中执行"插入"→"数据对象"→"记录集（Recordset）分页"→"记录集导航条"命令来快速地插入一个分页区域。

3.3.7 显示详细信息

通常一个动态网站的数据量是比较大的，在很多时候并不会一开始就将数据库所有字段、记录都显示出来。例如一个新闻系统，在首页只会显示新闻的日期与标题，更详细的新闻内容需要选择标题后进入到另一个页面才能显示。假设显示新闻标题的页面是index.php，而显示详细新闻内容的网页名称为detail.php。当在index.php中单击标题的链接后，此时该超链接会带着一个参数到detail.php，网址类似于detail.php?ID=1。多出的ID=1是一个变量名为ID，值为1的 URL参数。当detail.php收到ID=1的URL参数后，便利用这个URL参数在建立记录集时筛选所指定的新闻记录，并将记录详细信息显示在网页上。这样就构成了一个简单的新闻系统架构。要筛选指定的记录可以在SQL中使用WHERE子句，在Dreamweaver中有相应的图形界面可以方便使用。下面我们来看看Dreamweaver是如何运用传送与接收URL参数来筛选出指定的记录。

01 使用Dreamweaver创建一个空白detail.php页面并保存。index.php中选择要用来连接到详细信息页面的部分（其实就是选择要在哪里建立超级链接），在本例中选择序号，即选择{rsdb.ID}动态文字，如图3-51所示。

PHP动态系统

序号	姓名	年龄	成绩
{Rsdb.ID}	{Rsdb.name}	{Rsdb.age}	{Rsdb.Result}
如果符合此条件则显示 [第一页]	如果符合此条件则显示 [前一页]	如果符合此条件则显示 [下一页]	如果符合此条件则显示 [最后一页]

共{Rsdb.totalRecords}笔记录，目前查看第{Rsdb.E...tRecor4}笔至{Rsdb.LastRecord1...}笔

图 3-51 选中动态文字{rsdb.ID}

02 在下面的"属性"面板中找到建立链接的部分，并单击"浏览文件"图标，如图3-52所示。

图 3-52　建立链接设置

03 在弹出的对话框中选择用来显示详细记录信息的页面detail.php，如图3-53所示。

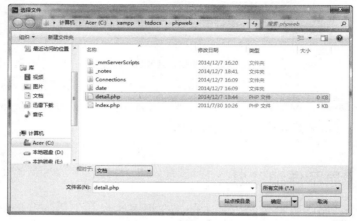

图 3-53　设置链接的文件

04 如果只是这样，那只会是单纯的超级链接并没有附带URL参数，因此要设置超级链接要附带的URL参数的名称与值。本例将参数名称命名为ID，接收前一页传递过来的ID值。

05 地址变成detail.php?ID=<?php echo $row_rsdb['ID']; ?>，如图3-54所示。

图 3-54　完成后的链接地址

06 设置完成后，可以在浏览器打开index页面。在IE底下的状态栏上可以看到每一条记录的链接都带着URL参数ID，其值是每条记录的ID，如图3-55所示。

图 3-55　单击链接的属性显示

前面已经完成index.php页面的制作，下面来设计接收URL参数的detail.php页面，看看如何用收到的参数来筛选指定的记录。

01 打开detail.php页面后选择"绑定"面板，单击"+"按钮，从弹出的下拉菜单中选择"记录集（查询）"选项，如图3-56所示。

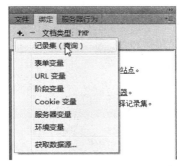

图 3-56　选择"记录集（查询）"

02 在打开的"记录集"对话框中进行如下设置：

● 在"名称"文本框中输入rsdetail作为该"记录集"的名称。

● 从"连接"下拉列表框中选择webconn选项连接对象。

● 从"表格"下拉列表框中选择使用的数据库表对象为websql。

● 在"列"选项区选中"全部"单选按钮。

● 在"筛选"栏中设置记录集过滤的条件为ID=URL参数/ ID。

完成后的设置如图3-57所示。

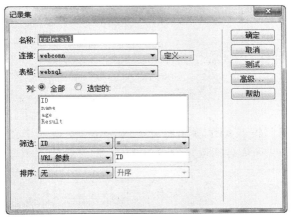

图 3-57　设置 rsdetail 记录集

03 如果想知道SQL语句，可以单击"高级"按钮。在"高级"界面检视SQL语句，如图3-58所示。在SQL语句中的colname是一个变量，若筛选的时候有用到变量，Dreamweaver就会用这个变量名称放在SQL语句里，而这个变量的值会是什么呢？就是下面"变量"区域中colname的运行值的定义。当网页运作时，colname将等于URL变量ID的值（$_GET['ID']），所以当URL变量ID值不同，筛选出的结果也不同。

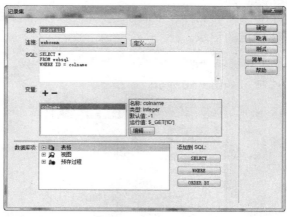

图 3-58　高级"记录集"对话框

04 然后单击"确定"按钮完成记录集建立。记录集建立完毕后，可以把各个字段"插入"到页面上相应的单元格中，如图3-59所示。

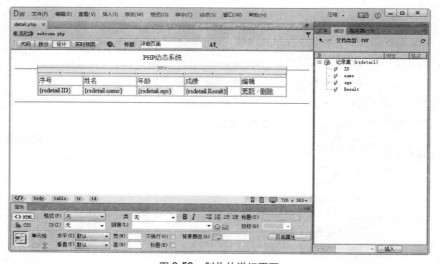

图 3-59　制作的详细页面

05 完成后直接按F12键在浏览器中打开detail.php，发现内容是空白的，如图3-60所示。这是怎么回事呢？因为在网址后面没有带着URL参数，当然记录集里就不会有任何东西。

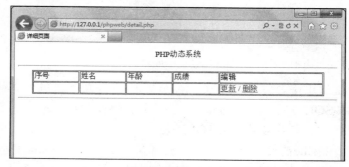

图 3-60　显示为空白

06 直接在网址后加上URL变量ID，其值可以选1～10的任何一个值，如这里输入6，然后按Enter键，网页显示的结果如图3-61所示。

图 3-61 URL 参数 ID=5 时的详细页面

07 在index.php中，每一笔记录的网址都带有特定的参数链接到detail.php，如图3-62所示。

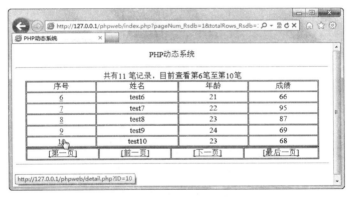

图 3-62 单击编号链接

08 单击第10个链接后，打开指定记录的详细页面，如图3-63所示。

图 3-63 打开指定记录的详细页面

注意

这里如果不以编号做为主链接也是可以的，像我们经常使用到的标题，即单击某个新闻标题，即可以打开相应的详细页面采用的就是这种技术。

3.4 编辑记录集

数据库记录在页面上的显示，重复，分页，计数，显示详细信息的操作已经介绍完毕，本小节将介绍在Dreamweaver中进行增加、修改以及删除记录的操作。

3.4.1 增加记录功能

在数据表websql中有4个字段，其中ID字段为主键且附加了"自动编号"属性，因此在新增记录时不必考虑ID字段，只需增加3个值即可。

实现的步骤如下：

01 创建一个空白的php网页，并命名为add.php，先添加一个表单，再插入一个4×2表格，键入相关提示后依序放上3个文本字段、两个按钮，完成后如图3-64所示。

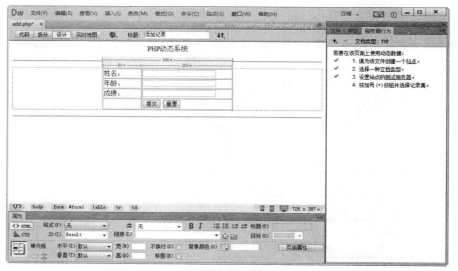

图3-64 建立表单并设计网页

当需要新增、更新记录时，网页中需要有一个表单且表单元素必须置于表单内，在单击按钮后只有在表单内的元素会被以POST或GET的方式传递。Dreamweaver中的新增、更新记录都是将表单元素的值以POST的方式传递给页面，当程序判断到指定字段（新增记录时字段名为MM_insert，当使用了"插入记录"服务器行为时该字段将被自动添加）送出了POST信息（值为窗体名称），便执行新增、更新记录等部分的程序。

02 插入3个文本字段，并分别选择各个文本字段，并在"属性"面板为其命名，分别是姓名name、年龄age、成绩Result，注意在设计时要与记录集字段名称一一对应，如图3-65所示。

图3-65 命名文本域

当表单元素的命名与记录集字段相符合时，在做"新增记录"、"更新记录"时Dreamweaver
会自动将表单元素与记录集字段相匹配。

03 打开"服务器行为"面板，单击"+"按钮，从弹出的下拉菜单中选择"插入记录"
命令，如图3-66所示。

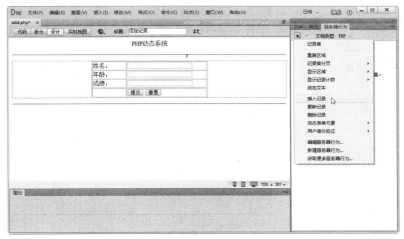

图 3-66 执行"插入记录"命令

04 打开"插入记录"对话框，设置插入记录属性，选择连接为webconn，插入表格
至websql，这是要设置将记录添加到哪一个数据表中。在选择完数据表后，"列"区域中
便会出现该数据表内的所有字段，可以在这里设置哪个数据表字段要从表单中的哪个元素
获取值，具体的设置如图3-67所示。

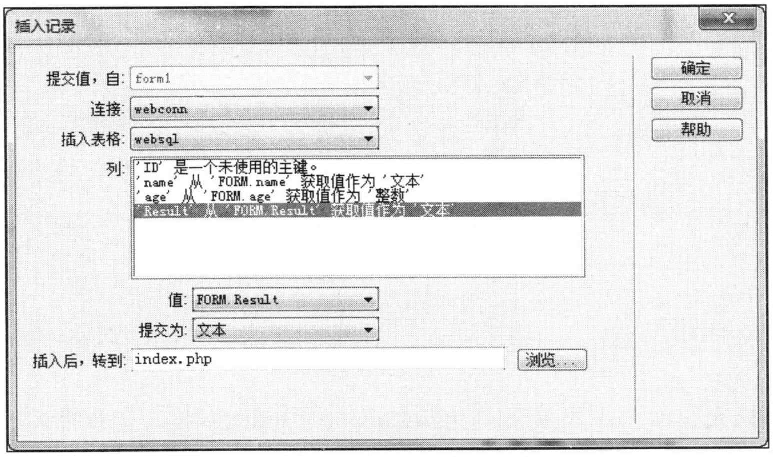

图 3-67 设置"插入记录"对话框

注意

之前将表单元素的名称命名为与数据库字段名称相同，所以在建立"插入记录"时，Dreamweaver
便会自动将它们配对。也可以先选择欲设置的字段，由"值"右方的下拉式菜单中选择从哪个
表单元素取得值。然后在"插入后，转到"的文本字段框填上index.php。将表单元素的名称与
数据库内的字段名称命名为相同，除了"插入记录"以外，"更新记录"服务器行为也会将相
同名称的数据列与表单元素自动地配对在一起。

05 设置完成后，在"服务器行为"面板的列表中就会多出一项插入记录（如图3-68
所示），可以双击该项重新进行"插入记录"的设置。完成后网页上的表格会变成浅绿色
的底，当然这并不是表示有错误，而是让我们知道该表单使用了"服务器行为"。在表单
内也自动加上了隐藏字段名称为MM_insert，用来判断用户是否单击"提交"按钮送出信
息，和是否执行"插入记录"部分的程序代码。

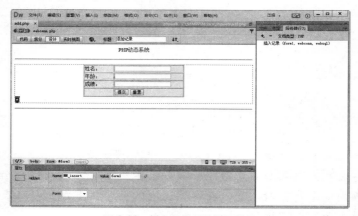

图 3-68　插入记录后的页面效果

06 直接按F12键在浏览器中打开网页，输入值如图3-69所示，单击"提交"按钮尝试
新增一笔记录。

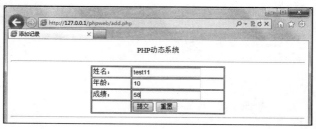

图 3-69　输入记录数据

07 单击"提交"按钮后，网址将从add.php转至index.php。单击网页下方的分页导航
条的"最后一页"链接，便可以看到刚才新增的记录，如图3-70所示。

图 3-70　增加记录后的效果

简单看看这部分的程序代码是怎样的。表单的"动作"为<?php echo $editFormAction; ?>，在单击按钮后网页是将信息以POST的方式送给自己，所以先记住这个变量后切换至"代码"视图，可以看到$editFormAction变量的值如图3-71所示，$_SERVER是预定义变量的一种，用以提供服务器的相关信息；而$_SERVER['PHP_SELF']便是返回该网页的文件名称。所以，表单的"动作"为<?php echo $editFormAction; ?>就意味着将表单数据以POST的方式传递给本身。

图 3-71　表单动作参数

接着看到被自动添加的隐藏字段MM_insert，其值是form1，与所在位置的表单名称一致，代码的窗口如图3-72所示。

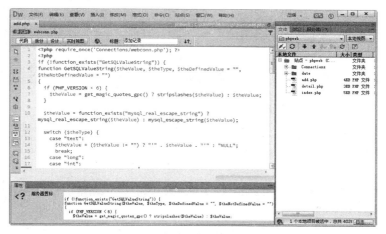

图 3-72　代码窗口

核心的代码说明如下：

```
if ((isset($_POST["MM_insert"])) && ($_POST["MM_insert"] == "form1"))
{
    //判断表单变量$_POST['MM_insert']是否被设置，且值是否等于form1，若是，则执行
下面的插入记录动作。
    $insertSQL = sprintf("INSERT INTO websql (name, num, `Price`) VALUES
(%s, %s, %s)",
    //定义了SQL语句。
```

```
                        GetSQLValueString($_POST['name'], "text"),
                        GetSQLValueString($_POST['num'], "int"),
                        GetSQLValueString($_POST['Price'], "text"));
```
//取值表单的变量。
```
 mysql_select_db($database_webconn, $webconn);
 $Result1 = mysql_query($insertSQL, $webconn) or die(mysql_error());
```
//连接数据库执行SQL语句。
```
 $insertGoTo = "index.php";
```
//设置了在"插入记录"后要跳转的文件index.php，它被存储在变量$insertGoTo中。

3.4.2 更新记录功能

更新记录功能是指将数据库中的旧数据根据需要进行更新的操作。这里我们会用前面已经使用到的detail.php文件。

更新记录功能的操作步骤如下：

01 打开detail.php网页后，选择链接文字"更新"，如图3-73所示。

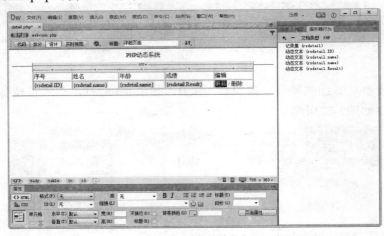

图3-73　选择链接文字

02 在"属性"面板中单击如图3-74所示的浏览文件图标，为其建立附带URL参数的超级链接。

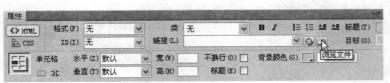

图3-74　单击"浏览文件"图标

03 输入用来更新记录使用的update.php页面，为其建立名称为ID、值是rsdetail记录集ID字段值的URL参数。

04 完成后的链接地址：

```
 update.php?ID=<?php echo $row_rsdetail['ID']; ?>//传递ID到update.php页
面，如图3-75所示。
```

图 3-75　传递 ID 至 update.php

05 创建update.php空白文档，该页面的设计与详细信息页面detail.php相同，都是要利用接收到的URL参数筛选指定记录。在"服务器行为"面板中，单击"+"按钮，从弹出的下拉菜单中选择"记录集"，如图3-76所示。

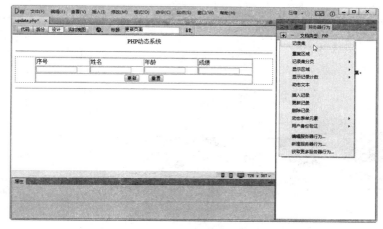

图 3-76　选择记录集

06 则会打开"记录集"对话框，在该对话框中进行如下设置：

- 在"名称"文本框中输入rsupdate作为该"记录集"的名称。
- 从"连接"下拉列表框中选择webconn连接对象。
- 从"表格"下拉列表框中，选择使用的数据库表对象为websql。
- 在"列"单选按钮组中选中"全部"单选按钮。
- 在"筛选"栏中设置记录集过滤的条件为ID=URL参数/ ID。

完成后的设置如图3-77所示。

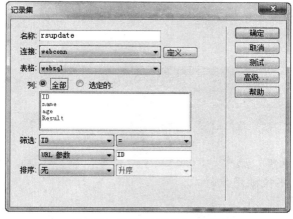

图 3-77　设置"记录集"对话框

07 将页面中应该有的表单、文本字段、按钮设置完成，在"绑定"面板中将记录集内的字段拖动至页面上各对应的文本字段中，如图3-78所示。

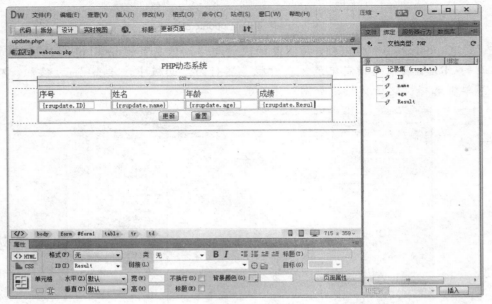

图 3-78　绑定字段

08 由于ID是主键，不能随便变更主键的值，因此选择ID部分的文本字段，单击选择文本字段，如图3-79所示。

图 3-79　设置"编辑标签"命令

09 在"属性"面板中，选中"Read Only（只读）"复选框，如图3-80所示。通过这样的设置，这个字段便不能被用户修改。

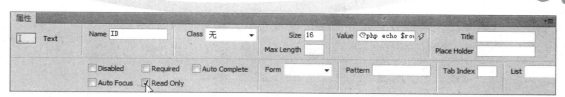

图 3-80　设置为"只读"属性

10 在"服务器行为"面板中单击"+"按钮，从弹出的下拉菜单中选择"更新记录"选项，如图3-81所示。

图 3-81　执行"更新记录"命令

11 打开"更新记录"对话框，设置更新记录的参数。选择"连接"webconn后，每个表单元素与字段都会自动匹配好，只需在"在更新后，转到"文本框中输入index.php，如图3-82所示。

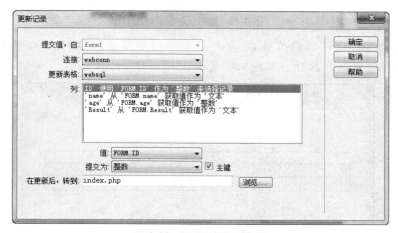

图 3-82　设置更新记录参数

12 单击"确定"按钮，完成后页面的表格同样会被套上浅绿色的底，而表单中也会多出一个隐藏字段，名称为MM_update，值与表单名相同，如图3-83所示。

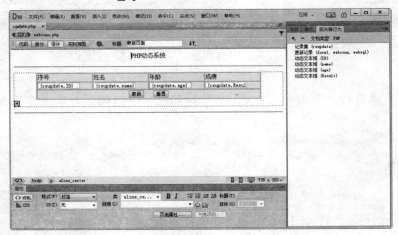

图 3-83　完成的页面效果

13 最后在浏览器中打开index.php，选择最后一笔记录到详情页面detail.php，再在详情页面选择"更新"链接，如图3-84所示。

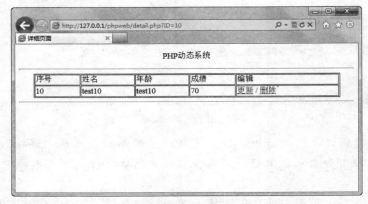

图 3-84　选择"更新"链接

14 在update.php中可以修改姓名、年龄与成绩的字段值，而ID文本字段是不能被修改，更改完成后单击"更新"按钮，如图3-85所示。

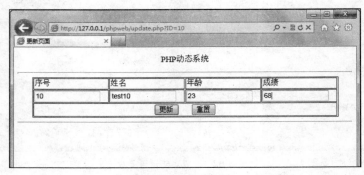

图 3-85　修改数据

15 返回到index.php，检查该笔记录是否被正确更新，如图3-86所示。

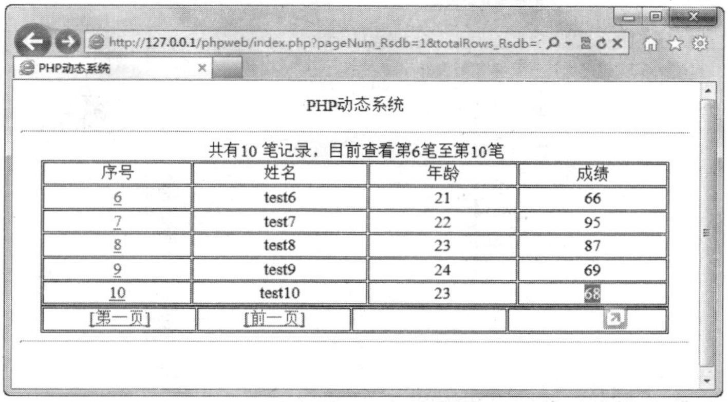

图 3-86　完成更新的功能页面

这部分的程序代码与插入记录基本相同，差别只在于隐藏字段的名称不同，使用的是UPDATE语句。

 3.4.3 删除记录功能

删除记录功能是指将数据从数据库中删除，使用"服务器行为"中的"删除记录"命令即可以实现。

具体的实现步骤如下：

01 使用超级链接带着URL参数转到删除页面del.php。首先在detail.php中选中"删除"，在"属性"面板中建立链接，如图3-87所示。

图 3-87　设置"删除"链接

02 因为删除记录还是依据主键的ID字段，故选择删除记录所用文件del.php，并附带URL参数，其名称为ID，值为rsdetail记录集的ID字段值，如图3-88所示。

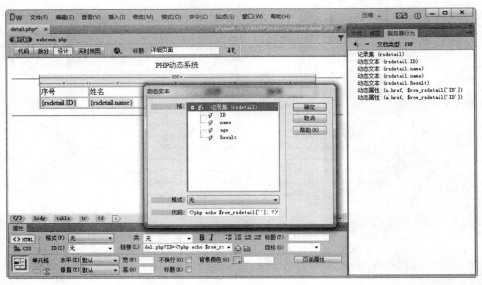

图 3-88 设置传递的参数属性

03 单击"确定"按钮，这样就完成了detail.php的修改工作。创建del.php文件，在"绑定"面板中单击"+"按钮，从弹出的下拉菜单中选择"记录集"，如图3-89所示。

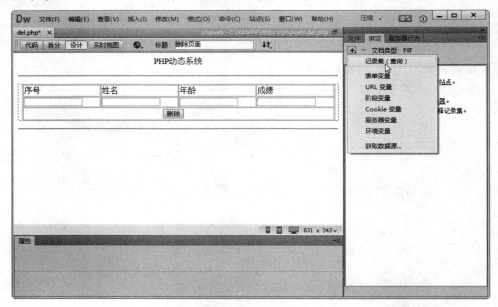

图 3-89 选择"记录集"命令

04 打开"记录集"对话框，在该对话框中进行如下设置：

● 在"名称"文本框中输入rsdel作为该"记录集"的名称。

● 从"连接"下拉列表框中选择webconn连接对象。

● 从"表格"下拉列表框中，选择使用的数据库表对象为websql。

● 在"列"单选按钮组中选中"全部"单选按钮。

● 在"筛选"栏中设置记录集过滤的条件为ID=URL参数/ ID。

完成后的设置如图3-90所示。

图 3-90 设置"记录集"属性

05 将各个记录集字段拖动到页面中所对应的文本框后，将"删除"按钮命名为Del，然后在"服务器行为"面板中单击"+"按钮，从弹出的下拉菜单中选择"删除记录"命令，如图3-91所示。

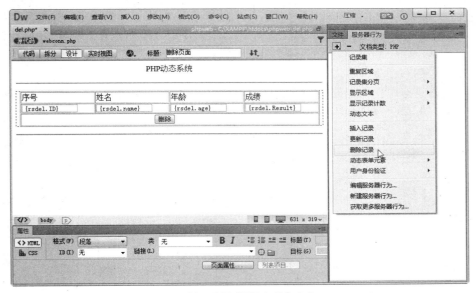

图 3-91 选择"删除记录"命令

06 在弹出的"删除记录"对话框中进行如图3-92所示的设置。

图 3-92　设置删除记录参数

注意

　　"主键列"与"主键值"所设置的是删除记录的依据，这里的依据是指在DELETE FROM 数据表 WHERE 条件里的条件，假设条件是WHERE ID = 11，相应地，你可以看成WHERE主键列=主键值。在这里并不一定要选择数据库中的主键来当做主索引键字段。

07 单击"确定"按钮完成设置。

　　本章学习了最基本的Dreamweaver内置服务器行为的操作和使用，并且了解了其原始程序代码的意义。在后面的章节中如用户管理系统、留言管理系统、新闻管理系统等都将用到这些基础的操作。

第 **4** 章

全程实例二：用户管理系统

在网站建设开发中，第一个要接触的就是用户管理系统的开发，即网站提供给会员注册并能登录进行一些操作的基础功能。一个典型的用户系统，一般应该有用户注册功能、资料修改功能、取回密码功能、及用户注销身份功能等。本章将以前介绍的知识加以灵活应用。该实例中主要用到了创建数据库和数据库表、建立数据源连接、建立记录集、创建各种动态页面、添加重复区域来显示多条记录、页面之间传递信息、创建导航条、隐藏导航条链接等技巧和方法。

本章的学习重点：

- 用户管理系统网站结构的搭建
- 创建数据库和数据库表
- 建立数据源连接
- 掌握用户管理系统中页面之间信息传递的技巧和方法
- 用户管理系统常用功能的设计与实现

4.1 用户管理系统的规划

用户管理系统在开发之前要做好整个系统的规划，如在注册时需要采集哪些资料，是否提供在线修改密码等等操作。这样方便后面整个系统的开发与制作，本小节就介绍一下用户管理系统的整体规划工作。

4.1.1 页面规划设计

"用户管理"的系统分成用户登录入口与找回密码入口两个部分，其中index.php是这个网站的首页。在本地的计算机设置站点服务器，在Dreamweaver CC的网站环境按F12键来浏览网页，或者在IE浏览器输入"http://localhost/member/index.php"来打开用户系统的首页index.php，其中member为站点名。

实例共有12个页面，各个页面的名称和对应的功能如表4-1所示。

表4-1　用户管理系统网页功能表

页面	功能
index.php	用户开始登录的页面
welcome.php	用户登录成功后显示的页面
loginfail.php	用户登录失败后显示的页面
register.php	新用户用来注册个人信息的页面
regok.php	新用户注册成功后显示的页面
regfail.php	新用户注册失败后显示的页面
lostpassword.php	丢失密码后进行密码查询使用的页面
showquestion.php	查询密码时输入提示问题的页面
showpassword.php	答对查询密码问题后显示的页面
userupdate.php	修改用户资料的页面
userupdateok.php	成功更新用户资料后显示的页面
logout.php	退出用户系统的页面

4.1.2 搭建系统数据库

通过对用户管理系统的功能分析发现，这个数据库应该包括注册的用户名、注册密码以及一些个人信息，如性别、年龄、E-mail、电话等，所以在数据库中必须包含一个容纳上述信息的表，称之为"用户信息表"，将数据库命名为member。搭建的数据库和数据表如下：

01 在phpmyAdmin中建立数据库member，单击选择 数据库 命令，打开本地的"数据库"管理页面，在"新建数据库"文本框中输入数据库的名称member，单击打开后面的数据库类型下拉菜单，在弹出的选择项中选择"utf8_bin"选项，单击"创建"按钮，返回"常规设置"页面，在数据库列表中就已经建立了member的数据库，如图4-1所示。

图 4-1　创建 member 数据库

02 单击左边的member数据库将其连接上，打开"新建数据表"页面，输入数据表名member，"字段数"文本框中输入本数据表的字段数为12，表示将创建12个字段来储存数据，再单击"执行"按钮，切换到数据表的字段属性设置页面，输入数据域名以及设置数据域位的相关数据，如图4-2所示。

图 4-2　建立 member 数据表

各字段如表4-2所示，这个数据表主要是记录每个用户的基本数据、加入的时间，以及登入的账号与密码。

表4-2　member数据表

字段名称	字段型态	字段大小	说明
ID	int	11	用户编号
username	varchar	20	用户账号
password	varchar	20	用户密码
question	varchar	50	找回密码提示
answer	varchar	50	答案
truename	varchar	50	真实姓名

（续表）

字段名称	字段型态	字段大小	说明
sex	varchar	10	姓别
address	varchar	50	地址
tel	varchar	50	电话
QQ	varchar	20	QQ号码
email	varchar	50	邮箱
authority	char	1	登录区分

创建的数据表有12个字段，读者在开发其他用户管理系统的时候可以根据采集用户信息的需要加入更多的字段。

4.1.3 用户管理系统站点

在Dreamweaver CC中创建一个"用户管理系统"网站站点member，由于这是PHP数据库网站，因此必须设置本机数据库和测试服务器，主要的设置如表4-3所示。

表4-3　站点设置的基本参数

站点名称	member
本机根目录	C:\XAMPP\htdocs\member
测试服务器	C:\XAMPP\htdocs\
网站测试地址	http://127.0.0.1/member/
MySQL服务器地址	C:\XAMPP \MySQL\ data\member
管理账号 / 密码	root / 空
数据库名称	member

创建member站点具体操作步骤如下：

01 首先在C:\XAMPP\htdocs路径下建立member文件夹（如图4-3所示），本章所有建立的网页文件都将放在该文件夹底下。

图 4-3　建立站点文件夹 member

02 运行Dreamweaver CC，执行菜单栏中的"站点"→"管理站点"命令，打开"管理站点"对话框，如图4-4所示。

图 4-4　"管理站点"对话框

03 对话框的上边是站点列表框，其中显示了所有已经定义的站点。单击下面的"新建站点"按钮，打开"站点设置对象"对话框，进行如图4-5所示的参数设置。

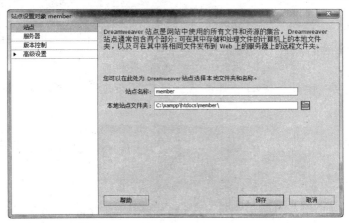

图 4-5　建立 member 站点

04 单击列表框中的"服务器"选项，并单击"添加服务器"按钮 ✚，打开"基本"选项卡进行如图4-6所示的参数设置。

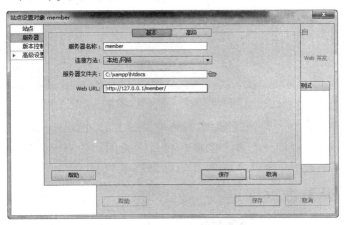

图 4-6　"基本"选项卡设置

05 设置后再单击"高级"选项卡，打开"高级"服务器设置对话框，单击"维护同步信息"复选框，在"服务器模型"下拉列表项中选择PHP MySQL表示是使用PHP开发的网页，其他的保持默认值，如图4-7所示。

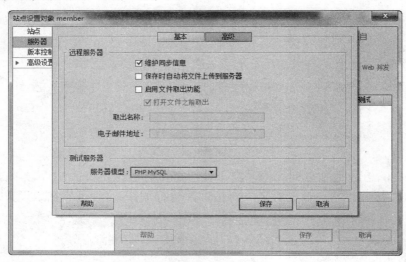

图4-7 设置"高级"选项卡

06 单击"保存"按钮，返回"服务器"设置界面，选中"测试"复选框，如图4-8所示。

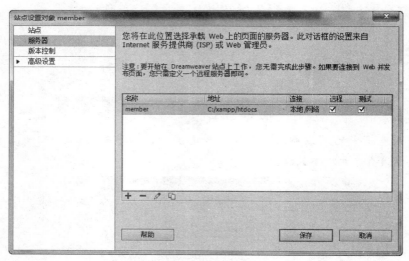

图4-8 设置"服务器"参数

07 单击"保存"按钮，即可完成站点的定义设置，在Dreamweaver CC中就已经拥有了刚才所设置的站点member。单击"完成"按钮，关闭"管理站点"对话框，这样就完成了Dreamweaver CC测试用户管理系统网页的网站环境设置。

4.1.4 设置数据库连接

完成了站点的定义后，接下来就是用户系统网站与数据库之间的连接，网站与数据库的连接设置如下：

01 将本实例的静态文件复制到站点文件夹下，打开index.php网页，如图4-9所示。

图 4-9　打开 index.php 网页

02 单击菜单栏上的"窗口"→"数据库"命令，打开 "数据库"面板。在"数据库"面板中单击"+"图标，并在打开的下拉菜单中选择"MySQL 连接"选项，如图4-10所示。

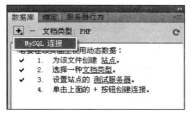

图 4-10　选择 "MySQL 连接"

03 在"MySQL 连接"对话框中，输入"连接名称"为mymember、"MySQL服务器"名为localhost、"用户名"为root、密码为admin。选择所要建立连接的数据库名称，可以单击"选取"按钮浏览MySQL服务器上的所有数据库，选择刚导入的范例数据库member，如图4-11所示。

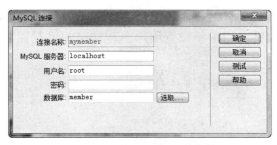

图 4-11　设置 MySQL 连接参数

04 单击"测试"按钮，测试与MySQL数据库的连接是否正确，如果正确，则弹出一个提示消息框（如图4-12所示），这表示数据库连接设置成功了。

图 4-12　设置成功

[05] 单击"确定"按钮，则返回编辑页面，在"数据库"面板中则显示绑定过来的数据库，如图4-13所示。

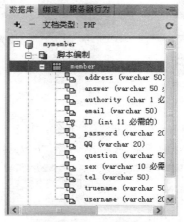

图 4-13　绑定的数据库

4.2　用户登录功能

本小节主要介绍用户登录功能的制作，用户管理系统的第一个功能就是要提供一个所有会员进行登录的窗口。

4.2.1　设计登录页面

在用户访问该用户管理系统时，首先要进行身份验证，这个功能是靠登录页面来实现的。所以登录页面中必须有要求用户输入用户名和密码的文本框，以及输入完成后进行登录的"登录"按钮和输入错误后重新设置用户名和密码的"重置"按钮。

详细的制作步骤如下：

[01] 首先来看一下用户登录的首页设计，如图4-14所示。

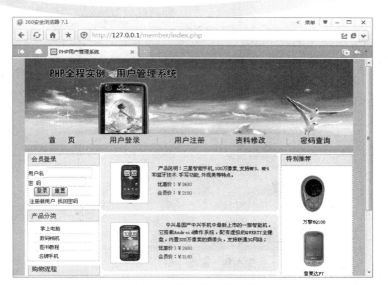

图 4-14　用户登录系统首页

02 index.php页面是用户登录系统的首页，打开前面创建的index.php页面，输入网页标题 "PHP用户管理系统"，然后执行菜单栏 "文件" → "保存" 命令将网页标题保存。

03 执行菜单栏 "修改" → "页面属性" 命令，然后在 "背景颜色" 文本框中输入颜色值为#CCCCCC，在 "上边距" 文本框中输入0px，这样设置的目的是为了让页面的第一个表格能置顶到上边，并形成一个灰色底纹的页面，设置如图4-15所示。

图 4-15　"页面属性" 对话框

04 设置完成后单击 "确定" 按钮，进入 "文档" 窗口，执行菜单栏 "插入" → "表格" 命令，打开 "表格" 对话框，在 "行数" 文本框中输入需要插入表格的行数为3，在 "列数" 文本框中输入需要插入表格的列数为3，在 "表格宽度" 文本框中输入775像素，设置 "边框粗细"、"单元格边距" 和 "间距" 都为0，如图4-16所示。

图 4-16　设置"表格"属性

05 单击"确定"按钮，这样就在"文档"窗口中插入了一个3行3列的表格。将鼠标放置在第1行表格中，在"属性"面板中单击"合并所选单元格，使用跨度"按钮图标 □，将第1行表格合并，再执行菜单栏"插入"→"图像"命令，打开"选择图像源文件"对话框，在站点images文件夹中选择图片01.gif，如图4-17所示。

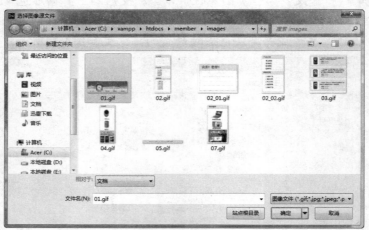

图 4-17　"选择图像源文件"对话框

06 单击"确定"按钮，即可在表格中插入此图片。将鼠标指针放置在第3行表格中，在"属性"面板中单击"合并所选单元格，使用跨度"按钮 □，将第3行所有单元格合并，再执行菜单栏"插入"→"图像"命令，打开"选择文件"对话框，在站点images文件夹中选择图片05.gif，插入一个图片，效果如图4-18所示。

图 4-18　插入图片效果图

07 插入图片后，选择插入的整个表格，在"属性"面板的"对齐"下拉列表框中，选择"居中对齐"选项，让插入的表格居中对齐，如图4-19所示。

图 4-19　设置"居中对齐"

08 把光标移至创建表格第2行第1列中，在"属性"面板中设置高度为456像素、宽度为179像素，设置高度和宽度根据背景图像而定，从"背景"中选择该站点中images文件夹中的02.gif文件，得到效果如图4-20所示。

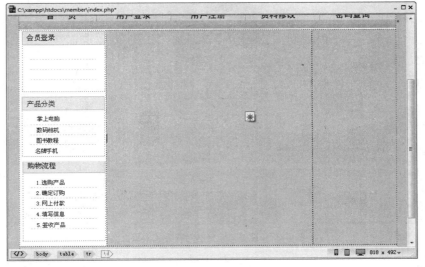

图 4-20　插入图片的效果图

09 在表格的第2行第2列和第3列中，分别插入同站点images文件夹中的图片03.gif和04.gif，完成网页的结构搭建，如图4-21所示。

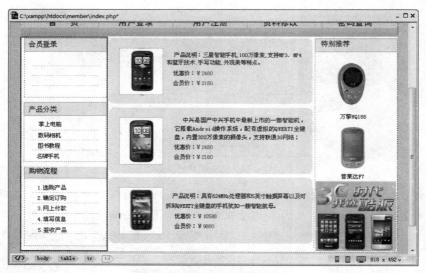

图 4-21　完成的网页背景效果图

10 单击第2行第1列单元格，然后再单击"文档"窗口上的 拆分 按钮，在\<td\>和\</td\>之间加入valign="top"（表格文字和图片的相对摆放位置，可选值为 top，middle，bottom）的命令，表示让鼠标能够自动地贴至该单元格的最顶部，设置如图4-22所示。

图 4-22　设置单元格的对齐方式为最上

注意

文档工具栏中包含按钮和弹出的菜单，它们提供各种文档"窗口视图"（如"设计"、"拆分"和"代码"视图），各种查看选项和一些常用操作（如在浏览器中预览）。

11 单击"文档"窗口上的 设计 按钮，返回文档窗口的"设计"窗口模式，在刚创建的表格的单元格中，执行菜单栏"插入"→"表单"→"表单"命令（如图4-23所示），插入一个表单。

图 4-23 执行"表单"命令

12 将鼠标指针放置在该表单中，执行菜单栏"插入"→"表格"命令，打开"表格"对话框，在"行数"文本框中输入5，在"列数"文本框中输入2。在"表格宽度"文本框中输入179像素，在该表单中插入5行2列的表格。单击并拖动鼠标分别选择第1行、第2行和第5行表格，并分别在"属性"面板中单击使用"合并所选单元格，使用跨度"按钮 ⬚，将这几行表格进行合并。然后在表格的第1行输入"会员登录"四个字，在第2行第1列中输入文字说明"用户名"，在第2行第2列中执行菜单栏"插入"→"表单"→"文本域"命令，插入一个单行文本域表单对象，并定义文本域名为"username"，"文本域"属性设置如图4-24所示。

图 4-24 "文本域"的设置

设置文本域的属性说明如下：

● 在"文本域"文本框中为文本域指定一个名称，每个文本域都必须有一个惟一名称。表单对象名称不能包含空格或特殊字符。可以使用字母数字字符和下划线（-）的任意组合。请注意，为文本域指定的标签是存储该域的值（输入的数据）的变量名，这是发送给服务器进行处理的值。

● "字符宽度"设置域中最多可显示的字符数。"最多字符数"指定在域中最多可输入的字符数，如果保留为空白，则输入不受限制。"字符宽度"可以小于"最多字符数"，但大于字符宽度的输入则不被显示。

● "类型"用于指定文本域是"单行"、"多行"，还是"密码"域。单行文本域只能显示一行文字，多行则可以输入多行文字，达到字符宽度后换行，密码文本域则用于输入密码。

- "初始值"指定在首次载入表单时，域中显示的值。例如，通过包含说明或示例值，可以指示用户在域中输入信息。
- （5）"类"可以将CSS规则应用于对象。

13 在第3行第1列表格中输入文字说明"密码"，在第3行表格的第2列中执行菜单栏"插入"→"表单"→"文本域"命令，插入密码文本域表单对象，定义"文本域"名为password。"文本域"属性设置及此时的效果如图4-25所示。

图 4-25 密码"文本域"的设置

14 选择第4行单元格，执行菜单栏"插入"→"表单"→"按钮"命令两次，插入两个按钮，并分别在"属性"面板中进行属性变更，一个为登录时用的"提交表单"选项，一个为"重设表单"选项，"属性"的设置如图4-26所示。

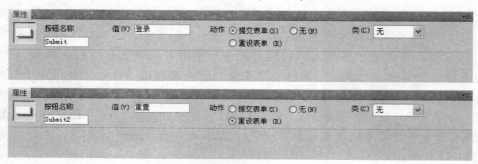

图 4-26 设置按钮名称

15 在第5行输入"注册新用户"文本，并设置一个转到用户注册页面register.php的链接对象，以方便用户注册，如图4-27所示。

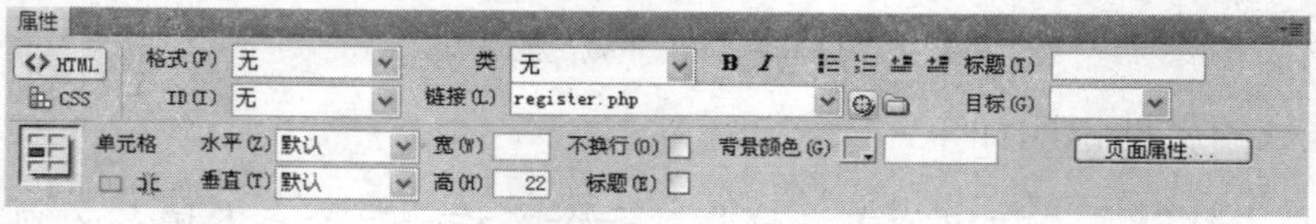

图 4-27 建立链接

16 如果已经注册的用户忘记了密码，还希望以其他方式能够重新获得密码，可以在表格的第4列中输入"找回密码"文本，并设置一个转到密码查询页面lostpassword.php的链接对象，方便用户取回密码，如图4-28所示。

图 4-28 密码查询设置

17 表单编辑完成后，下面来编辑该网页的动态内容，使用户可以通过该网页中表单的提交实现登录功能。打开"服务器行为"面板，单击该面板上█按钮，执行菜单栏"用户身份验证"→"登录用户"命令（如图4-29所示），向该网页添加"登录用户"的服务器行为。

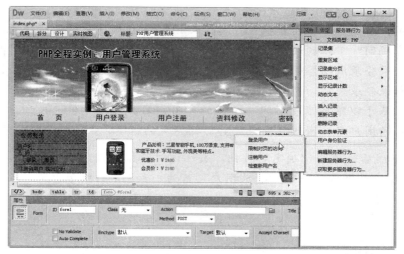

图 4-29　添加"登录用户"的服务器行为

18 打开"登录用户"对话框，各项参数设置如图4-30所示。

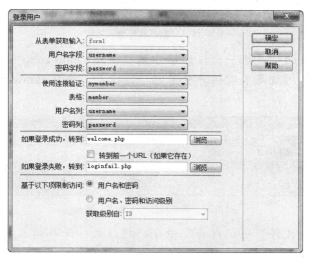

图 4-30　"登录用户"对话框

该对话框中各项设置的作用如下：

- 从"从表单获取输入"下拉列表框中选择该服务器行为使用网页中的form1对象，设定该用户登录服务器行为的用户数据来源为表单对象中访问者填写的内容。
- 从"用户名字段"下拉列表框中选择文本域username对象，设定该用户登录服务器行为的用户名，数据来源为表单的username文本域中访问者输入的内容。
- 从"密码字段"下拉列表框中选择文本域password对象，设定该用户登录服务器行为的用户名，数据来源为表单的password文本域中访问者输入的内容。

- 从"使用连接验证"下拉列表框中，选择用户登录服务器行为使用的数据源连接对象为mymember。
- 从"表格"下拉列表框中，选择该用户登录服务器行为使用到的数据库表对象为member。
- 从"用户名列"下拉列表框中，选择表member存储用户名的字段为username。
- 从"密码列"下拉列表框中，选择表member存储用户密码的字段为password。
- 在"如果登录成功，转到"文本框中输入登录成功后转向welcome.php页面。
- 在"如果登录失败，转到"文本框中输入登录失败后转向loginfail.php页面。
- 选中"基于以下项限制访问"后面的"用户名和密码"单选按钮，设定后面将根据用户的用户名、密码共同决定其访问网页的权限。

19 设置完成后，单击"确定"按钮，关闭该对话框，返回到"文档"窗口。在"服务器行为"面板中就增加了一个"登录用户"行为，如图4-31所示。

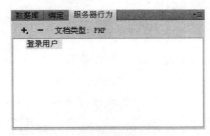

图 4-31 "服务器行为"面板

20 表单对象对应的"属性"面板的动作属性值为<?php echo $loginFormAction; ?>，如图4-32所示。它的作用就是实现用户登录功能，这是一个Dreamweaver 自动生成的动作代码。

图 4-32 表单对应的"属性"面板

21 执行菜单栏"文件"→"保存"命令，将该文档保存到本地站点中，完成网站的首页制作。

4.2.2 登录成功和失败

当用户输入的登录信息不正确时，就会转到loginfail.php页面，显示登录失败的信息。如果用户输入的登录信息正确，就会转到welcome.php页面。

（1）执行菜单栏"文件"→"新建"命令，在网站根目录下新建一个名为loginfail.php的网页并保存。

（2）登录失败页面设计如图4-33所示。在"文档"窗口中选中"这里"文本，在其对应的"属性"面板上的"链接"文本框中输入index.php，将其设置为指向index.php页面的链接。

图 4-33　登录失败页面 loginfail.php

（3）执行菜单栏"文件"→"保存"命令，完成loginfail.php页面的创建。

制作welcome.php页面，详细制作的步骤如下：

01 执行菜单栏"文件"→"新建"命令，在网站根目录下新建一个名为welcome.php的网页并保存。

02 用类似的方法制作登录成功页面的静态部分，如图4-34所示。

03 执行菜单栏"窗口"→"绑定"命令，打开"绑定"面板，单击该面板上 ➕ 按钮，在弹出的快捷菜单中选择"阶段变量"选项，为网页中定义一个阶段变量，如图4-35所示。

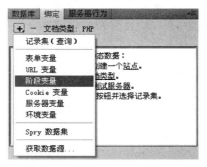

图 4-34　欢迎界面的效果图　　　　　　　　图 4-35　添加阶段变量

阶段变量提供了一种对象，通过这种对象，用户信息得以存储，并使该信息在用户访问的持续时间中对应用程序的所有页都可用。阶段变量还可以提供一种超时形式的安全对象，这种对象在用户账户长时间不活动的情况下，终止该用户的会话。如果用户忘记从 Web 站点注销，这种对象还会释放服务器内存和处理资源。

04 打开"阶段变量"对话框。在"名称"文本框中输入"阶段变量"的名称

MM_username，如图4-36所示。

05 设置完成后，单击该对话框中的"确定"按钮，在"文档"窗口中通过拖动鼠标选择"XXXXXX"文本，然后在"绑定"面板中选择MM_username变量，再单击"绑定"面板底部的"插入"按钮，将其插入到该"文档"窗口中设定的位置。插入完毕，可以看到"XXXXXX"文本被{Session.MM_username}占位符代替，如图4-37所示。这样，就完成了这个显示登录用户名"阶段变量"的添加工作。

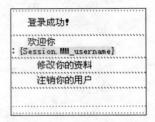

图4-36　"阶段变量"对话框　　　　　　　　图4-37　插入后的效果

设计阶段变量的目的是在用户登录成功后，登录界面中直接显示用户的名字，使网页更有亲切感。

06 在"文档"窗口中拖动鼠标选中"注销你的用户"文本。执行菜单栏"窗口"→"服务器行为"→"用户身份验证"→"注销用户"命令，为所选中的文本添加一个"注销用户"的服务器行为，如图4-38所示。

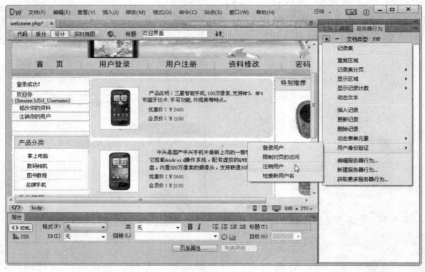

图4-38　"注销用户"命令

07 打开"注销用户"对话框。在该对话框中进行如图4-39所示的设置。

图 4-39 设置完成后的"注销用户"对话框

08 设置完成后，单击"确定"按钮，关闭该对话框，返回到"文档"窗口。在"服务器行为"面板中增加了一个"注销用户"行为，同时可以看到"注销用户"链接文本对应的"属性"面板中的"链接"属性值为<?php echo $logoutAction ?>，它是Dreamweaver自动生成的动作对象。

09 logout.php的页面设计比较简单，不作详细说明，在页面中的"这里"处指定一个链接到首页index.php就可以了，效果如图4-40所示。

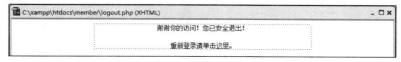

图 4-40 注销用户页面设计效果图

10 执行菜单栏"文件"→"保存"命令，将该文档保存到本地站点中。编辑工作完成后，就可以测试该用户登录系统的执行情况了。文档中的"修改您的注册资料"链接到userupdate.php页面，此页面将在后面的小节中进行介绍。

4.2.3 测试登录功能

制作好一个系统后，需要测试无误，才能上传到服务器使用。下面就对登录系统进行测试，测试的步骤如下：

01 打开IE浏览器，在地址栏中输入http://127.0.0.1/member/，打开index.php页面，如图4-41所示。

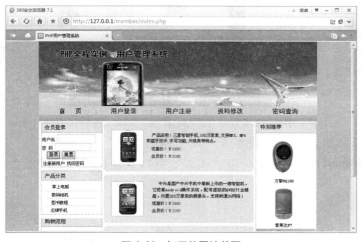

图 4-41 打开的网站首页

02 在"用户名"和"密码"文本框中输入用户名及密码，输入完毕，单击"登录"按钮。

03 如果在第2步中填写的登录信息是错误的，或者根本就没有输入，则浏览器就会转到登录失败页面loginfail.php，显示登录错误信息，如图4-42所示。

图4-42 登录失败页面 loginfail.php 效果

04 如果输入的用户名和密码都正确，则显示登录成功页面。这里输入的是前面数据库设置的用户admin，登录成功后的页面如图4-43所示，其中显示了用户名admin。

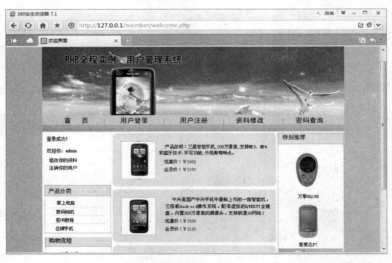

图4-43 登录成功页面welcome.php效果

05 如果想注销用户，只需要单击"注销你的用户"超链接即可，注销用户后，浏览器就会转到页面logout.php，然后单击"这里"回到首页，如图4-44所示。至此，登录功能就测试完成了。

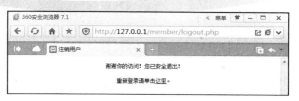

图 4-44　注销用户页面设计

4.3　用户注册功能

用户登录系统是为数据库中已有的老用户登录用的，一个用户管理系统还应该提供新用户注册用的页面，对于新用户来说，通过单击index.php页面上的"注册新用户"超链接，进入到名为register.php的页面，在该页面可以实现新用户注册功能。

4.3.1　用户注册页面

register.php页面主要实现用户注册的功能，用户注册的操作就是向数据库的member表中添加记录的操作，完成的页面如图4-45所示。

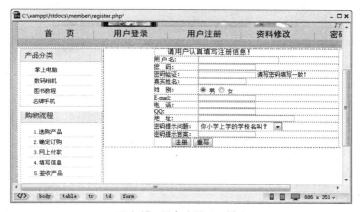

图 4-45　用户注册页面样式

01 执行菜单栏"文件"→"新建"命令，在网站根目录下新建一个名为register.php的网页并保存。

02 在Dreamweaver中，使用制作静态网页的工具完成如图4-46所示的静态部分。这里要说明的是，注册时需要加入一个"隐藏域"并命名为authority，设置默认值为0，即所有的用户注册的时候默认是一般访问用户。

图 4-46　register.php页面静态设计

03 还需要设置一个验证表单的动作，用来检查访问者在表单中填写的内容是否满足数据库中表member中字段的要求。在将用户填写的注册资料提交到服务器之前，就会对用户填写的资料进行验证。如果有不符合要求的信息，可以向访问者显示错误的原因，并让访问者重新输入。

04 执行菜单栏"窗口" → "行为"命令，则会打开"行为"面板。单击"行为"面板中的 ⊞ 按钮，从打开的行为列表中选择"检查表单"，打开"检查表单"对话框，如图4-47所示。

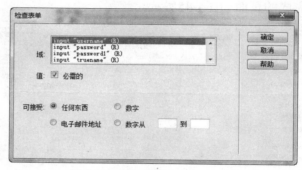

图4-47 设置"检查表单"对话框

05 设置完成后，单击"确定"按钮，完成对检查表单的设置。

06 在"文档"窗口中单击工具栏上的 代码 按钮，转到代码编辑窗口，然后在验证表单动作的源代码中修改如下的代码，主要是实现中文汉化的功能：

```
<script type="text/javascript">
//宣告脚本语言为JavaScript
function MM_validateForm() { //v4.0
  if (document.getElementById){
    var
i,p,q,nm,test,num,min,max,errors='',args=MM_validateForm.arguments;
    for    (i=0;   i<(args.length-2);   i+=3)   {   test=args[i+2];
val=document.getElementById(args[i]);
```

```
        if (val) { nm=val.name; if ((val=val.value)!="") {
            if (test.indexOf('isEmail')!=-1) { p=val.indexOf('@');
                if (p<1 || p==(val.length-1)) errors+='- '+nm+'需要输入邮箱地
址.\n';
        //如果提交的邮箱地址表单中不是邮件格式则显示为"需要输入邮箱地址"
            } else if (test!='R') { num = parseFloat(val);
                if (isNaN(val)) errors+='- '+nm+'需要输入数字.\n';
        //如果提交的电话表单中不是数字则显示为"需要输入数字"
            if (test.indexOf('inRange') != -1) { p=test.indexOf(':');
                min=test.substring(8,p); max=test.substring(p+1);
                if (num<min || max<num) errors+='- '+nm+'需要输入数字'+min+'
and '+max+'.\n';
        //如果提交的QQ表单中不是数字则显示为"需要输入数字"
            } } } else if (test.charAt(0) == 'R') errors += '- '+nm+' is 需
要输入.\n'; }
        //如果提交的地址表单为空则显示为"需要输入"
            } if (errors) alert('注册时出现如下错误:\n'+errors);
        //如果出错是将显示"注册时出现如下错误:
            document.MM_returnValue = (errors == '');
    } }
    </script>
```

编辑代码完成后，单击工具栏上的 设计 按钮，返回到"文档"窗口。

此时，可以测试一下执行的效果，当两次输入的密码不一致，然后单击"提交"按钮，则会打开一个提示信息框，如图4-48中的警告信息。

07 在该网页中添加一个"插入"的服务器行为。执行菜单栏"窗口"→"服务器行为"命令，打开"服务器行为"面板。单击该面板上 按钮，在弹出的下拉菜单中选择"插入记录"选项，如图4-49所示，则会打开"插入记录"对话框。

图 4-48 提示信息框

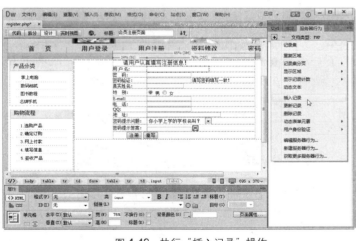

图 4-49 执行"插入记录"操作

08 在对话框中进行设置，并将网页中的表单对象和数据库中表member中的字段一一对应起来，设置完成后该对话框如图4-50所示。

图 4-50　"插入记录"对话框

09 设置完成后，单击"确定"按钮，关闭该对话框，返回到"文档"窗口。此时的设计样式如图4-51所示。

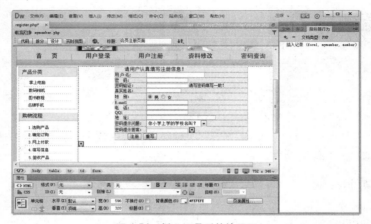

图 4-51　插入记录后的效果图

10 用户名是用户登录的身份标志，用户名是不能够重复的，所以在添加记录之前，一定要先在数据库中判断该用户名是否存在，如果存在，则不能进行注册。在Dreamweaver中提供了一个检查新用户名的服务器行为，单击"服务器行为"面板上 ⊕ 按钮，在弹出的菜单中，执行"用户身份验证"→"检查新用户名"命令，如图4-52所示。

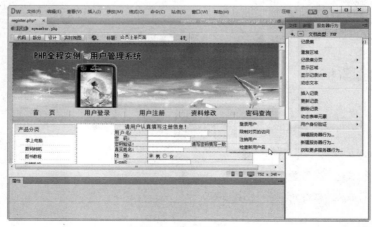

图 4-52　"检查新用户名"命令

此时，会打开一个"检查新用户名"对话框，在"用户名字段"下拉列表框中选择username字段，在"如果已存在，则转到"文本框中输入regfail.php。表示如果用户名已经存在，则转到regfail.php页面，显示注册失败信息，该网页将在后面编辑。设置完成后的对话框显示如图4-53所示。

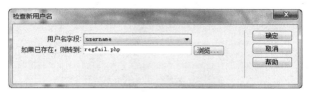

图 4-53　"检查新用户名"对话框

11 设置完成后，单击该对话框中的"确定"按钮，关闭该对话框，返回到"文档"窗口。在"服务器行为"面板中增加了一个"检查新用户名"行为，再执行菜单栏"文件"→"保存"命令，将该文档保存到本地站点中，完成本页的制作。

4.3.2　注册成功和失败

为了方便用户登录，应该在regok.php页面中设置一个转到index.php页面的文字链接，以方便用户进行登录。同时，为了方便访问者重新进行注册，则应该在regfail.php页面设置一个转到register.php页面的文字链接，以方便用户进行重新登录。本节制作显示注册成功和失败的页面信息。

01 执行菜单栏"文件"→"新建"命令，在网站根目录下新建一个名为regok.php的网页并保存。

02 regok.php页面如图4-54所示。制作比较简单，其中将文本"这里"设置为指向index.php页面的链接。

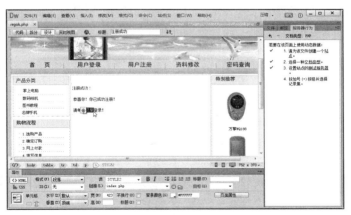

图 4-54　注册成功 regok.php 页面

03 如果用户输入的注册信息不正确或用户名已经存在，则应该向用户显示注册失败的信息。这里再新建一个regfail.php页面，该页面的设计如图4-55所示。其中将文本"这里"设置为指向register.php页面的链接。

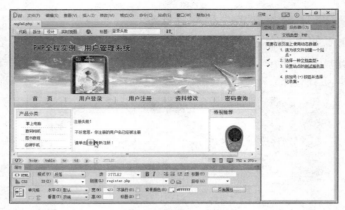

图 4-55　注册失败 regfail.php 页面

4.3.3　注册功能的测试

设计完成后，就可以测试该用户注册功能的执行情况了。

01　打开 IE 浏览器，在地址栏中输入 http://127.0.0.1/member/register.php，打开 register.php 文件，如图4-56所示。

图 4-56　打开的测试页面

02　可以在该注册页面中输入一些不正确的信息，如漏填username、password等必填字段，或填写非法的E-mail地址，或在确认密码时两次输入的密码不一致，以测试网页中验证表单动作的执行情况。如果填写的信息不正确，则浏览器应该打开提示信息框，向访问者显示错误原因，如图4-57所示是一个提示信息框示例。

图 4-57　出错提示

03 在该注册页面中注册一个已经存在的用户名，如果输入design，用来测试新用户服务器行为的执行情况。然后单击"确定"按钮，此时由于用户名已经存在，浏览器会自动转到regfail.php页面（如图4-58所示），告诉访问者该用户名已经存在。此时，访问者可以单击"这里"链接文本，返回register.php页面，以便重新进行注册。

图 4-58　注册失败页面显示

04 在该注册页面中填写正确的注册信，单击"确定"按钮。由于这些注册资料完全正确，而且这个用户名没有重复。浏览器会转到regok.php页面，向访问者显示注册成功的信息，如图4-59所示。此时，访问者可以单击"这里"链接文本，转到index.php页面，以便进行登录。

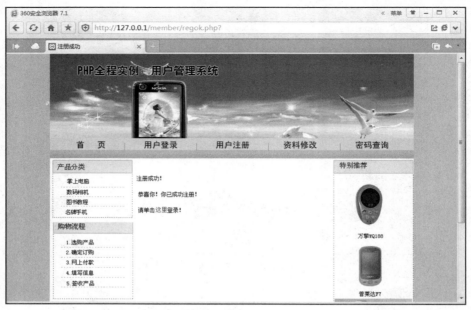

图 4-59　注册成功页面

在MySQL中打开用户数据库文件member，查看其中的member表对象的内容。此时可以看到，在该表的最后，创建了一条新记录，其中的数据就是刚才在网页register.php中提交的注册用户的信息，如图4-60所示。

图 4-60　表 member 中添加了一条新记录

至此，基本完成了用户管理系统中注册功能的开发和测试。在制作的过程中，可以根据制作网站的需要适当加入其他更多的注册文本域，也可以给需要注册的文本域名称部分添加星号（*），提醒注册用户注意。

4.4　修改用户资料

修改注册用户资料的过程就是往用户数据表中更新记录的过程，本节重点介绍如何在用户管理系统中实现用户资料的修改功能。

4.4.1　修改资料页面

该页面主要把用户所有资料都列出，通过"更新记录"命令实现资料修改的功能。具体的制作步骤如下：

01 修改资料的页面和用户注册页面的结构十分相似，可以通过对register.php页面的修改来快速得到所需要的记录更新页面。打开register.php页面，执行菜单栏"文件"→"另存为"命令，将该文档另存为userupdate.php，并在第一行加入如下代码：

```php
<?php
  session_start();
?>
// 启动session环境
```

02 执行菜单栏"窗口"→"服务器行为"命令，打开"服务器行为"面板。在"服务器行为"面板中删除全部的服务器行为并修改其相应的文字，该页面修改完成后显示如图4-61所示。

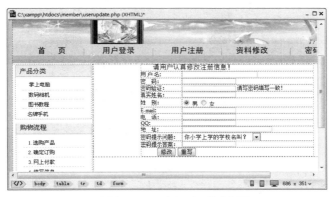

图 4-61　userupdate.php 静态页面

03 执行菜单栏"窗口"→"绑定"命令，打开"绑定"面板，单击该面板上 ➕ 按钮，在弹出的下拉菜单中选择"记录集（查询）"选项，则会打开"记录集"对话框。

04 在该对话框中进行如下设置：

● 在"名称"文本框中输入upuser作为该"记录集"的名称。

● 从"连接"下拉列表框中选择"user数据源"连接对象为mymember。

● 从"表格"下拉列表框中，选择使用的数据库表对象为member。

● 在"列"单选按钮组中选中"全部"单选按钮。

● 在"筛选"栏中设置记录集过滤的条件为username=阶段变量/ MM_Username。

完成后的设置如图4-62所示。

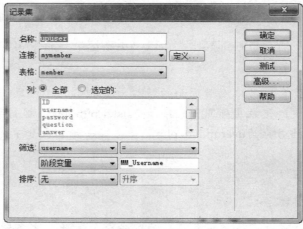

图 4-62　定义 upuser "记录集"

05 设置完成后，单击该对话框上的 "确定" 按钮，完成记录集的绑定。

06 完成记录集的绑定后将upuser记录集中的字段绑定到页面相应的位置上，注意插入一个隐藏域为id，设置在用户名字段的后面，如图4-63所示。

图 4-63　绑定动态内容后的 userupdate.php 页面

07 对于网页中的单选按钮组sex对象，绑定动态数据可以按照如下方法，单击 "服务器行为" 面板上 ➕ 按钮，在弹出的下拉菜单中，执行 "动态表单元素" → "动态单选按钮" 命令，设置动态单选按钮组对象。打开 "动态单选按钮组" 对话框。从 "单选按钮组" 下拉列表框中选择form1表单中的单选按钮组sex。单击 "选取值等于" 文本框后面的 ✏ 按钮，从打开的 "动态数据" 对话框中选择记录集upuser中的sex字段，同样对提问的问题列表进行动态绑定，如图4-64所示。

图 4-64　设置 "动态单选按钮组" 对话框

08 单击"服务器行为"面板上 ⊞ 按钮，在弹出的下拉菜单中选择"更新记录"选项，为网页添加更新记录的服务器行为，如图4-65所示。

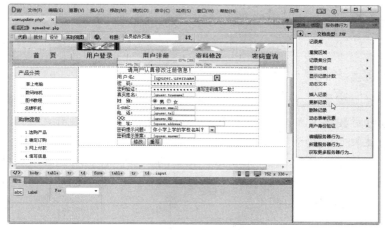

图 4-65 选择"更新记录"选项

09 打开"更新记录"对话框，该对话框与插入记录的对话框十分相似，具体的设置情况如图4-66所示，这里不再重复。

图 4-66 "更新记录"对话框

10 设置完成后，单击"确定"按钮，关闭该对话框，返回到"文档"窗口。再执行菜单栏"文件"→"保存"命令，将该文档保存到本地站点中。

注意

由于本页的MM_Username值是来自上一页注册成功后的用户名值，所以单独测试时会提示出错的，要先登录后，在登录成功页面单击"修改您的注册资料"超链接到该页面才会产生效果，这在后面的测试实例中将进行介绍。

4.4.2 更新成功页面

用户修改注册资料成功后，就会转到userupdateok.php。在该网页中，应该向用户显示资料修改成功的信息。除此之外，还应该考虑两种情况，如果用户要继续修改资料，则为其提供一个返回到userupdate.php页面的超文本链接；如果用户不需要修改，则为其提供一个转到用户登录页面index.php的超文本链接。具体的制作步骤如下：

01 执行菜单栏"文件"→"新建"命令，在网站根目录下新建一个名为userupdateok.php的网页并保存，在第一行加入如下代码：

```php
<?php
  session_start();
?>
// 启动session环境
```

02 为了向用户提供更加友好的界面，则应该在网页中显示用户修改的结果，以供用户检查修改是否正确。我们首先应该定义一个记录集，然后将绑定的记录集插入到网页中相应的位置，其方法跟制作页面userupdate.php中的方法一样。通过在表格中添加记录集中的动态数据对象，把用户修改后的信息显示在表格中，这里不作详细说明，请参考前面一小节，最终结果如图4-67所示。

图 4-67　更新成功的页面

4.4.3　修改资料测试

编辑工作完成后，就可以测试该修改资料功能的执行情况了，测试的步骤如下：

01 打开IE浏览器，在地址栏中输入http://127.0.0.1/member/index.php，打开index.php文件。在该页面中进行登录。登录成功后进入welcome.php页面，在 welcome.php页面单击"修改您的资料"超链接，转到userupdate.php页面，如图4-68所示。

图 4-68　修改 design 用户注册资料

02 在该页面中进行一些修改，然后单击"修改"按钮将修改结果发送到服务器中。当用户记录更新成功后，浏览器会转到 userupdateok.php 页面中，显示修改资料成功的信息，同时还显示了该用户修改后的资料信息，并提供转到更新成功页面和转到主页面的链接对象，这里对"真实姓名"进行了修改，单击"重新修改"按钮转到更新成功页面，效果如图4-69所示。

图 4-69　更新成功

上述测试结果表明，用户修改资料页面已经制作成功。

4.5　查询密码功能

用户注册页面通常会设计问题和答案文本框，它们的作用是当用户忘记密码时，可以通过这个问题和答案到服务器中找回遗失的密码。实现的方法是判断用户提供的答案和数据库中答案是否相同，如果相同，则可以找回遗失的密码。

4.5.1　查询密码页面

本节主要制作密码查询页面 lostpassword.php，具体的制作步骤如下：

01 执行菜单栏"文件"→"新建"命令，在网站根目录下新建一个名为lostpassword.php的网页并保存。lostpassword.php页面是用来让用户提交要查询遗失密码的用户名的页面。该网页的结构比较简单，设计后的效果如图4-70所示。

图 4-70　lostpassword.php 页面

02 在"文档"窗口中选中表单对象，然后在其对应的"属性"面板中，在"表单名称"文本框中输入form1，在"动作"文本框中输入showquestion.php作为该表单提交的对象页面。在"方法"下拉列表框中选择POST作为该表单的提交方式，接下来将输入用户名的文本域命名为inputname，如图4-71所示。

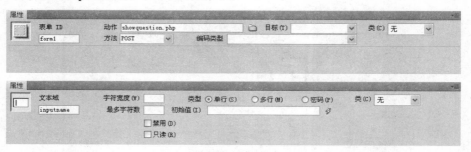

图 4-71　设置表单提交的动态属性

其中，表单属性设置面板中的主要选项作用如下：

（1）在"表单ID"文本框中输入标志该表单的惟一名称，命名表单后就可以使用脚本语言引用或控制该表单。如果不命名表单，则 Dreamweaver 使用语法 form1、form2、…生成一个名称，并在向页面中添加每个表单时递增n的值。

（2）在"方法"下拉列表框中，选择将表单数据传输到服务器的方法。POST方法将在 HTTP 请求中嵌入表单数据。GET方法将表单数据附加到请求该页面的 URL 中，是默认设置，但其缺点是表单数据不能太长，所以本例选择POST方法。

（3）"目标"下拉列表框用于指定返回窗口的显示方式，各目标值含义如下：

- _blank 在未命名的新窗口中打开目标文档。
- _parent 在显示当前文档的窗口的父窗口中打开目标文档。
- _self 在提交表单所使用的窗口中打开目标文档。
- _top 在当前窗口的窗体内打开目标文档。此值可用于确保目标文档占用整个窗口，即使原始文档显示在框架中。

　　用户在lostpassword.php页面中输入用户名，并单击"提交"按钮后，这时会通过表单将用户名提交到showquestion.php页面中，该页面的作用就是根据用户名从数据库中找到对应的提示问题并显示在showquestion.php页面中，使用户可以在该页面中输入问题的答案。下面就制作显示问题的页面。

03 新建一个文档。设置好网页属性后，输入网页标题"查询问题"，执行菜单栏"文件"→"保存"命令，将该文档保存为showquestion.php。

04 在Dreamweaver制作静态网页，完成的效果如图4-72所示。

图 4-72　showquestion.php 静态设计

05 在"文档"窗口中选中表单对象，在其对应的"属性"面板中，"动作"文本框中输入showpassword.php作为该表单提交的对象页面。在"方法"下拉列表框中选择POST作为该表单的提交方式，如图4-73所示。接下来将输入密码提示问题答案的文本域命名为inputanswer。

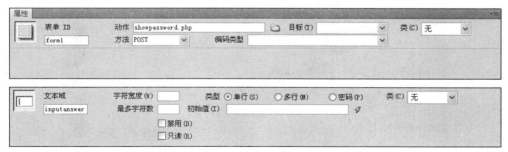

图 4-73　设置表单提交的属性

06 执行菜单栏"窗口"→"绑定"命令，打开"绑定"面板，单击该面板上 按钮，在弹出的下拉菜单中选择"记录集（查询）"选项，则会打开"记录集"对话框。

07 在该对话框中进行如下设置：

● 在"名称"文本框中输入Recordset1作为该记录集的名称。

● 从"连接"下拉列表框中选择数据源连接对象为mymember。

- 从"表格"下拉列表框中，选择使用的数据库表对象为member。
- 在"列"栏中选中"选定的"单选按钮，然后从下拉列表框中选择username和question。
- 在"筛选"栏中，设置记录集过滤的条件为username=表单变量/inputname，表示根据数据库中username字段的内容是否和从上一个网页中的表单中的inputname表单对象传递过来的信息完全一致来过滤记录对象。

完成后的设置如图4-74所示。

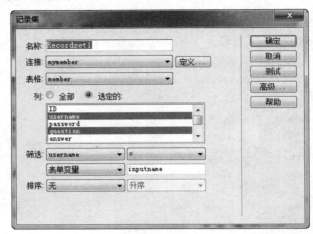

图4-74 "记录集"对话框

08 设置完成后，单击该对话框上的"确定"按钮，关闭该对话框。返回到"文档"窗口。

09 将Recordset1记录集中的question字段绑定到页面上相应的位置，如图4-75所示。

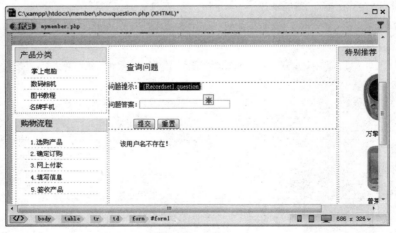

图4-75 绑定字段

10 执行菜单栏"插入"→"表单"→"隐藏域"命令，在表单中插入一个表单隐藏域，然后将该隐藏域的名称设置为username。

11 选中该隐藏域，转到"绑定"面板，将Recordset1记录集中的username字段绑定到该表单隐藏域中，如图4-76所示。

图 4-76　添加表单隐藏域

当用户输入的用户名不存在时，即记录集Recordset1为空时，就会导致该页面不能正常显示，这就需要设置隐藏区域。

12　在"文档"窗口中选中当用户输入的用户名存在时显示的内容即整个表单，然后单击"服务器行为"面板上⊞按钮，在弹出的下拉菜单中执行"显示区域"→"如果记录集不为空则显示区域"命令，则会打开"如果记录集不为空则显示"对话框，在该对话框中选择记录集对象为Recordset1。这样只有当记录集Recordset1不为空时，才显示出来，如图4-77所示。设置完成后，单击"确定"按钮，关闭该对话框，返回到"文档"窗口。

图 4-77　"如果记录集不为空则显示"对话框

13　在网页中编辑显示用户名不存在时的文本"该用户名不存在！"，并为这些内容设置一个"如果记录集为空则显示区域"隐藏区域服务器行为，这样当记录集Recordset1为空时，显示这些文本，完成后的网页如图4-78所示。

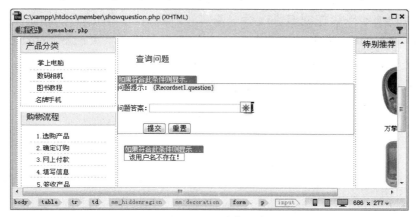

图 4-78　设置隐藏区域

4.5.2 完善查询功能

当用户在showquestion.php页面中输入答案，单击"提交"按钮后，服务器就会把用户名和密码提示问题答案提交到showpassword.php页面中。

下面介绍如何设计该页面，具体制作步骤如下：

01 执行菜单栏"文件"→"新建"命令，在网站根目录下新建一个名为showpassword.php的网页并保存。

02 在Dreamweaver中使用提供的制作静态网页的工具完成如图4-79所示的静态部分。

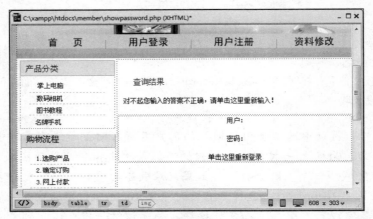

图 4-79　showpassword.php 静态设计

03 执行菜单栏"窗口"→"绑定"命令，打开"绑定"面板，单击该面板上 ➕ 按钮，在弹出的下拉菜单中选择"记录集（查询）"选项，则会打开"记录集"对话框。

04 在该对话框中进行如下设置：

● 在"名称"文本框中输入Recordset1作为该记录集的名称。

● 从"连接"下拉列表框中，选择数据源连接对象mymember。

● 从"表格"下拉列表框中，选择使用的数据库表对象为member。

● 在"列"栏中先选择"选定的"单选按钮，然后选择字段列表框中的username、password和answer等3个字段就行了。

● 在"筛选"栏中设置记录集过滤的条件：answer=表单变量/inputanswer，表示根据数据库中answer字段的内容是从上一个网页中的表单中的inputanswer表单对象传递过来的信息是否完全一致来过滤记录对象。

完成的设置情况如图4-80所示。

图 4-80 设置"记录集"对话框

05 单击"确定"按钮，关闭该对话框，返回到"文档"窗口。

06 将记录集中username和password两个字段分别添加到网页中，如图4-81所示。

图 4-81 加入的记录集效果

07 同样需要根据记录集Recordset1是否为空，为该网页中的内容设置隐藏区域的服务器行为。在"文档"窗口中，选中当用户输入密码提示问题答案正确时显示的内容，然后单击"服务器行为"面板上 按钮，在弹出的下拉菜单中执行"显示区域"→"如果记录集不为空则显示区域"命令，打开"如果记录集不为空则显示"对话框，在该对话框中选择记录集对象为Recordset1。这样只有当记录集Recordset1不为空时，才显示出来，如图4-82所示。设置完成后，单击"确定"按钮，关闭该对话框，返回到"文档"窗口。

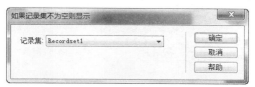

图 4-82 "如果记录集不为空则显示"对话框

08 在网页中选择当用户输入密码提示问题答案不正确时显示的内容，并为这些内容设置一个"如果记录集为空则显示区域"隐藏区域服务器行为，这样当记录集Recordset1为空时，显示这些文本，如图4-83所示。

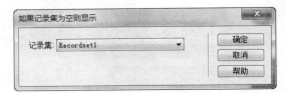

图4-83 "如果记录集为空则显示"对话框

09 完成后的网页如图4-84所示。执行菜单栏"文件"→"保存"命令，将该文档保存到本地站点中。

图4-84 完成后的网页效果图

4.5.3 查询密码功能

开发完成查询密码的功能之后，就可以测试执行的情况，进行测试的步骤如下：

01 启动浏览器，在地址中输入http://127.0.0.1/member/index.php，打开index.php首页，单击该页面中的"找回密码"超链接进入找回密码页面，如图4-85所示。

图 4-85　输入要查询的用户名

02 当用户进入密码查询页面lostpassword.php后，输入并向服务器提交自己注册的用户名信息。当输入不存在的用户名，并单击"提交"按钮，则会转到showqeustion.php页面，该页面显示出用户名不存在的错误信息，如图4-86所示。

图 4-86　输入用户不存在

03 如果输入一个数据库中已经存在的用户名，然后单击"提交"按钮。IE浏览器会自动转到showquestion.php页面，如图4-87所示。下面就应该在showquestion.php页面中输入问题答案，测试showquestion.php网页的执行情况。

图 4-87　showqeustion.php 网页效果图

04 在这里可以先输入一个错误的答案，检查showpassword.php是否能够显示问题答案不正确时的错误信息，如图4-88所示。

图 4-88　出错信息

05 如果在showqeustion.php网页中输入正确的答案，并单击"提交"按钮后，浏览器就会转到showpassword.php页面，并显示出该用户的密码来，如图4-89所示。

图 4-89　showpassword.php 页面

06 上述测试结果表明，密码查询系统已经成功制作。

　　用户管理系统的常用功能都已经设计并测试成功，读者如果需要将其应用到其他的网站上，只需要修改一些相关的文字说明及背景效果，就可以完成用户管理系统的制作，在注册的字段采集时也可以根据网站的需求进一步增加数据表字段的值。

第 **5** 章

全程实例三：新闻管理系统

新闻管理系统主要实现对新闻的分类、发布，模拟了一般新闻媒介的发布的过程。新闻管理系统的作用就是在网上传播信息，通过对新闻的不断更新，让用户及时了解行业信息、企业状况以及需要了解的一些知识。PHP实现这些功能相对比较简单，涉及的主要操作就是访问者的新闻查询功能，系统管理员对新闻的新增、修改、删除功能，本章就介绍使用PHP开发一个新闻系统的方法。

本章的学习重点：

- 新闻管理系统网页结构的整体设计
- 新闻系统数据库的规划
- 新闻管理系统前台新闻的发布功能页面的制作
- 新闻管理系统分类功能的设计
- 新闻管理系统后台新增、修改、删除功能的实现

5.1 新闻管理系统的规划

使用PHP开发的新闻管理系统，在技术上主要体现为如何在首页上显示新闻内容，以及对新闻及新闻分类的修改和删除。一个完整的新闻管理系统共分为二大部分动态网页，一个是访问者访问新闻的动态网页，另一个是后台管理者对新闻进行编辑的动态网页。

5.1.1 系统的页面设计

在本地站点上建立站点文件夹news，用于存放将要制作的新闻管理系统文件夹和文件，如图5-1所示。

图 5-1　站点规划文件夹和文件

本系统页面共有11个，整体系统页面的功能与文件名称如表5-1所示。

表5-1　新闻管理系统网页功能

页面	功能
index.php	显示新闻分类和最新新闻页面
type.php	显示新闻分类中的新闻标题页面
newscontent.php	显示新闻内容页面
admin_login.php	管理者登录页面
admin.php	管理新闻主要页面
news_add.php	增加新闻的页面
news_upd.php	修改新闻的页面
news_del.php	删除新闻的页面
type_add.php	增加新闻分类的页面
type_upd.php	修改新闻分类的页面
type_del.php	删除新闻分类的页面

5.1.2 系统的美工设计

本新闻管理系统实例在色调上选择蓝色作为主色调，网页的美工设计相对比较简单，创意为一个人在读取国内外的新闻，完成的新闻系统首页index.php效果如图5-2所示。

图 5-2　首页 index.php 效果图

新闻管理系统的后台也是重要的，实例登录后台的效果如图5-3所示。

图 5-3　后台管理页面效果图

5.2　系统数据库的设计

制作一个新闻管理系统，首先要设计一个储存新闻内容、管理员账号和密码的数据库文件，方便管理人员对新闻数据信息进行管理和完善。

5.2.1　新闻数据库设计

新闻管理系统需要一个用来存储新闻标题和新闻内容的新闻信息表 news，还要建立一个新闻分类表 newstype 和一个管理信息表 admin。

制作的步骤如下：

01 在phpmyAdmin中建立数据库news，单击 🗄 数据库 命令打开本地的"数据库"管理页面，在"新建数据库"文本框中输入数据库的名称news，单击后面的数据库类型下拉菜单，在弹出的选择项中选择utf8_bin选项，单击"创建"按钮，返回"常规设置"页面，在数据库列表中就已经建立了news的数据库，如图5-4所示。

图 5-4　创建 news 数据库

[02]　单击左边的news数据库将其连接上，打开"新建数据表"页面，分别输入数据表名news、newstype 和admin，即创建3个数据表。创建的news数据表如图5-5所示。

图 5-5　创建的 news 数据表

输入数据域名以及设置数据域位的相关数据，数据表news的字段说明如表5-2所示。

表5-2　新闻数据表news

意义	字段名称	数据类型	字段大小	必填字段
主题编号	news_id	INTEGER	20	是
新闻标题	news_title	VARCHAR	50	是
新闻分类编号	news_type	VARCHAR	20	是
新闻内容	news_content	TEXT		
新闻加入时间	news_date	DATE		是
编辑者	news_author	VARCHAR	20	

03 创建newstype数据表，用于储存新闻分类用，输入数据域名以及设置数据域位的相关数据，如图5-6所示。

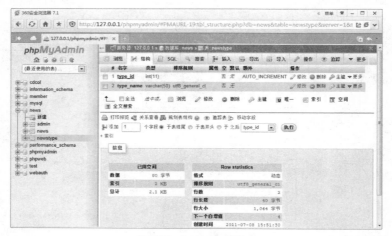

图5-6 newstype 数据表

newstype数据表的字段及说明如表5-3所示。

表5-3 新闻分类数据表newstype

意义	字段名称	数据类型	字段大小	必填字段
主题编号	type_id	INTEGER	11	是
新闻分类	type_name	VARCHAR	50	是

04 创建admin数据表，用于后台管理者登录验证用，输入数据域名以及设置数据域位的相关数据，如图5-7所示。

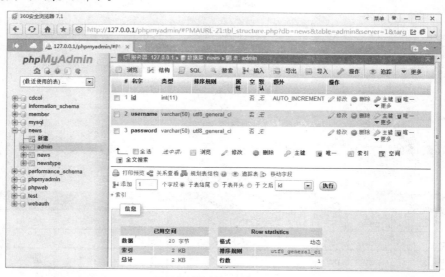

图5-7 创建的 admin 数据表

admin数据表的字段及说明如表5-4所示。

表5-4　管理信息数据表admin

意义	字段名称	数据类型	字段大小	必填字段
主题编号	id	自动编号	长整型	
用户名	username	文本	50	是
密码	password	文本	50	是

　　在创建上述的3个数据表时，其中有涉及到新闻保存时的时间保存问题，使用PHP实现获取系统默认即时时间，可以使用两种方法，一种是在网页PHP中用date()和time()函数实现，另一种是直接在MySQL数据库中的Now()时间，考虑到因为后期数据量大需要减少服务器的工作量，我们优先采用在网页使用PHP获取时间的方法，具体的实现方法在新增新闻页面的设计时会讲到。

5.2.2　创建系统站点

　　在Dreamweaver CC中创建一个"新闻管理系统"网站站点news，由于这是PHP数据库网站，因此必须设置本机数据库和测试服务器，主要的设置如表5-5所示。

表5-5　站点设置参数

站点名称	news
本机根目录	C:\XAMPP\htdocs\news
测试服务器	C:\XAMPP\htdocs\
网站测试地址	http://127.0.0.1/news
MySQL服务器地址	C:\XAMPP\mysql\data\news
管理账号／密码	root／空
数据库名称	news

　　创建news站点具体操作步骤如下：

　　01　首先在C:\xampP\htdocs路径下建立news文件夹（如图5-8所示），系统所有建立的网页文件都将放在该文件夹底下。

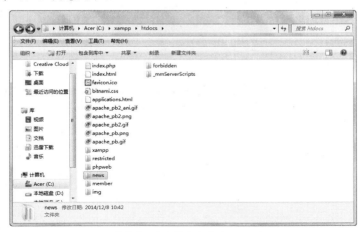

图 5-8　建立站点文件夹 news

02 运行Dreamweaver CC，执行菜单栏中的"站点"→"管理站点"命令，打开"管理站点"对话框，如图5-9所示。

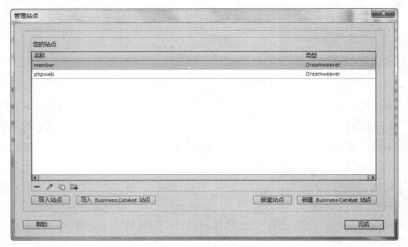

图 5-9　"管理站点"对话框

03 对话框的上面是站点列表框，其中显示了所有已经定义的站点。单击右下角的"新建站点"按钮，打开"站点设置对象news"对话框，进行如图5-10所示的参数设置。

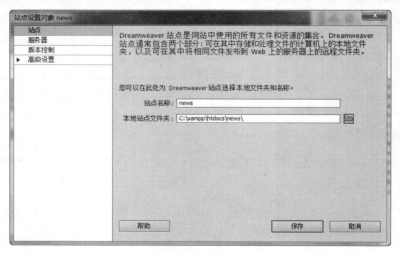

图 5-10　建立 news 新闻站点

04 单击列表框中的"服务器"选项，并单击"添加服务器"按钮 ✚，打开"基本"选项卡进行如图5-11所示的参数设置。

图 5-11 "基本"选项卡设置

05 设置后再单击"高级"选项卡，打开"高级"服务器设置对话框，选中"维护同步信息"复选框，在"服务器模型"下拉列表项中选择 PHP MySQL，表示是使用 PHP 开发的网页，其他的保持默认值，如图 5-12 所示。

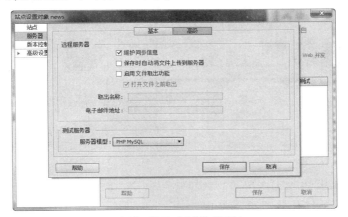

图 5-12 设置"高级"选项卡

06 单击"保存"按钮，返回"服务器"设置界面，选中"测试"复选框，如图 5-13 所示。

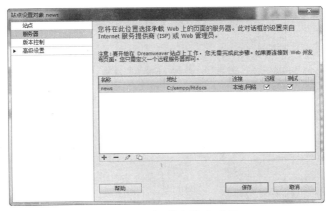

图 5-13 选择"测试"复选框

07 单击"保存"按钮，则完成站点的定义设置。在Dreamweaver CC中就已经拥有了刚才所设置的站点news。单击"完成"按钮，关闭"管理站点"对话框，这样就完成了Dreamweaver CC测试用户管理系统网页的网站环境设置。

5.2.3 数据库连接

建立数据库后，要在Dreamweaver CC中连接news数据库，连接新闻管理系统与数据库的步骤如下：

01 将设计的本章文件复制到站点文件夹下，打开index.php，如图5-14所示。

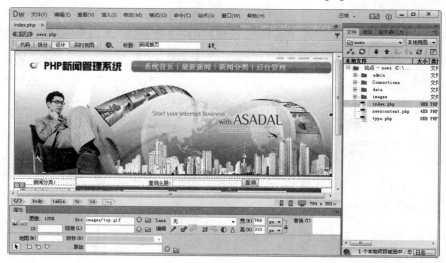

图5-14　打开网站首页

02 单击菜单栏上的"窗口"→"数据库"命令，打开"数据库"面板。在该面板上单击"+"图标，并在打开的下拉菜单中选择"MySQL 连接"选项，如图5-15所示。

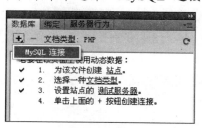

图5-15　选择"MySQL 连接"

03 在"MySQL 连接"对话框中，输入"连接名称"为news、"MySQL服务器"名为localhost、"用户名"为root、密码为空。选取所要建立连接的数据库，可以单击"选取"按钮浏览MySQL服务器上的所有数据库。选择刚建立的范例数据库news，具体内容设置如图5-16所示。

图 5-16　设置 MySQL 连接参数

04 单击"测试"按钮测试与 MySQL 数据库的连接是否正确，如果正确则弹出一个提示消息框（如图5-17所示），这表示数据库连接设置成功了。

图 5-17　设置成功

05 单击"确定"按钮，则返回编辑页面，在"数据库"面板中则显示绑定过来的数据库，如图5-18所示。

图 5-18　绑定的数据库 news

5.3　新闻系统页面

新闻管理系统前台部分主要有 3 个动态页面，分别是用来访问的首页新闻主页面 index.php，新闻分类信息页面 type.php，新闻详细内容页面 newscontent.php。

5.3.1　新闻系统主页面设计

在本小节中主要介绍新闻管理系统的主页面 index.php 的制作，在 index.php 页面中主要有显示最新新闻的标题，加入时间，显示新闻分类，单击新闻中的分类进入分类子页面查看新闻等功能。

制作的步骤如下：

01 打开刚创建的index.php页面，输入网页标题"新闻首页"，执行菜单栏"文件"→ "保存"命令将网页保存。

02 用单击鼠标创建表格的第1行单元格，输入文字"新闻分类"，接下来用"绑定"标签，将网页所需要的新闻分类数据字段绑定到网页中。index.php页面使用的数据表是news和newstype，单击"应用程序"面板中的"绑定"标签上的 **+** 按钮，在弹出的菜单中选择"记录集（查询）"选项，在该对话框中进行如下设置：

● 在"名称"文本框中输入Recordset1作为该记录集的名称。

● 从"连接"下拉列表框中，选择数据源连接对象news。

● 从"表格"下拉列表框中，选择使用的数据库表对象为newstype。

● 在"列"栏中选中"全部"单选按钮。

完成的设置情况如图5-19所示。

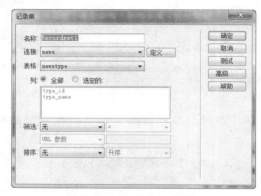

图 5-19 "记录集"对话框

03 绑定记录集后，将记录集的相关字段插入至index.php网页的适当位置，如图5-20所示。

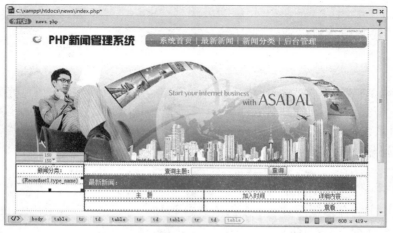

图 5-20 插入至 index.php 网页中

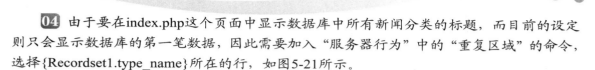

04 由于要在index.php这个页面中显示数据库中所有新闻分类的标题，而目前的设定则只会显示数据库的第一笔数据，因此需要加入"服务器行为"中的"重复区域"的命令，选择{Recordset1.type_name}所在的行，如图5-21所示。

05 单击"应用程序"面板群组中的"服务器行为"标签上的![+]按钮，在弹出的下拉菜单中选择"重复区域"选项，在打开的"重复区域"对话框中选中"所有记录"单选按钮，如图5-22所示。

图 5-21　选择要重复显示的一列　　　　图 5-22　选择一次可以显示的次数

06 单击"确定"按钮回到编辑页面，会发现先前所选取的区域左上角出现了一个"重复"的灰色标签，这表示已经完成设置。

07 除了显示网站中所有新闻分类标题外，还要提供访问者感兴趣的新闻分类标题链接来实现详细内容的阅读，为了实现这个功能首先要选取编辑页面中的新闻分类标题字段，如图5-23所示。

08 在"属性"面板中找到建立链接的部分，并单击"浏览文件"图标，在弹出的对话框中选择用来显示详细记录信息的页面type.php，如图5-24所示。

图 5-23　选择新闻分类标题　　　　　　图 5-24　选择链接文件

09 单击"确定"按钮，设置超级链接要附带的URL参数的名称与值为type.php?id=<?php echo $row_Recordset1['type_id']; ?>，如图5-25所示。

图 5-25　"参数"对话框

10 单击"确定"按钮回到编辑页面，主页面index.php中新闻分类的制作已经完成，最新新闻的显示页面设计效果如图5-26所示。

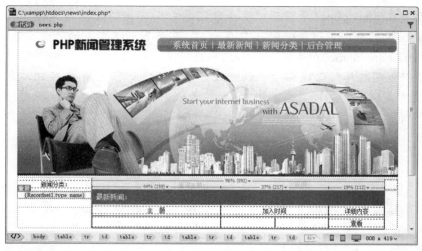

图 5-26 设计结果效果图

11 单击"应用程序"面板中的"绑定"标签上的 ➕ 按钮，在弹出的下拉菜单中选择"记录集（查询）"选项，打开"记录集"对话框，在该对话框中进行如下设置：

- 在"名称"文本框中输入Re1作为该记录集的名称。
- 从"连接"下拉列表框中，选择数据源连接对象news。
- 从"表格"下拉列表框中，选择使用的数据库表对象为news。
- 在"列"栏中选中"全部"单选按钮。
- "排序"设置为news_id降序方式。

完成的设置情况如图5-27所示。

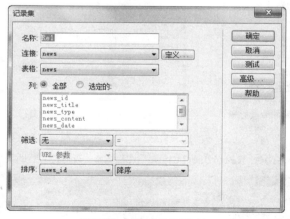

图 5-27 "记录集"对话框

12 绑定"记录集"后，将记录集的字段插入至index.php网页的适当位置。

13 由于要在index.php页面显示数据库中部分新闻的信息，而目前的设定则只会显示数据库的第一笔数据，因此，需要加入"服务器行为"中的"重复区域"的设置，单击index.php页面中的最新新闻标题记录表格，如图5-28所示。

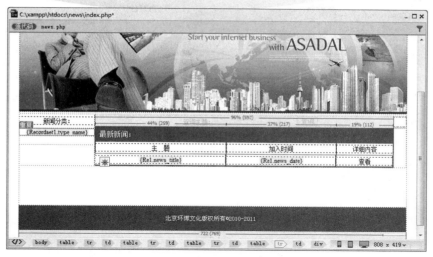

图 5-28　单击选择需要重复的选区

14 单击"应用程序"面板群组中的"服务器行为"标签上的⊞按钮，在弹出的下拉菜单中选择"重复区域"选项，在弹出的"重复区域"对话框中设置要重复的记录条数（例如10条），如图5-29所示。

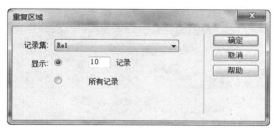

图 5-29　选择一次可以显示的次数

15 单击"确定"按钮，回到编辑页面，会发现先前所选取的区域左上角出现了一个"重复"的灰色标签，这表示已经完成设定了。

16 由于最新新闻这个功能，除了显示网站中部分新闻外，还要提供访问者感兴趣的新闻标题链接至详细内容来阅读，首先选取文字"查看"，如图5-30所示。

图 5-30　选择新闻分类标题 "查看"

17 在"属性"面板中找到建立链接的部分，并单击"浏览文件"图标，在弹出的对话框中选择用来显示详细记录信息的页面newscontent.php，如图5-31所示。

图 5-31　选择链接文件

18 单击"确定"按钮，设置超级链接要附带的 URL 参数的名称与值 newscontent.php?news_id=<?php echo $row_Re1['news_id']; ?>。将参数名称命名为news_id，如图5-32所示。

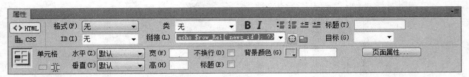

图 5-32　"动态数据"对话框

19 单击"确定"按钮回到编辑页面，当记录集超过一页，就必须要有"上一页"、"下一页"等按钮或文字，让访问者可以实现翻页的功能，这就是"记录集分页"的功能。"记录集分页"按钮位于"插入"工具栏的"数据"组中，因此将"插入"工具栏由"常用"切换成"数据"类型，单击"记录集分页" 📑 工具按钮，如图5-33所示。这里要说明的是CC版本中也需要安装扩展才会有此操作选项，也可以通过"服务器行为"中的"记录集分页"实现分页的操作。

图 5-33　选择"记录集分页"选项

20 在打开的"记录集导航条"对话框中，选取要导航条的记录集以及导航条的显示方式"文本"，然后单击"确定"按钮回到编辑页面，会发现页面出现该记录集的导航条，如图5-34所示。

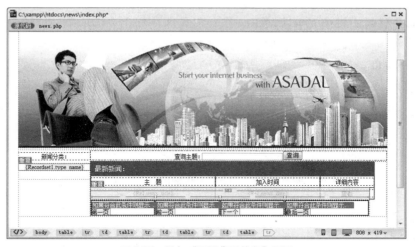

图 5-34 添加"记录集导航条"页面

21 如果希望看到总共有多少记录，当前记录是第几条，那么必须插入"记录集导航状态"，在"插入"工具栏的"数据"类型中，单击"显示记录计数"工具按钮，在弹出的快捷菜单中，选取要导航状态的记录集为Re1，然后单击"确定"按钮回到编辑页面，会发现页面出现该记录集的导航状态，如图5-35所示。

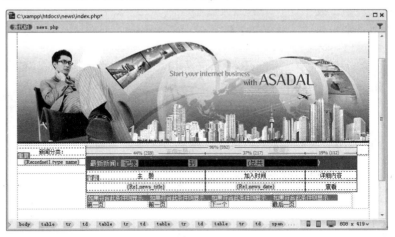

图 5-35 添加计数器

22 index.php这个页面需要加入"查询"的功能，这样新闻管理系统才不会因日后数据太多而有不易访问的情形发生，设计如图5-36所示。

查询主题：　　　　　　　　　　　　　查询

图 5-36 搜索主题设计

利用表单及相关的表单组件来制作以关键词查询数据的功能，需要注意图5-36所示的内容都在一个表单之中，"查询主题"后面的文本框的命名为keyword，"查询"按钮为一个提交表单按钮。

23 在此要将之前建立的记录集Re1作一下更改，打开"记录集"对话框，并进入"高级"设置，在原有的SQL语法中加入一段查询功能的语法：

```
where news_title like '%".$keyword."%'
```

那么以前的SQL语句将变成如图5-37所示。

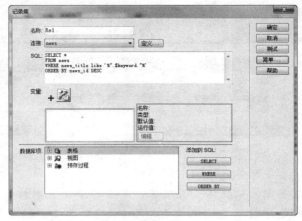

图 5-37　修改 SQL 语句

其中like是模糊查询的运算子，%表示任意字符，而keyword是个变量，分别代表关键词。

24 切换到代码设计窗口。找到Re1记录集相应的代码并加入如下代码：

```
$keyword=$_POST[keyword];
```

定义keyword为表单中keyword的请求变量，如图5-38所示。

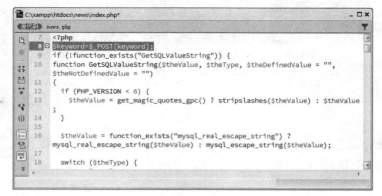

图 5-38　加入代码

25 以上的设置完成后，index.php系统主页面就有查询功能了，先在数据库中加入两条新闻数据，可以按下F12键至浏览器测试一下是否能正确的查询。index.php页面会显示所有网站中的新闻分类主题和最新新闻标题，如图5-39所示。

图 5-39　主页面浏览效果图

26　在关键词中输入"开通"并单击"查询"按钮，结果显示在查询结果页面中只包含有关"开通"的最新新闻主题，这样查询功能完成了，效果如图5-40所示。

图 5-40　测试查询效果图

5.3.2　新闻分类页面设计

新闻分类页面type.php用于显示每个新闻分类的页面，当访问者单击index.php页面中的任何一个新闻分类标题时就会打开相应的新闻分类页面，新闻分类页面设计效果如图5-41所示。

图 5-41　新闻分类页面效果

详细的操作步骤说明如下：

01 执行菜单栏"文件"→"新建"命令创建新页面，输入网页标题"新闻分类"，执行菜单栏"文件"→"保存"命令，在站点news文件夹中将该文档保存为type.php。

02 新闻分类页面和首页面中的静态页面设计差不多，在这不作详细说明。

03 type.php这个页面主要是显示所有新闻分类标题的数据，所使用的数据表是news，单击"绑定"面板中的"增加"上的🖰按钮，在弹出的下拉菜单中选择"记录集（查询）"选项，在打开的"记录集"对话框中进行如下设置：

- 在"名称"文本框中输入Recordset1作为该记录集的名称。
- 从"连接"下拉列表框中，选择数据源连接对象news。
- 从"表格"下拉列表框中，选择使用的数据库表对象为news。
- 在"列"栏中选中"全部"单选按钮。
- 设置"筛选"的条件为：news_id=URL参数/id。
- 设置"排序"方法为以news_id升序。

设置完成后单击"确定"按钮，如图5-42所示。

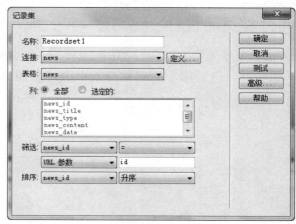

图 5-42　绑定记录集设定

04 绑定记录集后，将记录集的字段插入至type.php网页中的适当位置，如图5-43所示。

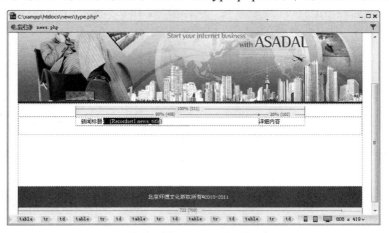

图 5-43 插入至 type.php 网页中

05 为了显示所有记录，需要加入"服务器行为"中的"重复区域"的命令，单击type.php页面中需要重复的表格，如图5-44所示。

图 5-44 单击选择要重复显示的一行

06 单击"应用程序"面板中"服务器行为"标签上的➕按钮，在弹出的菜单中，选择"重复区域"的选项，打开"重复区域"对话框，设定一页显示的数据为10条，如图5-45所示。

图 5-45 选择一次可以显示的次数

07 单击"确定"按钮，回到编辑页面，会发现先前所选取的区域左上角出现了一个"重复"灰色标签，这表示已经完成设置。

08 在"插入"栏的"数据"类型中，单击▦工具按钮打开"记录集导航条"对话框，在打开的对话框中选取Recordset1记录集以及导航条的显示方式，然后单击"确定"按钮回到编辑页面，会发现页面中出现了该记录集的导航条，如图5-46所示。

图 5-46 添加"记录集导航条"

09 在"插入"栏的"数据"类型中，单击 工具按钮，在弹出的菜单中，选取要导航状态的记录集为Recordset1，然后单击"确定"按钮回到编辑页面，会发现页面出现该记录集的导航状态，如图5-47所示。

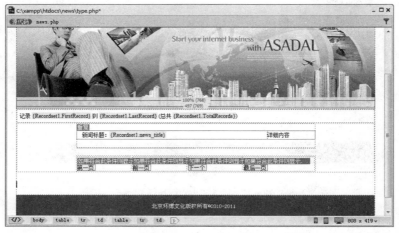

图 5-47　添加"记录集导航状态"

10 选取文字"详细内容"，在"属性"面板中找到建立链接的部分，并单击"浏览文件"图标，在弹出的对话框中选择用来显示详细记录信息的页面newscontent.php，设置如图5-48所示。

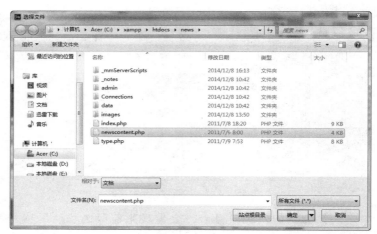

图 5-48　选择链接文件

11 单击"确定"按钮，设置超级链接要附带的URL参数的名称与值newscontent.php?news_id=<?php echo $row_Recordset1['news_id']; ?>。将参数名称命名为news_id，如图5-49所示。

图 5-49　"参数"对话框

12 选取记录集有数据时要显示的数据表格，如图5-50所示。

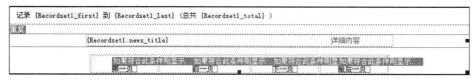

图 5-50　选择要显示的记录

13 单击"应用程序"面板中"服务器行为"标签上的 ⊞ 按钮，在弹出的下拉菜单中选择"显示区域／如果记录集不为空则显示区域"选项，打开"如果记录集不为空则显示"对话框，在"记录集"中选择Recordset1再单击"确定"按钮回到编辑页面，会发现先前所选取要显示的区域左上角出现了一个"如果符合此条件则显示"的灰色卷标，这表示已经完成设置，如图5-51所示。

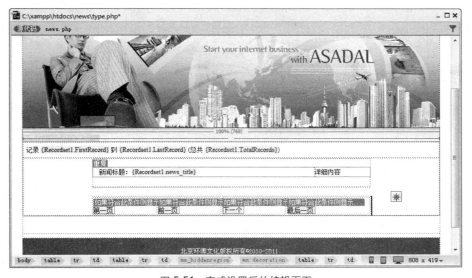

图 5-51　完成设置后的编辑页面

14 输入"对不起，此新闻分类中没有任何新闻"说明文字，同时选取记录集没有数据时要显示的数据表格，如图5-52所示。

对不起，此新闻分类中没有任何新闻

图 5-52　选择没有数据时显示的区域

15 单击"应用程序"面板中的"服务器行为"标签上的 ⊞ 按钮，在弹出的下拉菜单中选择"显示区域／如果记录集为空则显示区域"选项，在"记录集"中选择Recordset1再单击"确定"按钮回到编辑页面，会发现先前所选取要显示的区域左上角出现了一个"如果符合此条件则显示"的灰色卷标，这表示已经完成设置，效果如图5-53所示。

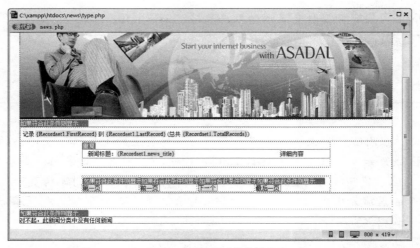

图 5-53　完成设置后的编辑页面

到这里新闻分类页面type.php的设计与制作就已经完成。

5.3.3 新闻内容页面设计

新闻内容页面newscontent.php用于显示每一条新闻的详细内容，这个页面设计的重点在于如何接收主页面index.php和type.php所传递过来的参数，并根据这个参数显示数据库中相应的数据。新闻内容页面的页面设计效果如图5-54所示。

图 5-54　新闻内容页面设计效果图

详细操作步骤如下：

01 执行菜单栏"文件"→"新建"命令创建新页面，执行菜单栏"文件"→"保存"命令，在站点中news文件夹中将该文档保存为newscontent.php。

02 新闻内容页面设计和前面的页面设计差不多，效果如图5-55所示。

图 5-55　新闻内容页面设计效果图

03 单击"绑定"面板中"增加"标签上的⊞按钮，在弹出的下拉菜单中选择"记录集（查询）"选项，在打开的"记录集"对话框中进行如下设置：

● 在"名称"文本框中输入Recordset1作为该记录集的名称。

● 从"连接"下拉列表框中，选择数据源连接对象news。

● 从"表格"下拉列表框中，选择使用的数据库表对象为news。

● 在"列"栏中选中"全部"单选按钮。

● 设置"筛选"的条件为：news_id =URL参数/news_id。

再单击"确定"按钮后就完成设定了，如图5-56所示。

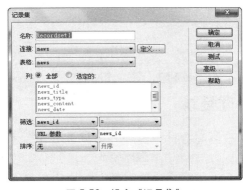

图 5-56　设定"记录集"

04 绑定记录集后，将记录集的字段插入至newscontent.php页面中的适当位置，这样就完成了新闻内容页面newscontent.php的设置，如图5-57所示。

图 5-57　绑定字段

5.4　后台管理页面

新闻管理系统后台管理对于网站很重要，管理者可以由这个后台增加、修改或删除新闻内容和新闻的类型，使网站能随时保持最新、最实时的信息。系统管理登录入口页面的设计效果如图5-58所示。

图 5-58　系统管理入口页面

5.4.1　后台管理登录

后台管理主页面必须受到权限管理，可以利用登入账号与密码来判别是否由此用户来实现权限的设置管理。

详细操作步骤如下：

01 执行菜单栏"文件"→"新建"命令，创建新页面，输入网页标题"管理者登录"，执行菜单"文件"→"保存"命令，在站点news文件夹中的admin文件夹中将该文档保存为admin_login.php。

02 执行菜单"插入"→"表单"→"表单"命令，插入一个表单。

03 将光标放置在该表单中，执行菜单"插入"→"表格"命令，打开"表格"对话框，在"行数"文本框中输入需要插入表格的行数4。在"列数"文本框中输入需要插入表格的列数2。在"表格宽度"文本框中输入400像素，其他的选项保持默认值，如图5-59所示。

图 5-59　插入表格

04 单击"确定"按钮，在该表单中插入了一个4行2列的表格，选择表格，在"属性"面板中设置"对齐方式"为"居中对齐"。拖动鼠标选中第1行表格的所有单元格，在"属性"面板中单击田按钮，将第1行表格合并。用同样的方法将第4行合并。

05 在该表单中的第1行中输入文字"新闻后台管理中心"，在表格的第2行第1个单元格中输入文字说明"用户："，在第2行表格的第2个单元格中单击"文本域"按钮回，插入单行文本域表单对象，定义文本域名为username，"文本域"属性设置如图5-60所示。

图 5-60　输入"用户"名和插入"文本域"的设置

06 在第3列表格中，输入文字说明"密码："，在第3列表格的第2个单元格中单击"文本域"按钮回，插入单行文本域，定义文本域名为password，"文本域"属性设置如图5-61所示。

图 5-61　输入"密码"名和插入"文本域"的设置

07 单击选择第4行单元格，执行两次菜单"插入"→"表单"→"按钮"命令，插入两个按钮，并分别在"属性"面板中进行属性变更，一个为登录时用的"提交表单"选项，一个为"重设表单"选项，"属性"的设置如图5-62所示。

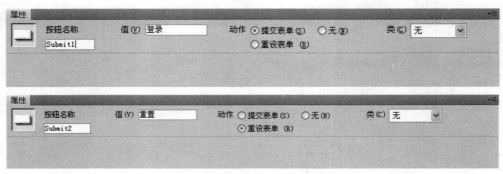

图 5-62 设置按钮名称的属性

08 单击"应用程序"面板中的"服务器行为"标签上的 ➕ 按钮，在弹出的菜单中选择"用户身份验证/登录用户"选项，打开"登录用户"对话框，设置如果不成功将返回主页面index.php，如果成功将登录后台管理主页面admin.php，如图5-63所示。

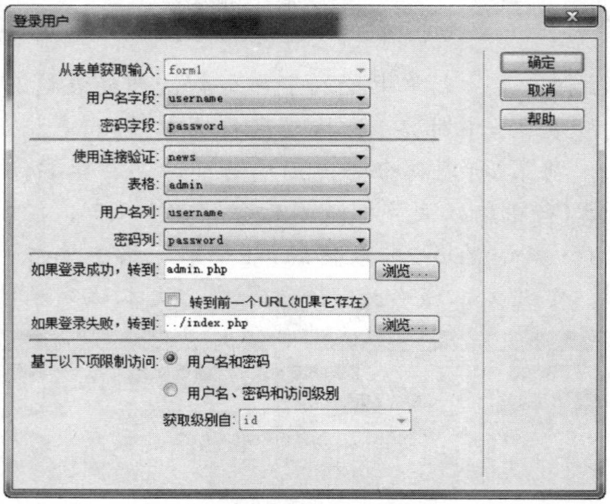

图 5-63 登录用户的设定

09 执行菜单栏"窗口" → "行为"命令，打开"行为"面板，单击"行为"面板中的 ➕ 按钮，在弹出的下拉菜单中选择"检查表单"选项，打开"检查表单"对话框，设置username和password文本域的"值"都为"必需的"、"可接受"为"任何东西"，如图5-64所示。

图 5-64 "检查表单"对话框

10 单击"确定"按钮，回到编辑页面，完成后台管理入口页面admin_login.php的设计与制作。

5.4.2　后台管理主页面

后台管理主页面是管理者在登录页面验证成功后所登录的页面，这个页面可以实现新增、修改或删除新闻内容和新闻分类的内容，使网站能随时保持最新、最实时的信息。页面结构如图 5-65 所示。

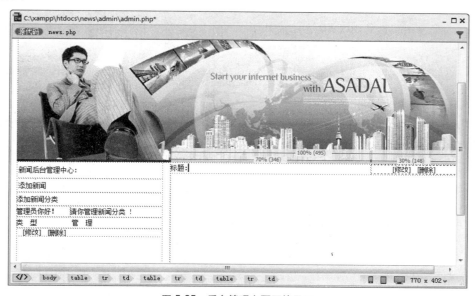

图 5-65　后台管理主页面效果图

详细操作步骤如下：

01 打开admin.php页面，（此页面设计比较简单，页面设计在此不做说明），单击"绑定"面板上的 ➕ 按钮，在弹出的菜单中选择"记录集（查询）"选项，在"记录集"对话框中进行如下设置：

- 在"名称"文本框中输入Re作为该记录集的名称。
- 从"连接"下拉列表框中，选择数据源连接对象news。
- 从"表格"下拉列表框中，选择使用的数据库表对象为news。
- 在"列"栏中选中"全部"单选按钮。
- "排序"设置为news_id降序方式。

完成的设置情况如图 5-66 所示。

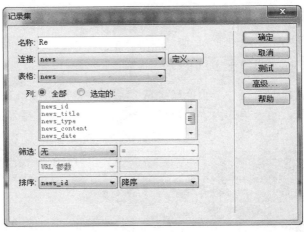

图 5-66　设定"记录集"

02　绑定记录集后，将Re记录集中的news_title字段插入至admin.php网页中的适当位置，如图5-67所示。

图 5-67　记录集的字段插入至 admin.php 网页中

03　由于要加入　"重复区域"命令，所以首先选择需要重复的表格，如图5-68所示。

图 5-68　选择重复的区域

04　单击"应用程序"面板群组中的"服务器行为"标签上的➕按钮，在弹出的下拉菜单中选择"重复区域"选项，打开"重复区域"对话框，设定一页显示的数据为10条记录，如图5-69所示。

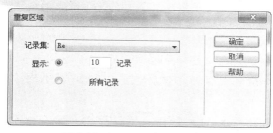

图 5-69 设置记录集显示的条数

05 单击"确定"按钮回到编辑页面，会发现先前所选取的区域左上角出现了一个"重复"的灰色标签，这表示已经完成设定了。

06 在"插入"栏的"数据"类型中，单击 工具按钮打开"记录集导航条"对话框，选取Re记录集的显示方式为"文本"，然后单击"确定"按钮回到编辑页面，会发现页面出现该记录集的导航条，如图5-70所示。

图 5-70 页面显示效果

07 admin.php是提供管理者链接至新闻编辑的页面，然后进行新增、修改与删除等操作，设置了4个链接，各链接的设置如表5-6所示。

表5-6 admin.php页面的连接设置

名称	连接页面
标题字段{re_news_title}	newscontent.php
添加新闻	news_add.php
修改	news_upd.php
删除	news_del.php

注意

其中"标题字段{re_news_title}"、"修改"及"删除"的链接必须要传递参数给转到的页面，这样转到的页面才能够根据参数值而从数据库将某一笔数据筛选出来再进行编辑。

08 首先选取"添加新闻"，在"属性"面板中将它链接到admin文件夹中的news_add.php
页面。

09 选取右边栏中的"修改"文字，在"属性"面板中找到建立链接的部分，并单击
"浏览文件"图标，在弹出的对话框中选择用来显示详细记录信息的页面news_upd.php，
如图5-71所示。

图 5-71   选择链接文件

10 单击"参数"按钮，设置超级链接要附带的URL参数的名称与值
news_upd.php?news_id=<?php echo $row_Re['news_id']; ?>，如图5-72所示。

图 5-72   "动态数据"对话框

11 选取"删除"文字并重复上面的操作，要转到的页面改为news_del.php，并传递新
闻标题的ID参数news_del.php?news_id=<?php echo $row_Re['news_id']; ?>，如图5-73所示。

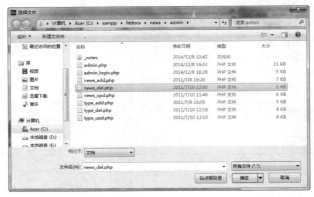

图 5-73   设置传递至 news_del.php

12 选取标题字段{Re_news_title}并重复上面的操作，要前往页面改为newscontent.php
并传递新闻参数../newscontent.php?news_id=<?php echo $row_Re['news_id']; ?>，如图5-74
所示。

图 5-74 设置传递至 newscontent.php

13 单击"确定"按钮，完成转到详细页面的设置，到这里已经完成了新闻内容的编辑，现在来设置一下新闻分类，单击"绑定"面板上的⊞按钮，在弹出的下拉菜单中选择"记录集（查询）"选项，在"记录集"对话框中进行如下设置：

● 在"名称"文本框中输入Re1作为该记录集的名称。

● 从"连接"下拉列表框中，选择数据源连接对象news。

● 从"表格"下拉列表框中，选择使用的数据库表对象为newstype。

● 在"列"栏中选中"全部"单选按钮。

完成的设置情况如图5-75所示。

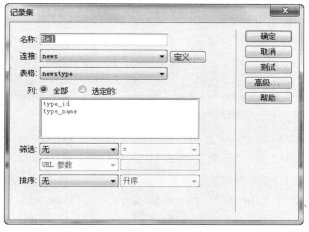

图 5-75 设置"记录集"对话框

14 绑定记录集后，请将Re1记录集中的type_name字段插入至admin.php网页中的适当位置，如图5-76所示。

图 5-76　插入字段至 admin.php 网页中

15 加入"服务器行为"中"重复区域"命令，选择需要重复的表格，如图5-77所示。

图 5-77　选择要重复的一列

16 单击"应用程序"面板群组中的"服务器行为"标签上的 ⊞ 按钮，在弹出的下拉菜单中选择"重复区域"选项，打开"重复区域"对话框，设定一页显示的数据为"所有记录"，如图5-78所示。

图 5-78　设置"重复区域"对话框

17 单击"确定"按钮回到编辑页面，会发现先前所选取的区域左上角出现了一个"重复"的灰色标签，这表示已经完成设置。

18 首先选取左边栏中的"修改"文字，选择admin文件夹中的type_upd.php链接并传递type_id参数type_upd.php?type_id=<?php echo $row_Re1['type_id']; ?>，如图5-79所示。

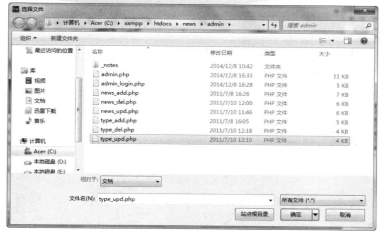

图 5-79 设置传递至 type_upd.php

19 选取 "删除" 文字并重复上面的操作，要前往的细节页面改为type_del.php并传递type_id参数type_del.php?type_id=<?php echo $row_Re1['type_id']; ?>，如图5-80所示。

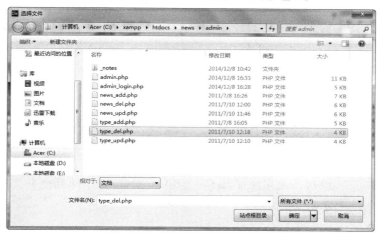

图 5-80 设置传递至 type_del.php

20 再选取 "添加新闻分类"，在 "属性" 面板中将它链接到admin文件夹中的type_add.php页面。

21 后台管理是管理员在后台管理入口页面admin_login.php输入正确的账号和密码才可以进入的一个页面，所以必须设置限制对本页的访问功能。单击 "应用程序" 面板群组中 "服务器行为" 标签中的+按钮，在弹出的下拉菜单中选择 "用户身份验证/限制对页的访问" 选项，如图5-81所示。

图 5-81　选择″限制对页的访问″命令

22 在打开的"限制对页的访问"对话框中的"基于以下内容进行限制"选择"用户名和密码"，如果访问被拒绝，则转到首页index.php，如图5-82所示。

图 5-82　″限制对页的访问″对话框

23 单击"确定"按钮，就完成了后台管理主页面admin.php的制作。

5.4.3 新增新闻页面

新增新闻页面news_add.php，设计的页面效果如图5-83所示，实现了插入新闻的功能。

图 5-83　新增新闻页面设计

详细操作步骤如下：

01 创建news_add.php页面，并单击"绑定"面板上的➕按钮，在弹出的下拉菜单中选择"记录集（查询）"选项，打开的"记录集"对话框如图5-84所示。

图 5-84 "记录集"对话框

02 绑定记录集后，单击"新闻分类"的列表菜单，在"新闻分类"的列表菜单属性面板中单击 🔗 动态... 按钮，在打开的"动态列表/菜单"中进行设置，如图5-85所示。

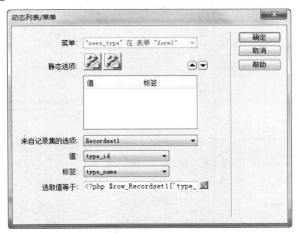

图 5-85 "动态列表/菜单"对话框

03 本章中的一个技术重点就是要使用PHP实现自动获取系统的默认时间，当插入新闻时能自动生成当时的时间。方法是绑定一个隐藏字段并命名为news_date，切换到代码行将值设置如下，单击"确定"按钮。

```
<input name="news_date" type="hidden" id="news_date" value="<?php
date_default_timezone_set('Asia/Shanghai');
echo date("Y-m-d");
?>">
//设置时间格式和时间区域
```

04 在news_add.php编辑页面，再次单击"应用程序"面板群组中"服务器行为"标

签上的 ⊞ 按钮，在弹出的下拉菜单中选择"插入记录"选项，如图5-86所示。

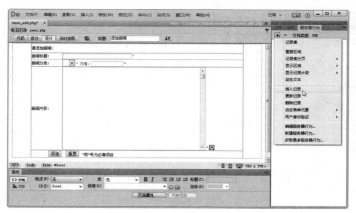

图 5-86　选择"插入记录"选项

05 设置"插入记录"对话框，如图5-87所示。

图 5-87　"插入记录"对话框设置

06 执行菜单栏"窗口"→"行为"命令，打开"行为"面板，单击"行为"面板上的 ⊞ 按钮，在打开的下拉菜单中选择"检查表单"选项，打开"检查表单"对话框，所有域均设置值为"必需的"、"可接受"为"任何东西"，如图5-88所示。

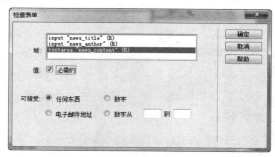

图 5-88　"检查表单"对话框设置

07 单击"确定"按钮回到编辑页面，就完成news_add.php页面的设计了。

5.4.4　修改新闻页面

修改新闻页面 news_upd.php 的主要功能是将数据表中的数据送到页面的表单中进行修改，修改数据后再将数据更新到数据表中，页面设计如图 5-89 所示。

图 5-89　修改新闻页面设计

详细操作步骤如下：

01 打开news_upd.php页面，并单击"绑定"面板上的⊞按钮，在弹出的下拉菜单中选择"记录集（查询）"选项，打开的"记录集"对话框，在对话框中的设定如图5-90所示。

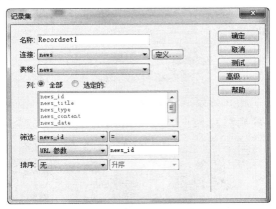

图 5-90　"记录集"对话框设置

02 用同样方法再绑定一个记录集Recordset2，在对话框中的设定如图5-91所示。

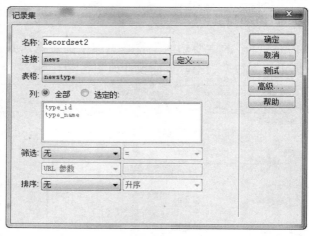

图 5-91　"记录集"对话框设置

03 绑定记录集后，将记录集的字段插入至 news_upd.php 网页中的适当位置，如图 5-92 所示。其中加入一个隐藏字段绑定 news_id。

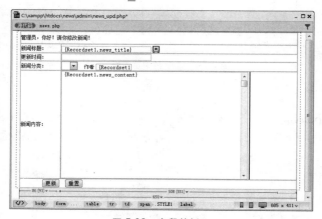

图 5-92　字段的插入

04 在"更新时间"一栏中必须取得系统的最新时间，方法和上面加隐藏字段取得时间的方法一样，直接在字段的值输入取得系统时间的代码，如图 5-93 所示。

```
<input name="news_date" type="text" id="news_date" value="<?php
date_default_timezone_set('Asia/Shanghai');
echo date("Y-m-d");
?>
```

图 5-93　加入代码取得最新时间

05 单击"新闻分类"的列表菜单，在新闻分类的列表菜单属性面板中单击 动态... 按钮，在打开的"动态列表/菜单"对话框中进行设置，如图 5-94 所示。

图 5-94　"动态列表/菜单"对话框

06 完成表单的设置后，要在news_upd.php页面加入"服务器行为"中"更新记录"的设定，在news_upd.php的页面上，单击"应用程序"面板群组中的"服务器行为"标签的⊞按钮，在弹出的下拉菜单中选择"更新记录"选项，如图5-95所示。

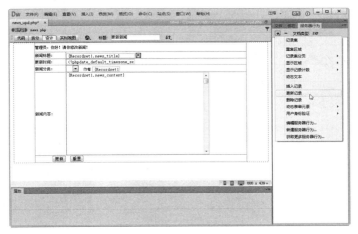

图 5-95　加入"更新记录"命令

07 在打开的"更新记录"对话框中进行设置，如图5-96所示。其中news_id设置为主键。

图 5-96　"更新记录"对话框

08 单击"确定"按钮，即完成修改新闻页面的设计。

5.4.5 删除新闻页面

删除新闻页面news_del.php和修改的页面差不多，如图5-97所示。其方法是将表单中的数据从站点的数据表中删除。

图 5-97　删除新闻页面的设计

详细操作步骤如下：

01 打开news_del.php页面，单击"绑定"面板上的田按钮，接着在弹出的下拉菜单中选择"记录集（查询）"选项，设置打开的"记录集"对话框，如图5-98所示。

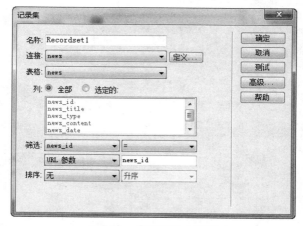

图 5-98　"记录集"对话框

02 用同样方法再绑定一个记录集，输入设定值如图5-99所示。

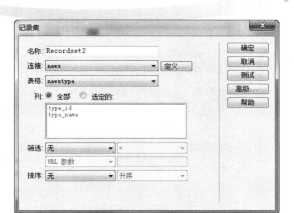

图 5-99 "记录集"对话框

03 绑定记录集后，将记录集的字段插入至news_del.php网页中的适当位置，其中绑定隐藏字段为news_id，如图5-100所示。

图 5-100 字段的插入

04 绑定记录集后，单击"新闻分类"的菜单，在新闻分类的菜单属性面板中单击 动态... 按钮，在打开的"动态列表/菜单"对话框中进行设置，如图5-101所示。

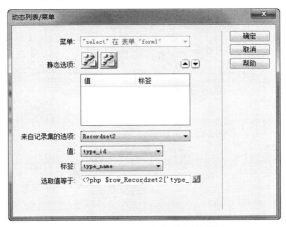

图 5-101 绑定"动态列表/菜单"

05 完成表单的布置后，要在news_del.php页面加入"服务器行为"中"删除记录"的设置，单击"应用程序"面板中的"服务器行为"标签上的➕按钮，在弹出的下拉菜单中选择"删除记录"选项，在打开的"删除记录"对话框中，输入设定值如图5-102所示。

图 5-102　"删除记录"对话框

06 单击"确定"按钮，完成删除新闻页面的设计。

5.4.6　新增新闻分类页面

新增新闻分类页面type_add.php的功能是将页面的表单数据新增到newstype数据表中，页面设计如图5-103所示。

图 5-103　新增新闻分类页面设计

详细操作步骤如下：

01 单击"应用程序"面板群组中"服务器行为"标签中➕按钮，在弹出的下拉菜单中选择"插入记录"选项，在打开的"插入记录"对话框中输入设定值，如图5-104所示。

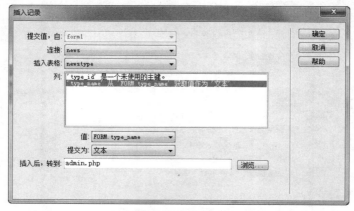

图 5-104　设定"插入记录"

02 选择表单，执行菜单栏"窗口"→"行为"命令，打开"行为"面板，单击"行为"面板中的➕按钮，在弹出的下拉菜单中选择"检查表单"选项，打开"检查表单"对话框，设置"值"为"必需的"、"可接受"为"任何东西"，如图5-105所示。

图 5-105 设置"检查表单"对话框

03 单击"确定"按钮，完成type_add.php页面设计。

5.4.7 修改新闻分类页面

修改新闻分类页面type_upd.php的功能是将数据表的数据送到页面的表单中进行修改，修改数据后再更新至数据表中，页面设计如图5-106所示。

图 5-106 修改新闻分类页面设计

详细操作步骤如下：

01 打开type_upd.php页面，并单击"应用程序"面板中"绑定"标签的➕按钮。接着在弹出的下拉菜单中选择"记录集（查询）"选项，打开"记录集"对话框，在打开的"记录集"对话框中输入设定值，如图5-107所示。

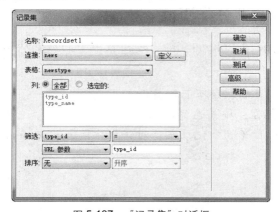

图 5-107 "记录集"对话框

02 绑定记录集后，将记录集的字段插入至type_upd.php网页中的适当位置，如图5-108所示。其中绑定一个隐藏字段为type_id。

图5-108　字段的插入

03 完成表单的布置后，要在type_upd.php页面加入"服务器行为"中"更新记录"的设定，在type_upd.php的页面上，单击"应用程序"面板中的"服务器行为"标签的✚按钮，在弹出的下拉菜单中选择"更新记录"选项，在打开的"更新记录"对话框中输入设定值，如图5-109所示。

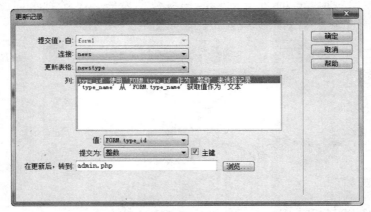

图5-109　"更新记录"对话框

04 单击"确定"按钮，完成修改新闻分类页面的设计。

5.4.8　删除新闻分类页面

删除新闻分类页面type_del.php的功能，是将表单中的数据从站点的数据表newstype中删除。详细操作步骤如下：

01 打开type_del.php页面，该页面和更新的页面是一模一样的。单击"应用程序"面板中"绑定"标签的✚按钮。接着在弹出的下拉菜单中选择"记录集（查询）"选项，打开"记录集"对话框，在打开的"记录集"对话框中输入设定值，如图5-110所示。

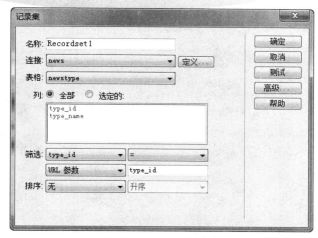

图 5-110 "记录集"对话框

02 绑定记录集后，将记录集的字段插入至type_del.php网页中的适当位置，如图5-111所示。其中绑定一个隐藏字段为type_id。

图 5-111 字段的插入

03 完成表单的布置后，要在type_del.php页面加入"服务器行为"中"删除记录"的设定，在type_del.php的页面上，单击"应用程序"面板中的"服务器行为"标签的⊞按钮，在弹出的下拉菜单中选择"删除记录"选项，在打开的"删除记录"对话框中输入设定值，如图5-112所示。

图 5-112 "删除记录"对话框

一个实用的新闻管理系统就此开发完毕，读者可以将本章开发的新闻管理系统的方法应用到实际的大型网站建设中去。

第 **6** 章

全程实例四：在线投票管理系统

　　网站的投票管理系统设置好投票主题之后，网站的会员积极参与可以起到活跃会员，增加浏览量的作用。一个投票管理系统可分为3个主要的功能模块：投票功能、投票处理功能以及显示投票结果功能。投票管理系统首先给出投票选题（即供投票者选择的表单对象），当投票者单击选择投票按钮后，投票处理功能激活，对服务器传送过来的数据做出相应的处理，先判断用户选择的是哪一项，累计相应项的字段值，然后对数据库进行更新，最后将投票的结果显示出来。

本章的学习重点：

- 投票管理系统站点的设计
- 投票管理系统数据库的规划
- 计算投票的方法
- 防止刷新的设置

6.1　在线投票管理系统规划

在线投票管理系统在设计开发之前，对将要开发的功能进行一下整体的规划。本实例可以分为 3 个部分的页面内容，一是计算投票页面，二是显示投票结果页面，三是用来提供选择的页面。

6.1.1　页面规划设计

根据介绍的投票管理系统的页面设计规划，在本地站点上建立站点文件夹vote，将要制作的投票管理系统的文件夹和文件如图6-1所示。

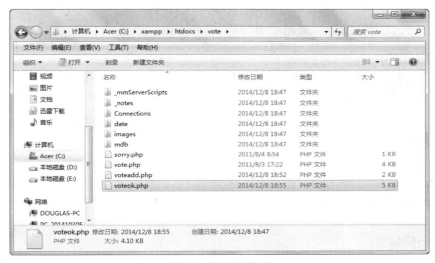

图 6-1　站点规划文件

本实例制作的投票系统总共有 4 个页面，页面的功能与文件名称如表 6-1 所示。

表6-1　在线投票系统网页设计表

页面名称	功能
vote.php	在线投票管理系统的首页
voteadd.php	统计投票的功能
voteok.php	显示投票结果
sorry.php	投票失败页面

6.1.2　系统页面设计

投票管理系统的页面共4个，包括开始投票页面、计算投票页面、显示投票结果页面以及投票失败页面。计算投票页面voteadd.php的实现方法是：接收vote.php所传递过来的参数然后执行累加的功能，为了保证投票的公正性，本系统根据IP地址的惟一性设置了防止页面刷新的功能。开始投票页面和显示投票结果页面的设计如图6-2和6-3所示。

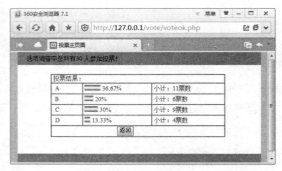

图 6-2　投票管理系统首页　　　　　　　　　图 6-3　投票结果显示页面

6.2　系统数据库的设计

本实例主要掌握投票管理系统数据库的连接方法，投票管理系统的数据库主要用来存储投票选项和投票次数。

6.2.1　数据库设计

投票管理系统需要一个用来存储投票选项和投票次数的数据表vote和用于存储用户IP地址的数据表ip。

制作的步骤如下：

01 在phpmyAdmin中建立数据库vote，选择 <img> 数据库 命令打开本地的"数据库"管理页面，在"新建数据库"文本框中输入数据库的名称vote，单击打开后面的数据库类型下拉菜单，选择utf8_general_ci选项，单击"创建"按钮，返回"常规设置"页面，在数据库列表中就已经建立了vote的数据库，如图6-4所示。

图 6-4　开始建立数据库

02 单击左边的vote数据库将其连接上，打开"新建数据表"页面，分别输入数据表名ip和vote（即创建2个数据表）。创建ip数据表（字段结构见表6-2），用于限制重复投票使用，输入数据域名以及设置数据类型的相关数据，如图6-5所示。

表6-2 ip数据表

意义	字段名称	数据类型	字段大小	必填字段
主题编号	ID	INTEGER	长整型	
投票的ip地址	voteip	VARCHAR	255	是

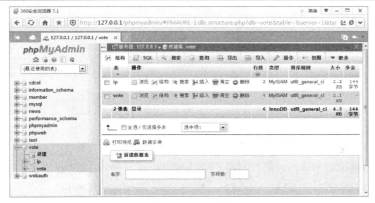

图 6-5 创建的 ip 数据表

03 设计vote数据表用于储存投票的选项和投票的数量，输入数据域名以及设置数据域位的相关数据，如图6-6所示。对访问者的留言内容做一个全面的分析，设计vote的字段结构如表6-3所示。

表6-3 投票数据表vote

意义	字段名称	数据类型	字段大小	必填字段
主题编号	ID	INTEGER	11	是
投票主题	item	VARCHAR	50	是
投票数量	vote	INTEGER	20	是

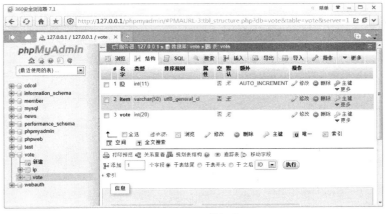

图 6-6 vote 数据表

04 为了方便后面系统开发的需要，事先在vote数据表里加入4个投票的数据，单击"浏览"选项卡，在数据表手动加入名为选项1~选项4四个选择模式，如图6-7所示。

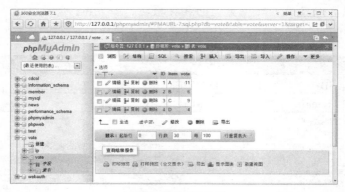

图6-7　输入投票选择

数据库创建完毕，可以发现在线投票管理系统的数据库相对比较简单。

6.2.2 投票管理系统站点

在Dreamweaver CC中创建一个"投票系统"网站站点vote，由于这是PHP数据库网站，因此必须设置本机数据库和测试服务器，主要的设置如表6-4所示。

表6-4　在线投票管理系统站点基本参数

站点名称	vote
本机根目录	C:\XAMPP\htdocs\vote
测试服务器	C:\XAMPP\htdocs\
网站测试地址	http://localhost/vote/
MySQL服务器地址	C:\XAMPP\mysql\data\vote
管理账号／密码	root／空
数据库名称	vote

创建vote站点具体操作步骤如下：

01 首先在C:\xampp\htdocs路径下建立vote文件夹（如图6-8所示），本章所有建立的网页文件都将放在该文件夹底下。

图6-8　建立站点文件夹 vote

02 运行Dreamweaver CC，执行菜单栏中的"站点"→"管理站点"命令，打开"管理站点"对话框，如图6-9所示。

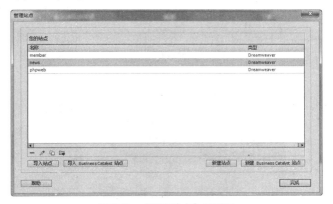

图 6-9　"管理站点"对话框

03 对话框的上面是站点列表框，其中显示了所有已经定义的站点。单击右下角的"新建站点"按钮，打开"站点设置对象vote"对话框，进行如图6-10所示的参数设置。

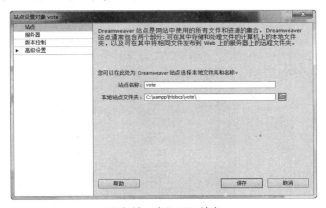

图 6-10　建立 vote 站点

04 单击列表框中的"服务器"选项，并单击"添加服务器"按钮 **+**，打开"基本"选项卡进行如图6-11所示的参数设置。

图 6-11　"基本"选项卡设置

05 设置后再单击"高级"选项卡，打开"高级"服务器设置对话框，选中"维护同步信息"复选框，在"服务器模型"下拉列表框中选择PHP MySQL（表示是使用PHP开发的网页），其他的保持默认值，如图6-12所示。

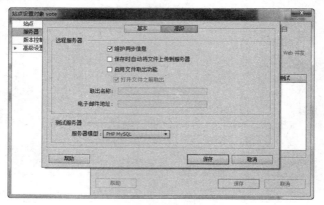

图6-12 设置"高级"选项卡

06 单击"保存"按钮，返回"服务器"设置界面，选中"测试"复选框，如图6-13所示。

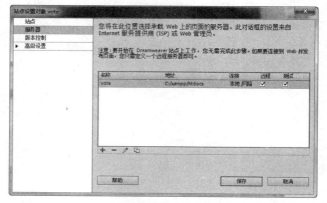

图6-13 设置"服务器"参数

07 单击"保存"按钮，则完成站点的定义设置。在Dreamweaver CC中就已经拥有了刚才所设置的站点vote。单击"完成"按钮，关闭"管理站点"对话框，这样就完成了Dreamweaver CC测试在线投票系统网页的网站环境设置。

6.2.3 数据库连接

完成了站点的定义后，接下来就是用户系统网站与数据库之间的连接，网站与数据库的连接设置如下：

01 将光盘中设计的本章静态文件复制到站点文件夹下，打开vote.php投票首页，如图6-14所示。

图 6-14　打开网站首页

02 单击菜单栏上的"窗口"→"数据库"命令，打开 "数据库"面板。在"数据库"面板中单击选择"+"图标，并在打开的下拉菜单中选择"MySQL 连接"选项，如图6-15所示。

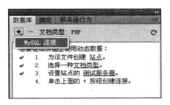

图 6-15　选择 MySQL 连接

03 在 "MySQL 连接"对话框中输入"连接名称"为vote，"MySQL服务器"名为localhost，"用户名"为root，密码为admin。选择所要建立连接的数据库名称，可以单击"选取"按钮浏览MySQL服务器上的所有数据库。选择刚建立的范例数据库vote，具体的设置内容如图6-16所示。

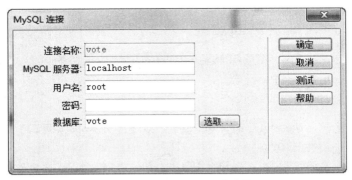

图 6-16　设置 MySQL 连接参数

04 单击"测试"按钮测试与MySQL数据库的连接是否正确，如果正确就出现一个提示消息框（如图6-17所示），这表示数据库连接设置成功了。

图 6-17　设置成功

05 单击"确定"按钮，则返回编辑页面，在"数据库"面板中则显示绑定过来的数据库，如图6-18所示。

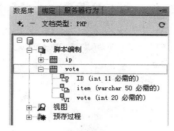

图 6-18　绑定的数据库

6.3　在线投票管理系统开发

对投票管理系统来说需要重点设计的页面是开始投票页面 vote.php 和投票结果页面 voteok.php。计算投票页面 voteadd.php 是一个动态页面，没有相应的静态页面效果，只有累加投票次数的功能。

6.3.1　开始投票页面功能

开始投票页面 vote.php主要是用来显示投票的主题和投票的内容，让用户进行投票，然后传递到voteadd.php页面进行计算。

详细的操作步骤如下：

01 打开刚创建的 vote.php页面，输入网页标题"开始投票页面"，执行菜单栏"文件"→"保存"命令将网页保存。

02 在刚创建背景图像的单元格中，执行菜单栏"插入"→"表单"→"表单"命令，再执行菜单 "插入"→"表格"命令，在表单中插入一个3行2列的表格，并在表格中执行菜单栏"插入"→"表单"→"单选按钮"插入一个"单选按钮"，选择"单选按钮"并在"属性"面板中将它命名为ID，如图6-19所示。

图 6-19　设置"单选按钮"名称

03 执行菜单栏"插入"→"表单"→"按钮"命令插入两个按钮，一个是用来提交表单的按钮命名为"投票"，另外一个是用来查看投票结果的按钮命名为"查看"，效果如图6-20所示。

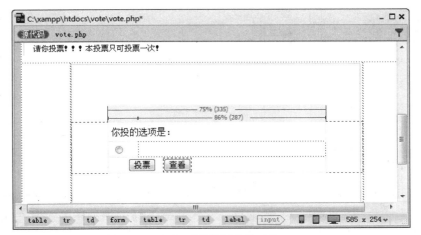

图 6-20　投票首页的效果图

04 单击"应用程序"面板中"绑定"标签上的 ⊞ 按钮，在弹出的下拉菜单中选择"记录集（查询）"选项，在打开的"记录集"对话框中输入设定值，如图6-21所示。

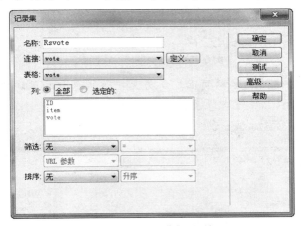

图 6-21　"记录集"对话框

05 绑定记录集后，将记录集中的字段插入至vote.php网页的适当位置，如图6-22所示。

图 6-22　记录集的字段插入至 vote.php 网页

06 单击"单选按钮"将字段ID绑定到单选按钮上，绑定后在"单选按钮"的属性面板中的"选定值"中添加了插入ID字段的相应代码为<?php echo $row_Rsvote['ID']; ?>，如

图6-23所示。

07 加入"服务器行为"中"重复区域"的命令，单击vote.php页面中的表格，如图6-24所示。

图6-23 插入字段到单选按钮

图6-24 选择记录行

08 单击"应用程序"面板群组中的"服务器行为"标签上的➕按钮，在弹出的下拉菜单中选择"重复区域"选项，在打开的"重复区域"对话框中设定一页显示Rsvote记录集中的所有记录，如图6-25所示。

图6-25 "重复区域"对话框

09 单击"确定"按钮回到编辑页面，会发现先前所选取的区域左上角出现了一个"重复"的灰色标签，这表示已经完成设置，如图6-26所示。

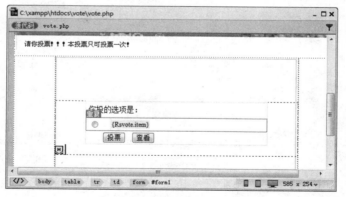

图6-26 设置重复后的效果

10 在vote.php页面中，将鼠标放在表格中，在"标签选择器"上单击<form>标签，并在"属性"面板设置表单form1的"动作"为设置投票数据增加的页面voteadd.php，"方法"为POST，如图6-27所示。

图 6-27　设置表单动作

下面简单介绍一下PHP $_GET变量和$_POST变量。

1. $_GET 变量

$_GET 变量是一个数组，内容是由 HTTP GET 方法发送的变量名称和值。$_GET 变量用于收集来自 method="get" 的表单中的值。从带有 GET 方法的表单发送的信息，对任何人都是可见的（会显示在浏览器的地址栏），并且对发送的信息量也有限制（最多 100 个字符）。

在使用 $_GET 变量时，所有的变量名和值都会显示在 URL 中。所以在发送密码或其他敏感信息时，不应该使用这个方法。不过，正因为变量显示在 URL 中，因此可以在收藏夹中收藏该页面，在某些情况下这是很有用的。

2. $_POST 变量

$_POST变量是一个数组，内容是由 HTTP POST 方法发送的变量名称和值。

$_POST变量用于收集来自method="post"的表单中的值。从带有 POST 方法的表单发送的信息，对任何人都是不可见的（不会显示在浏览器的地址栏），并且对发送信息的量也没有限制。

应该在任何可能的时候对用户输入进行验证。客户端的验证速度更快，并且可以减轻服务器的负载。不过，任何流量很高以至于不得不担心服务器资源的站点，也有必要担心站点的安全性。如果表单访问的是数据库，就非常有必要采用服务器端的验证。在服务器验证表单的一种好的方式是：把表单传给它自己，而不是跳转到不同的页面。这样用户就可以在同一张表单页面得到错误信息。用户也就更容易发现错误了。

11 单击页面中的"查看"按钮，切换至"标签检查器"选项卡，单击"行为"面板下的＋按钮，在弹出的下拉菜单中选择"转到 URL"选项，如图6-28所示。

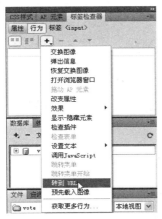

图 6-28　选择"转到 URL"

12 打开"转到URL"对话框，在URL文本框中输入要转到的文件voteok.php，如图6-29所示。然后单击"确定"按钮，完成"转到URL"设置。

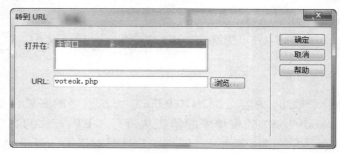

图 6-29　输入"转到 URL"的文件地址

 6.3.2　计算投票页面功能

计算投票页面voteadd.php，主要方法是接收vote.php所传递过来的参数，然后再进行累加计算。计算投票页面voteadd.php只用于后台计算用，希望投票者在成功投票之后转到投票结果页面voteok.php，只要加入代码header("location:voteok.php");到voteadd.php页面就可以完成对voteadd.php页面的制作，本小节核心代码如下：

```php
<meta http-equiv="Content-Type" content="text/html; charset=utf-8" />
<?php
if (empty($_POST['ID'])){
        echo "您没选择投票的项目";
        exit(0);
    }//判断是否选择了投票的选项
 else
 {

$ID=strval($_POST['ID']);
//赋值ID变量为上一页传递过来的ID值
$conn = mysql_connect("localhost","root","admin");
//建立数据库连接
if (!$conn)
  {
  die('数据库连接出错: ' . mysql_error());
  }
//如果数据库连接出错，显示错误
mysql_select_db("vote", $conn);
//查询vote数据
mysql_query("UPDATE vote SET vote = vote + 1 WHERE ID = '".$ID."'");
//根据ID更新数表vote，并自动加一
mysql_close($conn);

header("location:voteok.php");
  //转到voteok.php
 }
```

UPDATE 语句用于在数据库表中修改数据。
语法：

```
UPDATE table_name
SET column_name = new_value
WHERE column_name = some_value
```

因为SQL 对大小写不敏感，所以UPDATE 与 update 等效。

为了让 PHP 执行上面的语句，我们必须使用 mysql_query( )函数。该函数用于向 SQL 连接发送查询和命令。

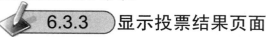

6.3.3 显示投票结果页面

显示投票结果页面voteok.php主要是用来显示投票总数结果和各投票的比例结果，静态页面设计效果如图6-30所示。

图 6-30　显示结果页面设计效果图

01 单击"应用程序"面板群组中的"绑定"面板上的 ⊞ 按钮，在弹出的下拉菜单中选择"记录集（查询）"选项，在打开的"记录集"对话框中，设定如图6-31所示。

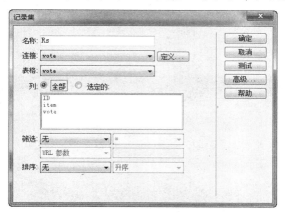

图 6-31　设置"记录集"属性

02 再次单击"应用程序"面板中的"绑定"面板上的 ⊞ 按钮，接着在弹出的下拉菜单中选择"记录集（查询）"选项，在打开的"记录集"对话框中单击"高级"按钮，进入高级编辑窗口，并在SQL对话框中加入以下代码：

```
SELECT sum(vote) as sum
//选择vote字段进行计算合计，函数sum()用于计算总值
FROM vote
//从数据表vote中取出数据
```

如图6-32所示。

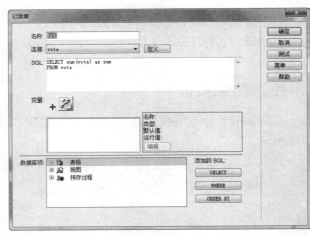

图 6-32 "记录集"对话框设置

03 单击"确定"按钮，完成记录集的设置，绑定记录集后，将记录集中的字段插入至 voteok.php 网页中的适当位置，如图 6-33 所示。

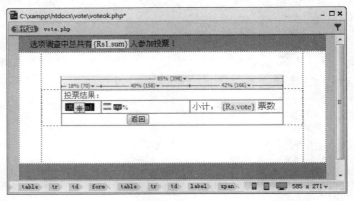

图 6-33 字段的插入

04 单击 代码 按钮，进入"代码"视图编辑页面，在"代码"视图编辑页面中找到如下代码：

```
<?php echo $row_Rs['vote']; ?>/<?php echo $row_Rs1['sum']; ?>
//相应百分比的代码。
```

05 按下面步骤修改此段代码。

（1）去掉"/"前面的？>的"/"后面的 <?php echo，得到代码：

```
<?php echo $row_Rs['vote']/ $row_Rs1['sum'] ?>
```

（2）把 <?php echo 和 %> 之间的代码用括号括上，得到代码：

```
<?php echo ($row_Rs['vote']/$row_Rs1['sum'])?>%
```

（3）在代码后面加入 *100，得到代码：

```
<?php echo ($row_Rs['vote']/$row_Rs1['sum']) *100?>%
```

（4）在代码前面加入round，在*100前面加入小数点保留位数4，并用()括上，得到代码：

```
<?php echo round(($row_Rs['vote']/$row_Rs1['sum']),4)*100?>%
```

06 代码修改之后，因为控制网页中的长度也是用到这段代码，所以将这段代码进行复制，然后再单击 按钮，切换到"代码"窗口，选择<img>中的width的值将其代码进行粘贴，因为在图案中没有用到小数点的设置，所以将代码前面round和保留位数4删除，得到代码为：

```
<?php echo round(($row_Rs['vote']/$row_Rs1['sum']),4)*100?>
```

这样图像就可以根据比例的大小进行宽度的缩放，设置如图6-34所示。

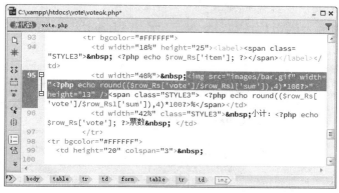

图6-34 设置图像的缩放

07 单击 设计 按钮，回到"设计"编辑窗口，加入"服务器行为"中"重复区域"的命令，选择voteok.php页面中需要重复的表格，如图6-35所示。

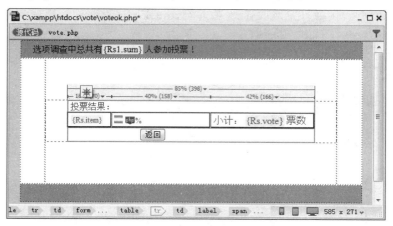

图6-35 选择需要重复的表格

08 单击"应用程序"面板群组中的"服务器行为"标签上的 按钮，在弹出的下拉菜单中选择"重复区域"选项，在打开的"重复区域"对话框中设定显示Rs记录集中的所有记录，如图6-36所示。

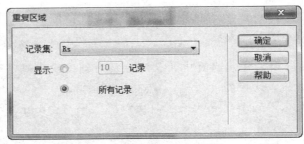

图 6-36 "重复区域"对话框

09 单击"确定"按钮回到编辑页面，会发现先前所选取的区域左上角出现了一个"重复"的灰色标签，这表示已经完成设置。

10 单击页面中的"返回"按钮，切换至"标签<input>"标签，再单击"行为"面板上的➕按钮，在弹出的下拉菜单中选择"转到 URL"选项，在打开的"转到 URL"对话框中的URL文本框输入要转到的文件"vote.php"，如图6-37所示。

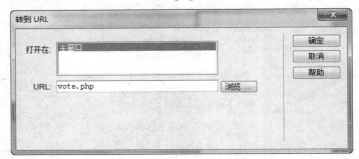

图 6-37 输入转到 URL 的文件地址

11 单击"确定"按钮，完成显示结果页面voteok.php的设置，测试浏览效果如图6-38所示。

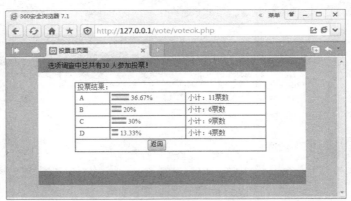

图 6-38 显示投票结果页面的效果图

6.3.4 防止页面刷新功能

一个投票管理系统是要求公平、公正的投票，不允许进行多次投票，所以在设计投票开始系统时有必要加入防止页面刷新的功能。

实现该功能的详细操作步骤如下：

01 打开开始投票页面vote.php，把光标放在表单中，执行菜单栏"插入"→"表单"→"隐藏域"命令，插入一个隐藏字段voteip。

02 单击隐藏域 ![H] 图标，打开"属性"面板。设置隐藏域的值为<?php echo $_SERVER['REMOTE_ADDR'];?>取得用户IP地址，如图6-39所示。

图 6-39　设置隐藏域的值

03 将实现防止刷新的程序放到voteadd.php页面里面，打开前面制作的计算投票页面voteadd.php，在相应的位置加入代码，如图6-40所示。

```
C:\xampp\htdocs\vote\voteadd.php*
1   <meta http-equiv="Content-Type" content="text/html; charset=utf-8" />
2   <?php
3   if (empty($_POST['ID'])){
4           echo "您没选择投票的项目";
5           exit(0);
6       }//判断是否选择了投票的选项
7       else
8       {
9
10  $voteip=strval($_POST['voteip']);
11  //赋值变量voteip为上一页传递过来的voteip值
12  $con = mysql_connect("localhost","root","");
13  //建立数据库连接
14  if (!$con)
15      {
16      die('数据库连接出错: ' . mysql_error());
17      }
18      //如果数据库连接出错，显示错误
19  mysql_select_db("vote", $con);
```

图 6-40　加入防止刷新的代码

具体的代码分析如下：

```php
<?php
if (empty($_POST['ID'])){
        echo "您没选择投票的项目";
        exit(0);
    }//判断是否选择了投票的选项
 else
 {

$voteip=strval($_POST['voteip']);
//赋值变量voteip为上一页传递过来的voteip值
$con = mysql_connect("localhost","root","");
//建立数据库连接
if (!$con)
  {
  die('数据库连接出错: ' . mysql_error());
```

```
    }
    //如果数据库连接出错，显示错误
mysql_select_db("vote", $con);
//查询vote数据库
$sql=mysql_query("select * from ip where voteid='".$voteip."'");
//以voteid=voteip为条件查询数据表ip
$info=mysql_fetch_array($sql);
//从结果集中取得一行作为关联数组info
if($info==true)
//如果值为真，说明数据库中有IP地址，已经投过票
  {
    header("location:sorry.php");
  //转到voteok.php
    exit;


  }
  else
  {
    mysql_query("INSERT INTO ip (voteid) VALUES ('".$voteip."')");
   //如果没有则将ip地址插入到ip数据表中
    }
  mysql_close($con);


$ID=strval($_POST['ID']);
//赋值ID变量为上一页传递过来的ID值
$conn = mysql_connect("localhost","root","");
//建立数据库连接
if (!$conn)
  {
  die('数据库连接出错: ' . mysql_error());
  }
//如果数据库连接出错，显示错误
mysql_select_db("vote", $conn);
//查询vote数据
mysql_query("UPDATE vote SET vote = vote + 1 WHERE ID = '".$ID."'");
//根据ID更新数表vote，并自动加一
mysql_close($conn);

header("location:voteok.php");
  //转到voteok.php
}

?>
```

04 完成防止页面刷新设置。当用户再次投票时，系统可以根据IP的惟一性进行判断。当用户再次投票的时候，将转到投票失败页面sorry.php，页面设计如图6-41所示。

图 6-41 投票失败页面效果图

在sorry.php页面有两个页面链接，"回主页面"链接到vote.php，"查看结果"链接到voteok.php。

6.4 在线投票管理系统测试

投票管理系统设计完了以后，可以对设计的系统进行测试，按下F12键或打开IE浏览器输入http://127.0.0.1/ vote/vote.php即可开始进行测试。测试步骤如下：

01 打开Dreamweaver中的vote.php文件，开始投票页面效果如图6-42所示。

图 6-42 打开的开始投票页面

02 不选择任何选项，单击"投票"按钮，则打开提示"您没选择投票的项目"，如图6-43所示。

图 6-43　没选择项目错误提示

03 选择投票项的其中一项，再单击"投票"按钮，开始投票。

04 单击"投票"按钮后，打开的页面不是voteadd.php，因为voteadd.php只是计算投票数的一个统计数字页面，打开的页面是显示投票结果页面voteok.php，voteok.php页面是voteadd.php转过来的一个页面，效果如图6-44所示。

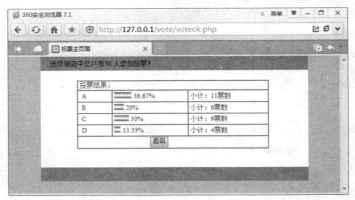

图 6-44　显示投票结果页面效果图

05 单击"返回"按钮，回到投票页面vote.php中。当用户再次投票时，将打开投票失败页面sorry.php，如图6-45所示。

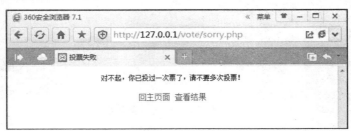

图 6-45　提示已经投票

通过上面的测试说明该管理投票系统的所有功能已经开发完毕，读者可以看到在线投票管理系统的开发并不难，用户可以根据需要修改投票的选择项，经过修改后的投票系统可以适用于任何大型网站。

第 **7** 章

全程实例五：留言簿管理系统

网站留言簿管理系统的功能主要是实现网站的访问者和网站管理者的一个交互性，访问者可以向管理者提出任何意见和信息，管理者可以在后台及时回复。因此，学习PHP开发动态网站时，留言簿管理系统的学习也是必不可少的。本章就使用PHP开发一个可以进行留言并进行回复的留言簿管理系统，开发的技术主要涉及数据库留言信息的插入、回复和修改信息的更新等，在涉及回复时间时还会涉及到一些关于PHP时间函数的设置问题。

本章的学习重点：

- 留言簿管理系统的整体规划
- 留言簿数据库的建立方法
- 留言簿管理系统常用功能的设计
- 后台管理系统的设计

7.1 留言簿管理系统规划

留言簿管理系统的主要功能是在首页上显示留言，管理者能对留言进行回复、修改和删除，因此一个完整的留言簿管理系统分为访问者留言模块和管理者登录模块两部分。

7.1.1 页面规划设计

在本地建立站点文件夹gbook，将要制作的留言簿系统文件夹及文件如图7-1所示。

图7-1　站点规划文件

本系统共有6个页面，各页面的功能与对应的文件名称如表7-1所示。

表7-1　系统页面说明表

页面名称	功能
index.php	显示留言内容和管理者回复内容
book.php	提供用户发表留言的页面
admin_login.php	管理者登录留言簿系统的入口页面
admin.php	管理者对留言的内容进行管理的页面
reply.php	管理者对留言内容进行回复的页面
delbook.php	管理者对一些非法留言进行删除的页面

7.1.2 系统页面设计

网页美工方面，主要设计了首页和次级页面，采用的是标准的左右布局结构，留言页面效果如图7-2所示。

图 7-2　留言簿管理系统首页

7.2　系统数据库设计

制作留言簿管理系统，首先要设计一个存储访问者留言内容、管理员对留言信息的回复以及管理员账号、密码的数据库文件gbook，以方便管理和使用。

7.2.1　数据库设计

本数据库主要包括"留言信息意见表"和"管理信息表"两个数据表，"留言信息意见表"命名为gbook，"管理信息表"命名为admin。

制作的步骤如下：

01 在phpmyAdmin中建立数据库gbook，单击 数据库 命令打开本地的"数据库"管理页面，在"新建数据库"文本框中输入数据库的名称gbook，单击后面的数据库类型下拉列表框，在弹出的下拉菜单中选择utf8_general_ci选项，单击"创建"按钮，返回"常规设置"页面，在数据库列表中就已经建立了gbook的数据库，如图7-3所示。

图 7-3　开始建立数据库

02 单击左边的gbook数据库将其连接上，打开"新建数据表"页面，分别输入数据表名gbook和admin（即创建2个数据表），设计gbook的字段结构如表7-2所示。输入字段名以及设置数据类型的相关数据，如图7-4所示。

表7-2　留言信息意见表gbook

字段名称	数据类型	字段大小	必填字段
ID	INTEGER	11	是（自动编号）
subject	VARCHAR	50	是
content	TEXT		是
reply	TEXT		
date	DATE		是
redate	DATE		
IP	VARCHAR	50	是
passid	VARCHAR	20	是

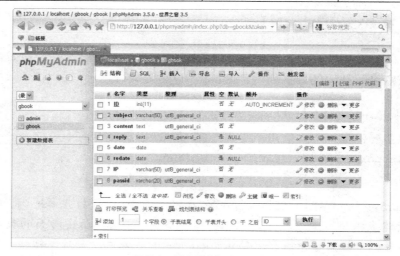

图 7-4　创建的数据表 gbook

03 创建admin数据表，参见表7-3。用于后台管理者登录验证，输入数据域名以及设置数据域位的相关数据，如图7-5所示。

表7-3　管理信息数据表admin

字段名称	数据类型	字段大小	必填字段
id	INTEGER	长整型	
username	VARCHAR	50	是
password	VARCHAR	50	是

图 7-5　创建的 admin 数据表

数据库创建完毕以后，对于本系统而言下一步是如何取得访问者的IP地址。

7.2.2 定义系统站点

在Dreamweaver CC中创建一个"留言簿管理系统"网站站点gbook，由于这是PHP数据库网站，因此必须设置本机数据库和测试服务器，主要的设置如表7-4所示。

表7-4　站点设置的基本参数

站点名称	gbook
本机根目录	C:\XAMPP\htdocs\gbook
测试服务器	C:\XAMPP\htdocs\
网站测试地址	http://127.0.0.1/gbook/
MySQL服务器地址	MySQL\MySQL Server 5.5\data\gbook
管理账号 / 密码	root / admin
数据库名称	gbook

创建gbook站点具体操作步骤如下：

01 首先在C:\xampp\htdocs路径下建立gbook文件夹（如图7-6所示），本章所有建立的网页文件都将放在该文件夹底下。

图 7-6　建立站点文件夹 gbook

02 运行Dreamweaver CC，执行菜单栏中的"站点"→"管理站点"命令，打开"管理站点"对话框，如图7-7所示。

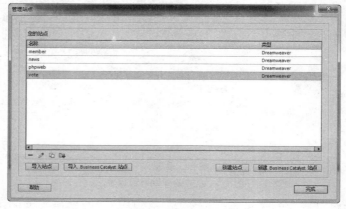

图 7-7 "管理站点"对话框

03 对话框的上面是站点列表框，其中显示了所有已经定义的站点。单击右下角的"新建站点"按钮，打开"站点设置对象gbook"对话框，进行如图7-8所示的参数设置。

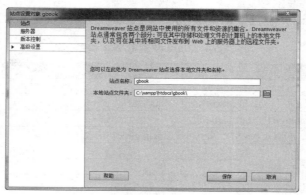

图 7-8 建立 gbook 站点

04 单击列表框中的"服务器"选项，并单击"添加服务器"按钮 ➕，打开"基本"选项卡进行如图7-9所示的参数设置。

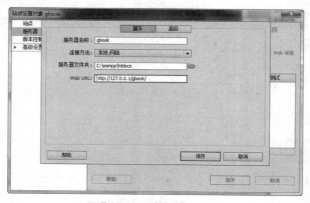

图 7-9 设置"基本"选项卡

05 设置后再单击"高级"选项卡，打开"高级"服务器设置对话框，选中"维护同步信息"复选框，在"服务器模型"下拉列表框中选择PHP MySQL选项，表示是使用PHP开发的网页，其他的保持默认值，如图7-10所示。

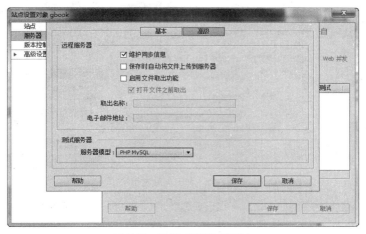

图 7-10　设置"高级"选项卡

06 单击"保存"按钮，返回"服务器"设置界面，选中"测试"复选框，如图7-11所示。

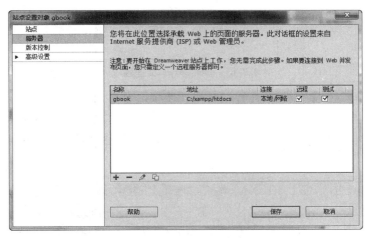

图 7-11　设置"服务器"参数

07 单击"保存"按钮，则完成站点的定义设置。在Dreamweaver CC中就已经拥有了刚才所设置的站点gbook。单击"完成"按钮，关闭"管理站点"对话框，这样就完成了Dreamweaver CC测试留言簿管理系统网页的网站环境设置。

7.2.3　数据库连接

完成了站点的定义后，接下来就是用户系统网站与数据库之间的连接；网站与数据库的连接设置如下：

01 将设计的本章文件复制到站点文件夹下，打开index.php，如图7-12所示。

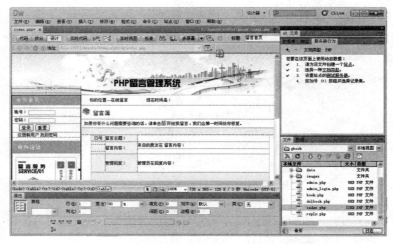

图7-12 打开网站首页

02 单击菜单栏上的"窗口"→"数据库"命令，打开"数据库"面板。在该面板上单击"+"图标，在打开的下拉菜单中选择"MySQL连接"选项，如图7-13所示。

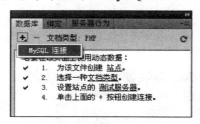

图7-13 选择"MySQL连接"

03 在"MySQL连接"对话框中，输入"连接名称"为gbook、"MySQL服务器"名为localhost、"用户名"为root、"密码"为空。选择所要建立连接的数据库名称，可以单击"选取"按钮浏览MySQL服务器上的所有数据库。选择刚建立的范例数据库gbook，具体的设置内容如图7-14所示。

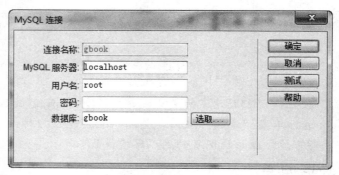

图7-14 设置MySQL连接参数

04 单击"测试"按钮测试与MySQL数据库的连接是否正确，如果正确则弹出提示消息框（如图7-15所示），这表示数据库连接设置成功了。

图 7-15　提示设置成功

05 单击"确定"按钮，则返回编辑页面，在"数据库"面板中则显示绑定过来的数据库，如图7-16所示。

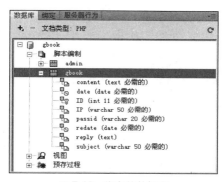

图 7-16　绑定的数据库

7.3 留言簿首页和留言页面

留言簿管理系统分前台和后台两部分，这里首先制作前台部分的动态网页。主要有留言簿首页 index.php 和留言页面 book.php。

7.3.1 留言簿首页

在留言簿首页index.php中，单击"留言"超链接时，打开留言页面book.php，访问者可以在上面自由发表意见，但管理人员可以对恶性留言进行删除、修改等。

其详细制作的步骤如下：

01 打开静态页面index.php，然后在 "现在时间是："后面加一个PHP代码：

```php
<?php
date_default_timezone_set('Asia/Shanghai');
echo date("Y-m-d h:i:s");
?>
```

得到系统当前时间，在文字"留言"上作一个超链接，链接到book.php，效果如图7-17所示。

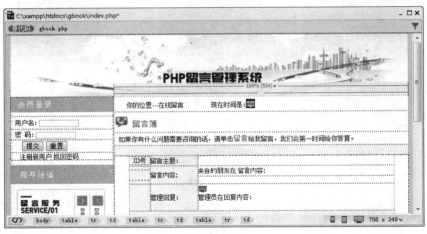

图 7-17　首页的效果图

02　执行菜单栏"窗口"→"绑定"命令，打开"绑定"面板，单击该面板上的 ➕ 按钮，在弹出的下拉菜单中选择"记录集（查询）"选项，在该对话框中进行如下设置：

● 在"名称"文本框中输入Rs作为该"记录集"的名称。

● 从"连接"下拉列表框中选择连接对象为gbook。

● 从"表格"下拉列表框中，选择使用的数据库表对象为gbook。

● 在"列"单选按钮组中选中"全部"单选按钮。

完成后的设置如图7-18所示。

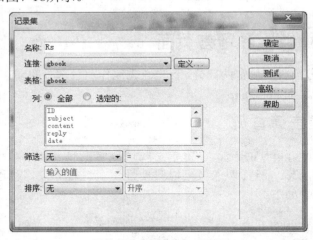

图 7-18　"记录集"对话框

03　单击"高级"按钮，进行高级模式绑定，在SQL文本框中输入如下代码：

```
SELECT *
FROM gbook          //从数据库中选择gbook表
WHERE passid=0      //选择的条件为passid为0
```

当此SQL语句从数据表gbook中查询出所有的passid字段值为0的记录时，表示此留言已经通过管理员的审核，如图7-19所示。

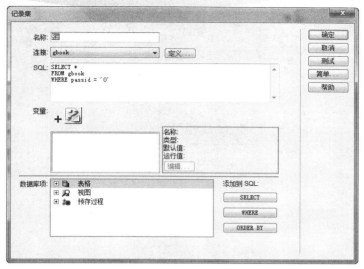

图 7-19 输入 SQL 语句

04 单击"确定"按钮，完成记录集的绑定，然后将此字段插入至index.php网页的适当位置，如图7-20所示。

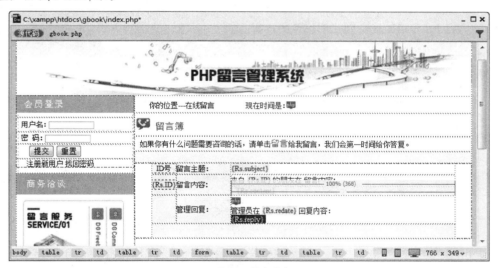

图 7-20 绑定字段

05 在"管理回复"单元格中，根据数据表中的回复字段reply是否为空，来判断管理者是否访问过。如果该字段为空，则显示"对不起，暂无回复！"字样信息，如果该字段不为空，就表明管理员对此留言进行了回复，同时还会显示回复的时间和内容。

06 在设计视图上，选中"管理回复"单元格，找到"对不起，暂无回复！"字样，并加入代码，如图7-21所示。

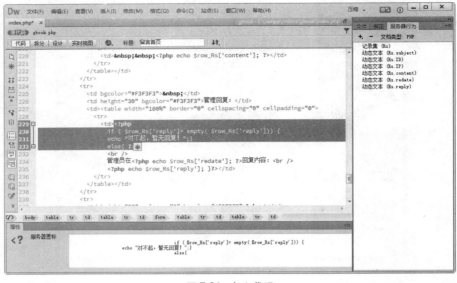

图 7-21　加入代码

```php
<?php
if ( $row_Rs['reply']= empty( $row_Rs['reply'])) {
    echo "对不起，暂无回复！";} //如果reply字段为空则显示
else{ ?> //如果不为空则显示以下的内容
<br />
管理员在<?php echo $row_Rs['redate']; ?>回复内容：<br />
 <?php echo $row_Rs['reply']; }?>
```

07 由于index.php页面显示的是数据库中的部分记录，而目前的设定则只会显示数据库的第一笔数据，因此需要加入"服务器行为"中"重复区域"的设定，选择index.asp页面中需要重复显示的内容，如图7-22所示。

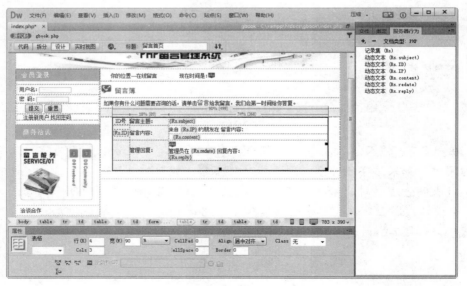

图 7-22　选择要重复显示的内容

08 单击"应用程序"面板群组中的"服务器行为"面板中的⊞按钮，在弹出的下拉菜单中选择"重复区域"选项，在打开的"重复区域"对话框中设定显示的数据选项，如图7-23所示。

图 7-23 "重复区域"对话框

09 单击"确定"按钮回到编辑页面，会发现先前所选取的区域左上角出现了一个"重复"的灰色标签，这表示已经完成设定了。

10 将鼠标指针移至要加入"记录集导航条"的位置，在"插入"栏的"数据"类别中单击工具按钮，在弹出的对话框中选取要导航的记录集以及导航的显示方式，然后单击"确定"按钮回到编辑页面，此时页面就会出现该记录集的导航条，效果如图7-24所示。

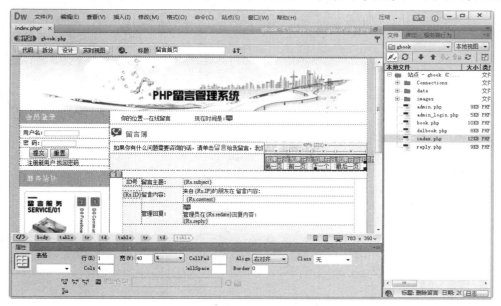

图 7-24 加入"记录集导航条"

11 将鼠标指针移至页面表格的右上角，并在"插入"列的"数据"类别中单击工具按钮，在弹出的对话框中选取要显示状态的记录集，再单击"确定"按钮，回到编辑页面，此时页面就会出现该记录集的导航状态，如图7-25所示。

图 7-25　加入"记录集导航状态"

12 留言的首页index.php设计完成。打开IE浏览器，在地址栏中输入http://127.0.0.1/gbook/ index.php，对首页进行测试，由于现在数据库中没有数据，所以测试效果如图7-26所示。

图 7-26　留言簿管理系统主页测试效果图

7.3.2 留言页面

本节将要制作访问者在线留言功能，通过"服务器行为"面板中的"插入记录"功能，实现将访问者填写的内容插入到数据表gbook中。

制作步骤如下：

01 执行菜单栏"文件"→"新建"命令打开"新建文档"对话框，创建新页面，执行菜单栏"文件"→"另存为"命令，将新建文件在根目录下保存为book.php。

02 供访问者留言的静态页面book.php，与主页面index.php大体一致，页面效果如图7-27所示。

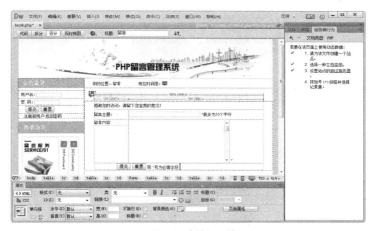

图7-27　设计的页面效果

03 在留言簿表单内部，分别执行三次"插入记录"→"表单"→"隐藏区域"命令插入三个隐藏区域，选中其中一个隐藏区域，将其命名为IP，并在属性面板中对其赋值，如图7-28所示。

```
<input    name="IP"    type="hidden"    id="IP"    value="<?php    echo
$_SERVER['REMOTE_ADDR'];?>" />
//自动取得用户的IP地址
```

图7-28　设定IP值

04 再选择另外一个隐藏区域命名为date，并在"值"文本框中输入获取系统时间的代码，如图7-29所示。

```
<input name="date" type="hidden" id="date" value="<?php
date_default_timezone_set('Asia/Shanghai');
echo date("Y-m-d h:i:s");
?>">
//获取系统即时时间
```

图7-29　设置时间

05 同样设置第3个隐藏区域的字段名称为passid、"值"为0，表示任何留言者在留言时生成的passid值为0，管理者可以根据这个值进行判断，方便后面的管理，如图7-30所示。

图 7-30　设置 passid 值为 0

06 单击"应用程序"→"服务器行为"面板中的 ⊞ 按钮，在弹出的下拉菜单中选择"插入记录"选项，在打开的"插入记录"对话框中设置参数，在"列"列选项中会自动配置相应的字段插入，其中没有配置的值是供管理者进行插入使用的。完成后的设置如图7-31所示。

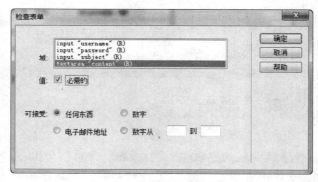

图 7-31　"插入记录"对话框

07 单击"确定"按钮，回到网页设计编辑页面，就完成页面book.php插入记录的设置。

08 有些访问者进入留言页面book.php后，不填任何数据就直接把表单送出，这样数据库中就会自动生成一笔空白数据，为了阻止这种现象发生，须加入"检查表单"的行为。具体操作是在book.php的标签检测区中，单击<form1>这个标签，然后再单击"行为"面板的 ⊞ 按钮，在弹出的下拉菜单中选择"检查表单"选项。

09 "检查表单"行为会根据表单的内容来设定检查方式，留言者一定要填入标题和内容，因此将subject、content这两个字段的值设置为"必需的"，这样就可完成"检查表单"的行为设定了，具体设置如图7-32所示。

图 7-32　选择并设置必填字段

10 单击"确定"按钮，完成留言页面的设计，如图7-33所示。

图 7-33 完成的页面设计

7.4 系统后台管理功能

留言簿后台管理系统可以使系统管理员通过admin_login.php进行登录管理，管理者登录入口页面的设计效果如图7-34所示。

图 7-34 系统管理入口页面

7.4.1 管理者登录入口页面

管理页面是不允许一般网站访问者进入的，必须受到权限约束。详细操作步骤如下：

01 打开制作的静态页面admin_login.php。单击"应用程序"面板中的"服务器行为"标签上的 **+** 按钮，在弹出的下拉菜单中选择"用户身份验证/登录用户"选项，弹出"登录用户"对话框，在对话框中设置"如果登录失败，转到"为index.php、"如果登录成功，转到"为admin.php，如图7-35所示。

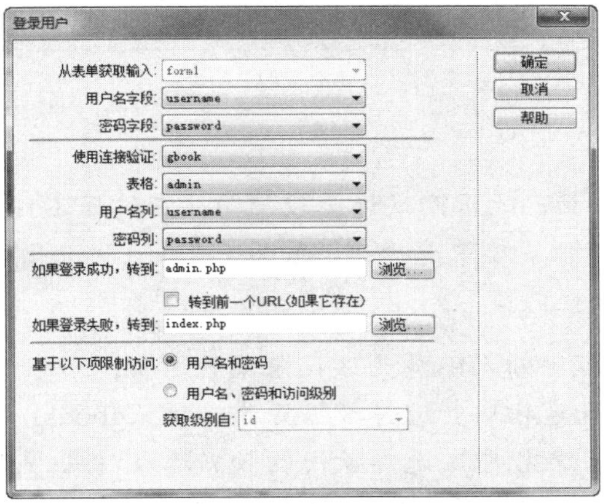

图 7-35 "登录用户"对话框

02 执行菜单 "窗口"→"行为"命令，打开"行为"面板，单击该面板中的■按钮，在弹出的下拉菜单中选择"检查表单"选项，弹出"检查表单"对话框，设置username和password文本域的"值"都为"必需的"、"可接受"为"任何东西"，如图7-36所示。

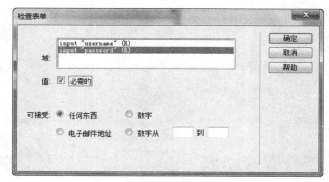

图 7-36　"检查表单"对话框

03 单击"确定"按钮，回到编辑页面，管理者登录入口页面admin_login.php的设计与制作都已经完成。

7.4.2 管理页面

后台管理页面 admin.php 是管理者由登录页面验证成功后所跳转到的页面。这个页面提供删除和编辑留言的功能，效果如图 7-37 所示。

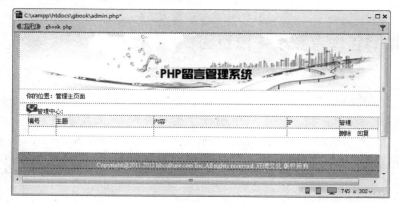

图 7-37　"管理页面"的设计效果

操作步骤如下：

01 打开admin.php页面，此页面设计比较简单，在这里不作说明，单击"绑定"面板上的■按钮，在弹出的下拉菜单中选择"记录集（查询）"选项，打开"记录集"对话框，在该对话框中进行如下设置：

● 在"名称"文本框中输入Rs作为该记录集的名称。

● 从"连接"下拉列表框中，选择数据源连接对象gbook。

● 从"表格"下拉列表框中，选择使用的数据库表对象为gbook。

● 在"列"栏中选中"全部"单选按钮。

● 设置"排序"方法为以ID降序。

单击"确定"按钮完成设定，如图7-38所示。

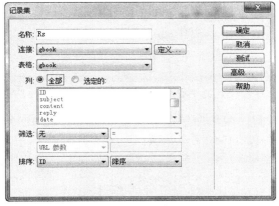

图 7-38　"记录集"对话框

02 绑定记录集后，将记录集字段插入至admin.php网页的适当位置，如图7-39所示。

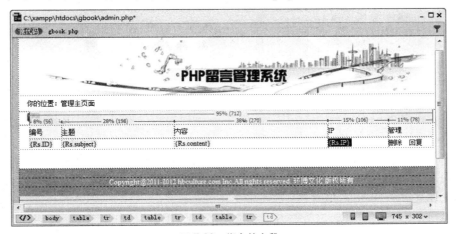

图 7-39　绑定的字段

03 admin.php页面的功能是显示数据库中的部分记录，而目前的设定则只会显示数据库的第一笔数据，需要加入"服务器行为"中"重复区域"的命令，选择admin.asp页面中需要重复显示的区域，如图7-40所示。

图 7-40　选择要重复的内容

04 单击"应用程序"面板群组中"服务器行为"面板上的 按钮，在弹出的下拉菜单中选择"重复区域"选项，在打开的"重复区域"对话框中设置一页显示的数据选项，例如10条记录，如图7-41所示。

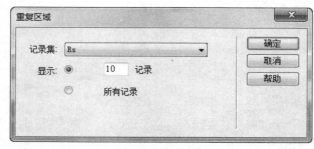

图 7-41　"重复区域"对话框

05 单击"确定"按钮，回到编辑页面，会发现先前所选取的区域左上角出现了一个"重复"的灰色标签，这表示已经完成设置。

06 选取记录集有记录时，要显示的记录表格如图7-42所示。

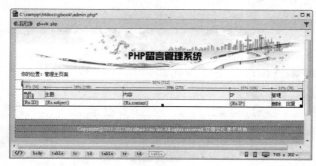

图 7-42　选择有记录和显示页面

07 单击"服务器行为"面板中的 ⊞ 按钮，在弹出的下拉菜单中选择"显示区域／如果记录集不为空则显示区域"选项，在打开的"如果记录集不为空则显示区域"对话框中，选择"记录集"下拉列表框中的Rs选项，再单击"确定"按钮，回到编辑页面，会发现先前所选取要显示的区域左上角，出现了一个"如果符合此条件则显示"的灰色卷标，这表示已经完成设定了，如图7-43所示。

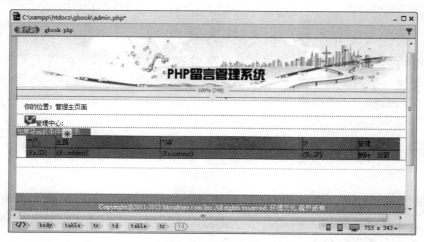

图 7-43　完成的设置

08 输入记录集没有记录时要显示的内容"目前没有任何留言"，如图7-44所示。

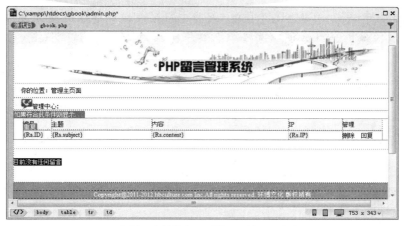

图 7-44 选择没有记录要显示的页面内容

09 单击"服务器行为"面板中的 ⊞ 按钮，在弹出的下拉菜单中选择"显示区域／如果记录集为空则显示区域"选项，在打开的"如果记录集为空则显示"对话框中的"记录集"下拉列表框中选择 Rs 选项，如图 7-45 所示。再单击"确定"按钮回到编辑页面，会发现先前所选取要显示的区域左上角，出现了一个"如果符合此条件则显示"的灰色卷标，这表示已经完成设定了。

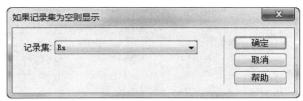

图 7-45 设置"如果记录集为空则显示"对话框

10 将光标移至要加入"记录集导航条"的位置，在"插入"栏的"应用程序"类别中，单击 ⊞ 工具按钮，在弹出的对话框中选取要导航的记录集以及导航的显示方式，然后单击"确定"按钮回到编辑页面，会发现页面出现该记录集的导航条，如图 7-46 所示。

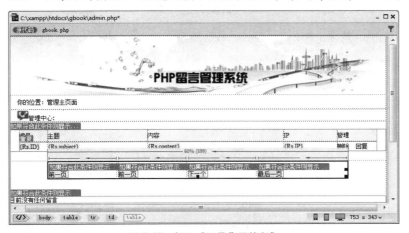

图 7-46 加入"记录集导航条"

11 单击页面中的 "回复" 文字，在"属性"面板中找到建立链接的部分，并单击"浏览文件"图标，在弹出的对话框中选择用来显示详细记录信息的页面reply.php，设置如图7-47所示。

图 7-47　选择链接文件

12 单击"确定"按钮，设置超级链接要附带的URL参数的名称与值reply.php?ID=<?php echo $row_Rs['ID']; ?>，值设置如图7-48所示。

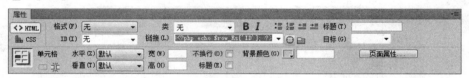

图 7-48　"参数"对话框

13 单击 "确定" 按钮，回到编辑页面，选取编辑页面中的"删除"二字，在"属性"面板中找到建立链接的部分，并单击"浏览文件"图标，在弹出的对话框中选择用来显示详细记录信息的页面delbook.php，并设置传递ID参数，如图7-49所示。

图 7-49　设置〝删除〞的链接

14 单击 "确定" 接钮，回到编辑页面，单击"应用程序"面板中的"服务器行为"标签上的 按钮，在弹出的下拉菜单中选择"用户身份验证/限制对页的访问"选项，在

打开的"限制对页的访问"对话框中设置"如果访问被拒绝，则转到"为admin_login.php
页面，如图7-50所示。

图 7-50 "限制对页的访问"对话框

15 单击"确定"按钮，就完成了后台管理页面admin.php的制作。

7.4.3 回复留言页面

回复留言的功能主要通过 reply.php 页面对用户留言进行回复，实现的方法是将数据库的
相应字段绑定到页面中，管理员在"回复内容"中填写内容，单击"回复"按钮，可以将回复
内容更新到 gbook 数据表中，页面效果如图 7-51 所示。

图 7-51 回复留言页面

动态功能的制作步骤如下：

01 创建reply.php页面，并单击"绑定"面板上的➕按钮，在弹出的下拉菜单中，选
择"记录集（查询）"选项，在打开的"记录集"对话框中进行如下设置：

- 在"名称"文本框中输入Rs作为该记录集的名称。
- 从"连接"下拉列表框中，选择数据源连接对象gbook。
- 从"表格"下拉列表框中，选择使用的数据库表对象为gbook。
- 在"列"栏中选中"全部"单选按钮。
- 设置"筛选"的方法为：ID = URL参数 ID。

单击"确定"按钮完成设定，如图 7-52 所示。

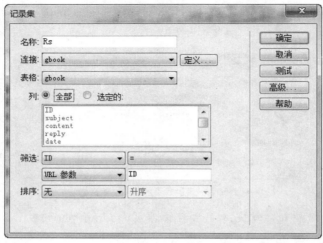

图 7-52　设置绑定的"记录集"

02　绑定记录集后，再将绑定字段插入至reply.php网页的适当位置，如图7-53所示。

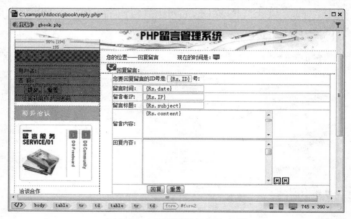

图 7-53　在页面插入绑定字段

03　在本页面中添加两个隐藏区域，一个为redate，用来设定回复时间，赋值等于<?php date_default_timezone_set('Asia/Shanghai');echo date("Y-m-d h:i:s");?>，另外一个是passid，用来决定是否通过审核的一个权限，赋值为0时就自动通过审核，如图7-54所示。

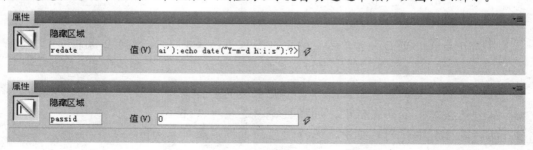

图 7-54　设置"隐藏区域"两个字段的属性

04　单击"服务器行为"面板上的 ➕ 按钮，在弹出的菜单中选择"更新记录"命令，如图7-55所示，用于根据留言内容对数据库中的数据进行更新。

05 在打开的"更新记录"对话框中，如图7-56所示进行更新设置。

图 7-55　选择"更新记录"命令

图 7-56　设置"更新记录"对话框

06 单击"确定"按钮回到编辑页面，这样就完成回复留言页面的设置。

7.4.4 删除留言页面

删除留言页面delbook.php，其功能是将表单中的记录从相应的数据表中删除，页面设计效果如图7-57所示，详细说明步骤如下。

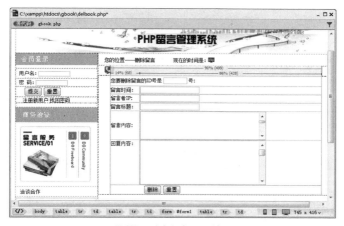

图 7-57　删除留言页面效果图

01 打开delbook.php页面，单击"绑定"面板上的 ⊞ 按钮，在弹出的下拉菜单中，选择"记录集（查询）"选项，在弹出的"记录集"对话框中进行如下设置：

● 在"名称"文本框中输入Rs作为该记录集的名称。

● 从"连接"下拉列表框中，选择数据源连接对象gbook。

● 从"表格"下拉列表框中，选择使用的数据库表对象为gbook。

● 在"列"栏中选中"全部"单选按钮。

● 设置"筛选"的方法为：ID = URL参数/ID。

单击"确定"按钮完成设定，如图 7-58 所示。

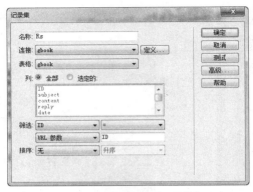

图 7-58　设置绑定的"记录集"

02 绑定记录集后，再将记录集的字段插入至delbook.php网页的各说明文字后面，如图7-59所示。

图 7-59　字段的绑定

03 在delbook.php的页面上，单击"服务器行为"面板上的⊞按钮，在弹出的下拉菜单中选择"删除记录"命令，如图7-60所示，用于对数据表中的数据进行删除操作。

04 在打开的"删除记录"对话框中进行设置，如图7-61所示。

图 7-60　选择"删除记录"命令　　　图 7-61　"删除记录"对话框

05 单击"确定"按钮回到编辑页面后，这样就完成删除留言页面的设置。

7.5 留言簿系统测试

留言簿系统部分用到了手写代码，特别是留言的日期和回复日期，其中还涉及到了留言者的IP采集，为了检查开发系统的正确性，需要测试留言功能的执行情况。

7.5.1 前台留言测试

具体的前台测试步骤如下：

01 打开IE浏览器，在地址栏中输入http://127.0.0.1/gbook/，打开index.php文件，如图7-62所示。

图 7-62　首页效果

02 单击"留言"超链接，就可以进入留言页面book.php，如图7-63所示。

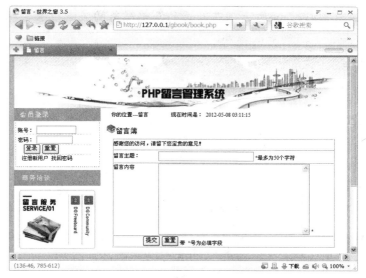

图 7-63　留言页面效果图

03 开始检测留言簿功能，在"留言主题"栏中填写"测试留言主题"，在"留言内容"栏中填写"测试留言的内容"。填写完后，单击"提交"按钮，此时打开indexphp页面，可以看到多了一个刚填写的数据，如图7-64所示。

图 7-64　向数据表中添加的数据

7.5.2 后台管理测试

后台管理在留言簿管理系统中起着很重要的作用，制作完成后也要进行测试，操作步骤如下：

01 打开浏览器，在地址栏中输入 http://127.0.0.1/gbook/admin_login.php，打开admin_login.php文件，如图7-65所示。在网页的表单对象的文本框及密码框中，输入用户及密码，输入完毕后单击"登录"按钮。

图 7-65　后台管理入口

02 如果在上一步中填写的登录信息是错误的，则浏览器就会转到主页面index.php；如果输入的用户名和密码都正确，则进入admin.php页面，如图7-66所示。

图 7-66　打开的留言管理页面

03 单击"删除"超链接，进入删除页面delbook.php，并自动将该留言信息删除。删除留言后返回留言管理页面admin.php。

04 在留言管理页面单击"回复"超链接，则进入回复页面reply.php，如图7-67所示。

图 7-67　打开的回复页面

05 当填写回复内容"回复测试"，并单击"回复"按钮，将成功回复留言。

本实例制作的留言簿管理系统在功能上相对还是比较简单的，读者如果在实际开发中需要进行深入地开发，可以在此基础上做一些变化，使制作的留言簿能够更为人性化些。

第 **8** 章

全程实例六：网站论坛管理系统

论坛管理系统的主要功能是通过在计算机上运行服务软件，允许用户使用终端程序，通过Internet来进行连接，执行用户消息之间的交互功能；支持用户建贴、回复、搜索、查看等功能。本章将学习使用PHP语言实现论坛管理系统的开发方法，主要设计网站论坛管理系统的首页，用户可以在这里发布讨论的主题，并且也可以回复主题，版主可以对自己的栏目或版块进行新增、修改或者删除等操作。

本章的学习重点：

● 论坛管理系统的规划设计

● 建立论坛管理系统的数据库

● 新增主题、删除主题、回复主题的实现方法

● 论坛系统后台管理功能的开发

8.1 论坛管理系统的规划

论坛管理系统是基于各大网站对论坛的建设和管理需求而建立的交互系统，主要实现管理员对论坛版块、贴子管理；论坛管理系统的开发是比较复杂的，需要经过前期的系统规划。

8.1.1 页面设计规划

在本地站点上建立站点文件夹bbs，将要制作的系统文件如图8-1所示。

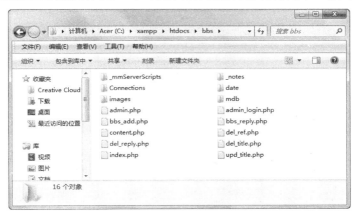

图 8-1　站点规划文件

本章要开发的BBS论坛系统页面的功能与文件名称如表8-1所示。

表8-1　BBS论坛系统网页设计表

页面名称	功能
index.php	显示主题和回复情况的页面
content.php	主要显示讨论主题的回复内容页面
bbs_add.php	增加讨论主题的页面
bbs_reply.php	对讨论主题进行回复的页面
admin_login.php	管理者登录入口页面
admin.php	对论坛进行管理页面
del_title.php	删除讨论主题的页面
del_reply.php	删除讨论回复内容的页面
upd_title.php	修改讨论主题的页面

8.1.2 设计页面美工

论坛系统的界面要求简洁明了，尽量不要使用过多的动画和大图片，这样可以提高论坛的加载速度。这里要制作的首页和详细内容页面效果如图8-2和图8-3所示。

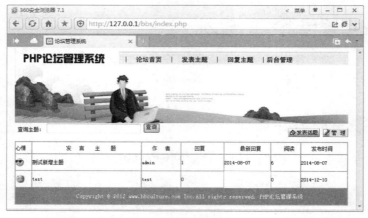

图 8-2　首页的美工效果

图 8-3　详细内容页面效果

8.2　论坛管理系统数据库

制作论坛系统的数据库需要根据开发的系统大小而定，这里要设计用于讨论主题的信息表bbs_main，用于回复内容的信息表bbs_ref，最后还需要建立一个管理员进行管理的信息表admin。

8.2.1　数据库设计

首先建立一个bbs数据库，并在里面建立管理员管理信息表admin、讨论主题信息表bbs_main和回复主题信息表bbs_ref，这三个数据表作为任何数据的查询、新增、修改与删除的后端支持。

制作的步骤如下：

01 在phpmyAdmin中建立数据库bbs，单击 数据库 命令，打开本地的"数据库"管理页面，在"新建数据库"文本框中输入数据库的名称bbs，单击后面的数据库类型下拉列表框，在弹出的下拉菜单中选择utf8_general_ci选项，单击"创建"按钮，返回"常规设置"

页面，在数据库列表中就已经建立了bbs的数据库，如图8-4所示。

图8-4　开始建立数据库

02 单击左边的bbs数据库将其连接上，打开"新建数据表"页面，分别输入数据表名 admin、bbs_main以及bbs_ref，即创建3个数据表，如图8-5所示。

图8-5　创建3个数据表

03 bbs_main是用于存储论坛的主题表，输入数据名并设置相关数据（如图8-6所示），对访问者的留言内容做一个全面的分析，设计bbs_main的字段结构如表8-2所示。

表8-2　讨论主题信息表bbs_main

字段名称	数据类型	字段大小
bbs_ID	INTEGER	11
bbs_title	VARCHAR	20
bbs_content	TEXT	
bbs_name	VARCHAR	20
bbs_time	VARCHAR	20
bbs_face	VARCHAR	20
bbs_sex	VARCHAR	20
bbs_email	VARCHAR	20
bbs_url	VARCHAR	20
bbs_hits	INTEGER	11

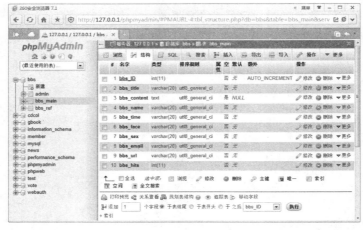

图 8-6　bbs_main 数据表

04 回复主题信息表bbs_ref字段采用如表8-3所示的结构。设计后的数据表如图8-7所示。

表8-3　回复主题信息表bbs_ref

字段名称	数据类型	字段大小
bbs_main_ID	INTEGER	11
bbs_ref_ID	INTEGER	自动编号
bbs_ref_name	VARCHAR	20
bbs_ref_time	VARCHAR	20
bbs_ref_content	TEXT	
bbs_ref_sex	VARCHAR	20
bbs_ref_url	VARCHAR	20
bbs_ref_email	VARCHAR	20

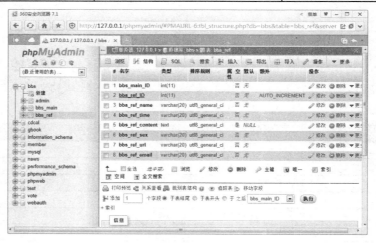

图 8-7　bbs_ref 数据表

05 最后设计用于后台登录管理的admin数据表，字段采用如表8-4所示的结构。设计后的数据表如图8-8所示。

表8-4 管理员管理信息表admin

字段名称	数据类型	字段大小
ID	INTEGER	11
username	VARCHAR	20
password	VARCHAR	20

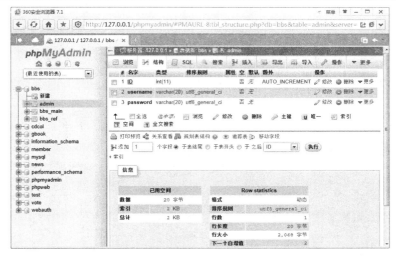

图 8-8 后台管理 admin 表

06 数据库创建完毕后，在后台管理数据表admin里输入用户名和密码，以方便后面登录查询使用。

 8.2.2 论坛管理系统站点

在Dreamweaver CC中创建一个"论坛管理系统"网站站点bbs，主要的设置如表8-5所示。

表8-5 站点设置的基本参数

站点名称	bbs
本机根目录	C:\xampp\htdocs\bbs
测试服务器	C:\xampp\htdocs\
网站测试地址	http://127.0.0.1/bbs/
MySQL服务器地址	C:\xampp\mysql\data\bbs
管理账号 / 密码	root / 空
数据库名称	bbs

创建bbs站点具体操作步骤如下：

01 首先在C:\xampp\htdocs路径下（如图8-9所示）建立bbs文件夹，本章所有建立的网页文件都将放在该文件夹下。

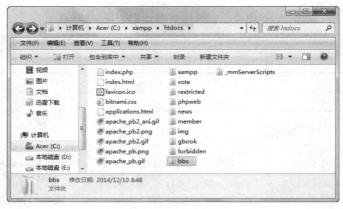

图 8-9　建立站点文件夹 bbs

02 运行Dreamweaver CC，选择菜单栏中的"站点"→"管理站点"命令，打开"管理站点"对话框，如图8-10所示。

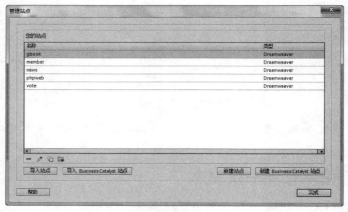

图 8-10　"管理站点"对话框

03 对话框的左边是站点列表框，其中显示了所有已经定义的站点。单击右边的"新建站点"按钮，打开"站点设置对象bbs"对话框，进行如图8-11所示的参数设置。

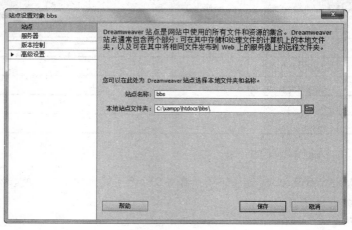

图 8-11　建立 bbs 站点

04 单击列表框中的"服务器"选项，并单击"添加服务器"按钮 ➕，打开"基本"选项卡进行如图8-12所示的参数设置。

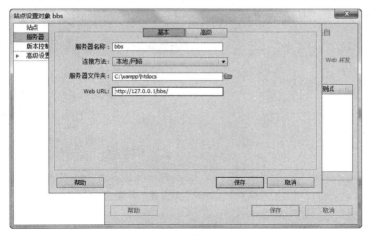

图 8-12　设置"基本"选项卡

05 设置后再单击"高级"选项卡，打开"高级"服务器设置界面，选中"维护同步信息"复选框，在"服务器模型"下拉列表框中选择PHP MySQL，表示是使用PHP开发的网页，其他的保持默认值，如图8-13所示。

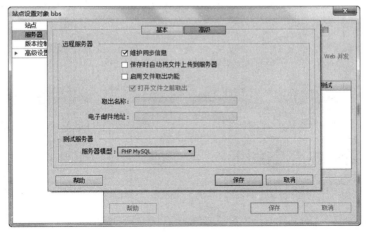

图 8-13　设置"高级"选项卡

06 单击"保存"按钮，返回"服务器"设置界面，选中"测试"复选框，如图8-14所示。

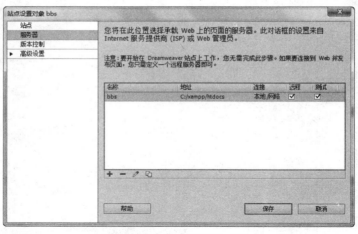

图 8-14　设置"服务器"参数

07 单击"保存"按钮，则完成站点的定义设置。在Dreamweaver CC中就已经拥有了刚才所设置的站点bbs。单击"完成"按钮，关闭"管理站点"对话框，这样就完成了Dreamweaver CC测试网站论坛管理系统网页的环境设置。

8.2.3　设置数据库连接

完成了站点的定义后，需要在用户系统网站与数据库之间设置连接，网站与数据库的连接设置如下：

01 将设计的本章文件复制到站点文件夹下，打开index.php论坛系统的首页，如图8-15所示。

图 8-15　打开网站首页

02 单击菜单栏上的"窗口"→"数据库"命令，打开 "数据库"面板。在该面板上单击"+"图标，在弹出的下拉菜单中选择"MySQL 连接"选项，如图8-16所示。

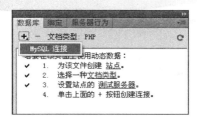

图 8-16 选择 MySQL 连接

03 在"MySQL 连接"对话框中输入"连接名称"为bbs、"MySQL服务器"名为localhost、"用户名"为root、"密码"为admin。选择所要建立连接的数据库名称，可以单击"选取"按钮浏览MySQL服务器上的所有数据库。选择刚建立的范例数据库bbs，具体的设置内容如图8-17所示。

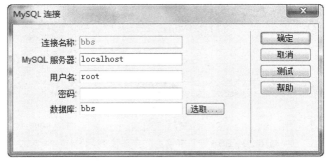

图 8-17 设置 MySQL 连接参数

04 单击"测试"按钮测试与MySQL数据库的连接是否正确，如果正确则弹出一个提示消息框（如图8-18所示），这表示数据库连接设置成功了。

05 单击"确定"按钮返回编辑页面，在"数据库"面板中则显示绑定过来的数据库，如图8-19所示。

图 8-18 设置成功

图 8-19 绑定的数据库

8.3 论坛系统主页面

在Dreamweaver 中定义站点，建立数据库连接后，就可以进入PHP页面的设计阶段，首先制作最重要的首页index.php，index.php页面主要显示所有的讨论主题和最新回复的一些信息。

8.3.1 论坛系统首页

论坛系统的主页面index.php显示所有的讨论主题、每个主题的点击数、回复数以及最新回复时间。访问者可以单击要阅读的标题链接至详细内容，管理员单击"管理"图标进入管理页面，系统主页面index.php的静态页面设计如图8-20所示。

图 8-20　BBS 论坛系统主页面静态设计效果图

详细的操作步骤如下：

01 单击"应用程序"面板中"绑定"标签上的⊞按钮，在弹出的下拉菜单中选择"记录集（查询）"选项，弹出"记录集"对话框，在该对话框中进行如下设置：

- 在"名称"文本框中输入rs_bbs作为该记录集的名称。
- 从"连接"下拉列表框中，选择数据源连接对象bbs。
- 从"表格"下拉列表框中，选择使用的数据库表对象为bbs_main。
- 在"列"栏中选中"全部"单选按钮。

完成的设置情况如图 8-21 所示。

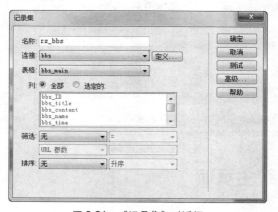

图 8-21　"记录集"对话框

02 再单击"高级"按钮，进入记录集高级设定的页面，将现有的SQL语法改成以下的SQL语法，如图8-22所示。

```
01. SELECT
02. bbs_Main.bbs_ID,
03.  bbs_Main.bbs_Time, bbs_Main.bbs_Hits
04.  bbs_Main.bbs_Title, bbs_Main.bbs_url,
     bbs_Main.bbs_email, bbs_Main.bbs_sex,
     bbs_Main.bbs_Face, bbs_Main.bbs_Content,
05.  bbs_Main.bbs_Name,COUNT(bbs_Ref.bbs_Main_ID) AS ReturnNum,
06. MAX(bbs_Ref.bbs_ref_Time) AS LatesTime
07. FROM
08. bbs_Main LEFT OUTER JOIN bbs_Ref ON
09. bbs_Main.bbs_ID=bbs_Ref.bbs_Main_ID
10. GROUP BY bbs_Main.bbs_ID
```

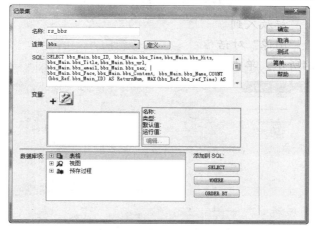

图 8-22 改写 SQL 语句

Bbs_ref数据表中的记录可以通过bbs_main_ID字段关联到bbs_main数据表中的bbs_ID字段。因为bbs_ref数据中对应的数据表可能不存在，bbs_main数据表并非一定有对应回复的话题。所以LEFT OUTER JOIN将接合关系中的两个数据表分成左右两个数据表，其中左边数据表在经过接合后，不管右边数据表是否存在，仍然会将资料全部列出。简单地说，就是不管讨论主题bbs_main是否有任何的回复bbs_ref，使用LEFT OUTER JOIN可以将数据表bbs_main中的所有讨论主题都显示出来。

另外，GROUP BY语句是针对bbs_main数据表中的bbs_ID字段，在第2行到第6行之间的意思就是说取出bbs_main数据表中的特定字段内容。同时将bbs_ref中的关联取出，获得bbs_time和bbs_ID的两个字段内容。bbs_ref_time字段取所有记录当中时间最新回复的那一条用来显示。而bbs_ID字段则用COUNT计算有多少人回复的数目。

03 绑定记录集后，将绑定字段插入至index.php网页中的适当位置，如图8-23所示。

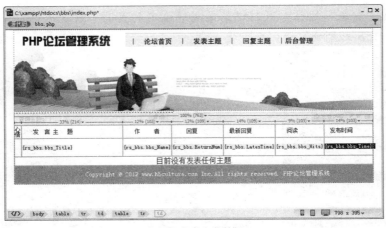

图 8-23　绑定字段的插入

04 插入字段后把光标放入到"心情"下面的单元格里，然后再执行菜单栏"插入"
→ "图像"命令，打开"图像"对话框任意插入一张图片，然后在"属性"面板中设置Scr
（源）为空，如图8-24所示。单击"确定"按钮，插入一个图像占位符。

图 8-24　图像"占位符"对话框

05 设置Scr（源）文本框为<?php echo $row_rs_bbs['bbs_Face']; ?>，表示调用动态的
数据值，并将宽和高的值清空，如图8-25所示。

图 8-25　设置动态字段

06 开始进行显示区域的设置，首先选取记录集有数据时要显示的数据表格，如图8-26
所示。

图 8-26　选择要显示的一列

07 单击"服务器行为"面板上的⊞按钮，在弹出的下拉菜单中选择"显示区域" →
"如果记录集不为空则显示区域"选项，在打开的"如果记录集不为空则显示"对话框中，
单击"确定"按钮回到编辑页面，会发现先前所选取要显示的区域左上角出现了"如果符
合此条件则显示"字样，这表示已经完成设置，如图8-27所示。

图 8-27 完成显示设置

08 选择没有发布主题数据时要显示的文字 "目前没有发表任何主题"，根据前面的操作方法，将区域设定成 "如果记录集为空则显示"，页面显示如图8-28所示。

图 8-28 选择没有数据时的显示

09 加入 "服务器行为" 中 "重复区域" 的设置，单击index.php页面中要重复的记录列，如图8-29所示。

图 8-29 选择要重复显示的那一列

10 单击 "应用程序" 面板群组中的 "服务器行为" 标签上的 ⊞ 按钮，在弹出的下拉菜单中选择 "重复区域" 选项，在打开的 "重复区域" 对话框中设置显示的记录数为20，如图8-30所示。

11 单击 "确定" 按钮，回到编辑页面，会发现先前所选取的区域左上角出现了一个 "重复" 的灰色标签，这表示已经完成设置。

12 单击 "确定" 按钮回到编辑页面，当记录集超过一页，就必须要有 "上一页"、"下一页" 等按钮或文字，让访问者可以实现翻页的功能，这就是 "记录集导航条" 的功能。"记录集导航条"按钮位于"插入"工具栏的"数据"中，因此将"插入"工具栏由"常用"切换成"数据"类型，单击"记录集分页" 工具按钮，如图8-31所示。

图 8-30　选择一次可以显示的次数　　　　　图 8-31　选择"记录集导航条"

13 在打开的"记录集导航条"对话框中，选取要导航的记录集并设置导航条的显示方式为"文本"，然后单击"确定"按钮回到编辑页面，会发现页面出现该记录集的导航条，如图8-32所示。

14 在"讨论主题"上加入"转到详细页面"的设置。用来显示特定主题的详细内容的相关的回复。选取编辑页面中的rs_bbs.bbs_Title字段，如图8-33所示。

图 8-32　添加"记录集导航条"　　　　　　　图 8-33　选择字段

15 在"属性"面板中找到建立链接的部分，并单击"浏览文件"图标，在弹出的对话框中选择用来显示详细记录信息的页面content.php，设置如图8-34所示。

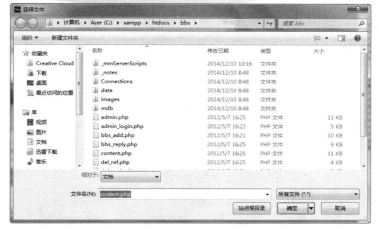

图 8-34 选择链接文件

16 单击"参数"按钮，设置超级链接要附带的 URL 参数的名称与值 content.php?bbs_id=<?php echo $row_rs_bbs['bbs_ID']; ?>。将参数名称命名为 bbs_id，如图 8-35 所示。

图 8-35 "参数"对话框

17 单击"确定"按钮完成"转到详细页面"的设置，在 index.php 页面中有两个连接按钮"管理"与"发表话题"，设定其链接网页如表 8-6 所示。

表 8-6 按钮链接的页面表

按钮名称	链接页面
管理	admin_login.php
发表话题	bbs_add.php

**8.3.2** 搜索主题功能

在 index.php 这个页面上加入搜索的功能，该页面上的功能设计如图 8-36 所示。

图 8-36 搜索主题设计

制作步骤如下：

01 将查询主题的文本框命名为 keyword，设置如图 8-37 所示。

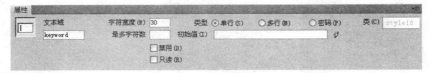

图 8-37　设置 keyword 文本域名

02 将之前建立的记录集rs_bbs作一些更改，打开记录集，并进入"高级"设定对话框。在原有的SQL语法中GROUP BY bbs_Main.bbs_ID前面，加入一段查询功能的语法：

```
where bbs_Title like '%".$keyword."%'
```

SQL语句将变成如图8-38所示。

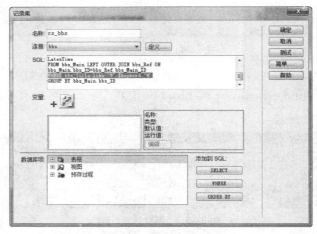

图 8-38　修改 SQL 语句

03 再切换到代码设计窗口。在rs_bbs记录集绑定的代码中加入代码：

```
$keyword=$_POST[keyword]; //定义keyword为表单中"keyword"的请求变量
```

如图8-39所示，完成设置。

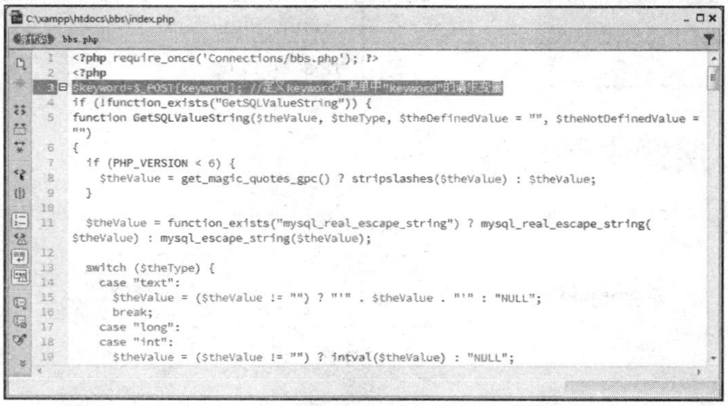

图 8-39　加入代码

04 以上的设置完成后，index.php系统主页面就有查询功能了，可以按下F12键至浏览器测试一下是否能正确的查询并显示。index.php页面会显示所有网站中的讨论主题，如图8-40所示。

图 8-40 主页面浏览效果图

8.4 发贴者页面

供访问者使用的页面有讨论主题页面content.php和回复讨论页面bbs_reply.php，下面就开始这两个页面的制作。

8.4.1 讨论主题

讨论主题内容页面content.php是实现讨论主题的详细内容页面。这个页面会显示讨论主题的详细内容与所有回复者的回复内容，其静态页面设计如图8-41所示。

图 8-41 讨论主题内容页面设计效果图

详细的操作步骤如下：

01 在content.php这个页面中，要同时显示讨论主题与回复主题的内容，因此需要把两个记录集进行合并，一次取得这两个数据表中的所有字段，根据主题页面传送过来的URL参数bbs_ID进行筛选。

02 单击"应用程序"面板群组中"绑定"面板上的➕按钮，在弹出的下拉菜单中选择"记录集（查询）"选项，在打开的"记录集"对话框中单击"高级"按钮，进入记录集高级设定的对话框，将现有的SQL语句改成如下的SQL语句，如图8-42所示。

```
01. SELECT
02. bbs_main.*,bbs_ref.*
```

```
03. FROM
04. bbs_main LEFT OUTER JOIN bbs_ref ON bbs_main.bbs_ID=
    bbs_ref.bbs_main_ID
05. WHERE bbs_main.bbs_ID ='".$bbs_ID."
```

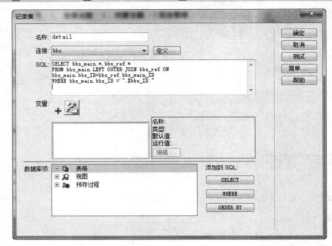

图 8-42　改写 SQL 语句

同样用LEFT OUTER JOIN关联bbs_main和bbs_ref中的字段，取得两个数据表中的相关数据。并且用WHERE语句，筛选bbs_main数据表中的bbs_ID字段值等于$bbs_ID变量值。

03 上图中设置了一个名为$bbs_ID的变量值，即是首页传递过来的参数，因此在该页自动生成的PHP代码中的第一行加入如下的变量赋值。

```
$bbs_ID=strval($_GET['bbs_id']);
```

04 在设定完记录集绑定后，先把记录集detail中的字段插入到页面上，再分别插入两个图像占位符，两个图像占位符分别绑定发布人性别形象bbs_sex字段和回复人性别形象bbs_ref_sex字段，其结果如图8-43所示。

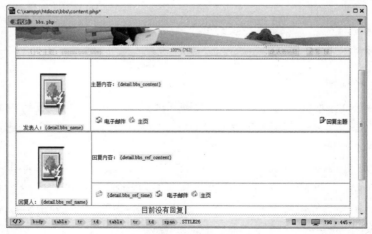

图 8-43　detail 中的字段插入

05 选择主题表格中的文字"电子邮件"，然后单击"属性"面板中的"链接"文本框后面的"浏览文件"按钮 ，打开"选择文件"对话框，在该对话框中选中"数据源"单选按钮，然后在"域"列表框中选择"记录集（detail）"组中的bbs_email字段，并且在URL链接前面加上"mailto:"，如图8-44所示。

图 8-44　设置主题栏中的 email 的链接

06 选择主题表格中的文字"主页"，单击"属性"面板中的"链接"文本框后面的"浏览文件"按钮 ，打开"选择文件"对话框，在该对话框中选中"数据源"单选按钮，然后在"域"列表框中选择"记录集（detail）"组中的bbs_url字段，并且在URL链接前面加上"http://"，如图8-45所示。

图 8-45　设置主题栏中的 url 链接

07 用第5、6步骤中的方法，设置回复主题中的"电子邮件"和"主页"的链接。一个是"记录集（detail）"中的bbs_ref_email字段，另一个是"记录集（detail）"中的bbs_ref_URL字段，如图8-46和8-47所示。

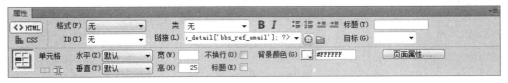

图 8-46　设置回复栏中的 email 的链接

图 8-47　设置回复栏中的 url 链接

08 单击"确定"按钮，完成数据源的绑定设置，在content.php页面中有两个链接图示"管理"与"发表话题"，必须设定其链接网页，如表8-7所示。

表8-7　按钮与链接页面表

按钮名称	链接页面
管理	admin_login.php
发表话题	bbs_add.php

09 选择文字"回复主题"，在"属性"面板中找到建立链接的部分，并单击"浏览文件"图标，在弹出的对话框中选择用来显示详细记录信息的页面bbs_reply.php，设置如图8-48所示。

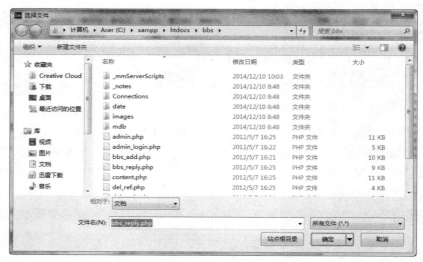

图8-48　选择链接文件

10 单击"参数"按钮，设置超级链接要附带的URL参数的名称与值bbs_reply.php?bbs_ID=<?php echo $row_detail['bbs_ID']; ?>。将参数名称命名为bbs_ID，设置如图8-49所示。

图8-49　"参数"对话框

11 加入"服务器行为"中"重复区域"的设定，单击content.php页面中要重复的表格，如图8-50所示。

图8-50　选择要重复的表格

12 单击"应用程序"面板群组中的"服务器行为"标签上的⊞按钮，在弹出的下拉菜单中选择"重复区域"选项，在打开"重复区域"对话框中设置显示的记录数为5条记录，如图8-51所示。单击"确定"按钮回到编辑页面，会发现先前所选取的区域左上角出现了一个"重复"的灰色标签，这表示已经完成设置。

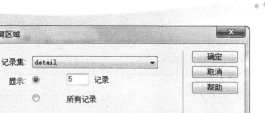

图 8-51　选择一次可以显示的记录数

13 插入"记录集导航条"功能，单击 工具按钮，在打开的"记录集导航条"对话框中，选取要导航条的记录集以及导航条的显示方式，然后单击"确定"按钮回到编辑页面，会发现页面出现该记录集的导航条，如图8-52所示。

图 8-52　添加"记录集导航条"

14 选取记录集有数据时要显示的数据表格，如图8-53所示。

图 8-53　选择要显示的一行

15 单击"服务器行为"面板上的 按钮，在弹出的下拉菜单中选择"显示区域"→"如果记录集不为空则显示区域"选项，在打开的"如果记录集不为空则显示"对话框中，单击"确定"按钮回到编辑页面，会发现先前所选取要显示的区域左上角出现了一个"如果符合此条件则显示…"的灰色卷标，这表示已经完成设置，如图8-54所示。

图 8-54　完成设置后的效果

16 选择没有回复数据时要显示的文字"目前没有回复"，根据前面的步骤，将下面区域设定成"如果记录集为空则显示区域"，如图8-55所示。

图 8-55　选择没有数据时的显示

**设置访问**

在BBS论坛系统主页面中设置了文章阅读统计功能，当访问者点击标题进入查看内容时，阅读统计数目就要增加一次。其主要的方法是更新数据表**bbs_main**里的**bbs_hits**字段来实现。

详细操作步骤如下：

01 实现的方法很简单，打开content.php页面，在代码的第50行加入一行更新的SQL语句：

```
mysql_query("UPDATE bbs_main SET bbs_hits = bbs_hits + 1 WHERE bbs_ID
= '".$bbs_ID."'");
```

代码说明如下：

```
01.UPDATE bbs_main    //更新bbs_main数据表
02.SET bbs_hits = bbs_hits+1  //设置bbs_main数据表中的bbs_hits中字段自动加1
03.WHERE bbs_ID = '".$bbs_ID."'     // bbs_ID的值等于$bbs_ID变量中的值
```

02 加入的代码位置如图8-56所示。

```
C:\xampp\htdocs\bbs\content.php                                    _ □ ×
bbs.php
40   $pageNum_detail = $_GET['pageNum_detail'];
41   }
42   $startRow_detail = $pageNum_detail * $maxRows_detail;

44   mysql_select_db($database_bbs, $bbs);
45   $query_detail = "SELECT bbs_main.*,bbs_ref.* FROM bbs_main LEFT OUTER JOIN bbs_ref ON
     bbs_main.bbs_ID=bbs_ref.bbs_main_ID WHERE bbs_main.bbs_ID ='".$bbs_ID."' ";
46   $query_limit_detail = sprintf("%s LIMIT %d, %d", $query_detail, $startRow_detail, $maxRows_detail);
47   $detail = mysql_query($query_limit_detail, $bbs) or die(mysql_error());
48   $row_detail = mysql_fetch_assoc($detail);
49
50   mysql_query("UPDATE bbs_main SET bbs_hits = bbs_hits + 1 WHERE bbs_ID = '".$bbs_ID."'");
51
52
54   if (isset($_GET['totalRows_detail'])) {
55     $totalRows_detail = $_GET['totalRows_detail'];
56   } else {
57     $all_detail = mysql_query($query_detail);
58     $totalRows_detail = mysql_num_rows($all_detail);
59   }
60   $totalPages_detail = ceil($totalRows_detail/$maxRows_detail)-1;
61
```

图 8-56　代码加入的位置

8.4.3　新增讨论

新增讨论主题页面bbs_add.php的功能是将页面的表单数据新增到站点的bbs_main数据表中，页面设计如图8-57所示。

图 8-57　新增讨论主题页面效果图

详细操作步骤如下：

01 在bbs_add.php页面设计中，表单form1中文本域和文本区域设置如表8-8所示。这里要注意"性别形象"和"心情"的单选按钮都要在属性面板中定义其值。

表8-8　表单form1中的文本域和文本区域设置方法表

文本（区）域/按钮名称	方法/类型
form1	POST
bbs_title	单行
bbs_name	单行
bbs_sex	单选按钮
bbs_face	单选按钮
bbs_email	单行
bbs_url	单行
bbs_content	多行
bbs_time	<?php date_default_timezone_set('Asia/Shanghai'); echo date("Y-m-d");?>获取提交时的时间
bbs_hits	初始值为0
Submit	提交表单
Submit2	重设表单

02 在bbs_add.php编辑页面，单击"服务器行为"面板标签上的![加号]按钮，在弹出的下拉菜单中选择"插入记录"选项，在"插入记录"的设定对话框中设置如下：

● 从"连接"下拉列表框中选择bbs作为数据源连接对象。

● 从"插入表格"下拉列表框中选择bbs_main作为使用的数据库表对象。

- 在"插入后，转到"文本框中设置记录成功添加到表bbs_main，然后再转到index.php 网页。
- 在"列"列表框中，将网页中的表单对象和数据库中表bbs_main中的字段一一对 应起来。

设置完成后该对话框如图8-58所示。

03 选择表单，执行菜单栏上"窗口"→"行为"命令，打开"行为"面板，单击"行 为"面板中的➕按钮，在弹出的下拉菜单中，选择"检查表单"选项，打开"检查表单" 对话框，设置"值"和"可接受"范围，如bbs_email的"值"设置为"必需的"、"可接 受"为"电子邮件地址"，如图8-59所示。

图 8-58 设定"插入记录"

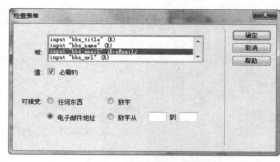

图 8-59 "检查表单"对话框

04 单击"确定"按钮，回到编辑页面，完成bbs_add.php页面插入记录的设置。

05 按F12键至浏览器测试一下。首先打开bbs_add.php页面再填写表单，填写表单资 料如图8-60所示。

图 8-60 填写资料

06 填写资料完了以后，单击"确定提交"按钮，将此资料发送到bbs_main数据表中。 页面将返回到BBS讨论系统主页面index.php（如图8-61所示），表示发布新主题成功。

图 8-61　发表新主题成功

8.4.4　回复讨论

回复讨论主题页面bbs_reply.php的设计与讨论主题内容页面的制作相似，回复主题是将表单中填写的数据插入到bbs_ref数据表中，页面设计效果如图8-62所示。

图 8-62　回复讨论主题页面设计

01 由于在讨论主题内容页面content.php中，设定会有传递参数bbs_ID（主题编号）传递到这一页面，因此必须先将这个参数绑定到一个命名为bbs_main_ID的隐藏域中。在页面上插入一下隐藏域，并命名为bbs_main_ID，定义其值，如图8-63所示。

图 8-63　设置隐藏域 bbs_main_ID 的值

02 然后再单击 代码 按钮，切换到代码窗口，将如下的代码加入到第一行：

```php
<?php
$bbs_main_ID=strval($_GET['bbs_ID']);
?>
```

插入后如图8-64所示。

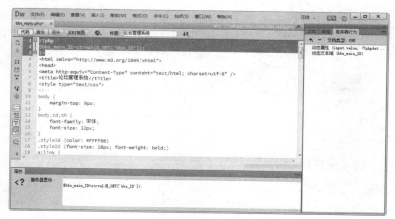

图 8-64　插入接收变量的程序

03 再插入一个隐藏字段bbs_ref_time，绑定为当时的时间：

```php
<?php
date_default_timezone_set('Asia/Shanghai');
echo date("Y-m-d");
?>
```

属性面板的设置如图8-65所示。

图 8-65　设置隐藏区域值

04 在bbs_reply.php编辑页面，单击"应用程序"面板群组"服务器行为"面板标签中的+按钮，在弹出的下拉菜单中选择"插入记录"选项，在"插入记录"的设定对话框中设置如下：

● 从"连接"下拉列表框中选择bbs作为数据源连接对象。

● 从"插入表格"下拉列表框中选择bbs_ref作为使用的数据库表对象。

● 在"插入后，转到"文本框中设置记录成功添加到表bbs_ref，然后再转到index.php网页。

● 在"列"列表框中，将表单对象和数据库中表bbs_ref中的字段一一对应起来。

设置完成后该对话框如图8-66所示。

图 8-66 "插入记录"对话框

05 选择表单，执行菜单栏"窗口"→"行为"命令，打开"行为"面板，单击"行为"面板中的➕按钮，在弹出的下拉菜单中选择"检查表单"选项，打开"检查表单"对话框，设置文本域的"值"都为"必需的"、"可接受"为"任何东西"，其中邮件字段设置为"电子邮件地址"，如图8-67所示。

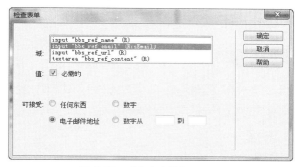

图 8-67 "检查表单"对话框

06 单击"确定"按钮，回到编辑页面，这样就完成bbs_reply.php页面插入记录的设计了。

07 按F12键至浏览器测试。首先打开首页面，选择其中任一个讨论主题，进入content.php页面，在content.php页面单击"回复主题"转到回复讨论主题bbs_reply.php页面，在bbs_reply.php页面填写表单，填写表单资料如图8-68所示。

图 8-68 填写表单资料

08 填写资料完了以后，单击"确定提交"按钮，将此资料发送到bbs_ref数据表中。页面将返回到BBS讨论区系统内容页面index.php，在单击主题后可以看到回复如图8-69所示，表示回复主题成功。

图 8-69　回复主题成功

8.5　论坛管理后台

论坛管理系统的后台管理比较重要，访问者在回复主题时回复一些非法或者不文明的信息时，管理员可以通过后台对这些信息进行删除。

8.5.1　版主登录

由于管理页面是不允许网站访问者进入的，必须受到权限管理，可以利用管理员账号和管理密码来判别是否有此用户，设计如图8-70所示。

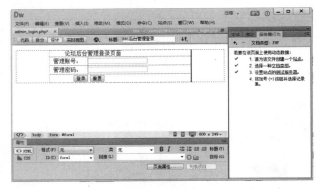

图 8-70　"BBS 论坛系统后台管理登录页面"设计

其详细操作步骤如下：

01 打开后台版主登录页面admin_login.php，单击"应用程序"面板中的"服务器行为"标签上的**+**按钮，在弹出的下拉菜单中选择"用户身份验证/登录用户"选项，在打开"登录用户"对话框中设置如果不成功将返回BBS论坛系统主页面index.php，如果成功将转向后台版主管理页面admin.php，设置如图8-71所示。

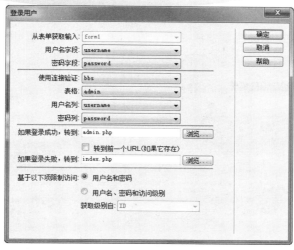

图 8-71　"登录用户"的设置

02 选择表单，执行菜单栏"窗口"→"行为"命令，打开"行为"面板，单击"行为"面板中的🔲按钮，在弹出的下拉菜单中选择"检查表单"选项，打开"检查表单"对话框，设置username和password文本域的"值"都为"必需的"、"可接受"为"任何东西"，如图8-72所示。

图 8-72　"检查表单"对话框

03 单击"确定"按钮，回到编辑页面，现在后台版主登录页面admin_login.php的设计与制作都已经完成，如图8-73所示。

图 8-73　设置完毕的版主登录页面

 **8.5.2** 版主管理

BBS论坛管理系统的后台版主管理页面是版主由登录的页面验证成功后所转到的页面。这个页面主要为版主提供对数据的新增、修改、删除内容的功能。后台版主管理页面

admin.php的内容设计与BBS论坛系统主页面index.php大致相同，不同的是加入可以转到所编辑页面的链接，页面效果如图8-74所示。

图 8-74　后台版主管理页面的设计

01 在后台版主管理页面admin.php中，动态显示部分和index.php是一样的，所以可以直接将index.php保存为admin.php页面，然后再加入"修改"和"删除"的两列表格。每个讨论主题后面都各有一个"修改"按钮和"删除"按钮，它们分别是用来修改和删除某个讨论主题的，但不是在这个页面执行，而是利用转到详细页面的方式，另外打开一个页面进行相应的操作。

02 单击admin.php页面中的"删除"按钮，在"属性"面板中设置"链接"为del_title.php?bbs_ID=<?php echo $row_rs_bbs['bbs_ID']; ?>，如图8-75所示。

图 8-75　设置"链接"属性

03 单击admin.php页面中的"修改"按钮，在"属性"面板中设置"链接"为upd_title.php?bbs_ID=<?php echo $row_rs_bbs['bbs_ID']; ?>，如图8-76所示。

图 8-76　设置"链接"属性

04 由于讨论区的管理权限是属于版主的，因此必须设定本页面"限制对页的访问"的服务器行为。单击"服务器行为"面板上的[+]按钮，在弹出的下拉菜单中选择"用户身份验证"→"限制对页的访问"选项，打开"限制对页的访问"对话框，选中"用户名和密码"单选按钮，如果访问被拒绝，将转向admin_login.php，如图8-77所示。

图 8-77 设置对页的访问

删除讨论

删除讨论页面 del_title.php 的功能不只是要删除所指定的主题，还要将跟此主题相关的回复留言从资料表 bbs_ref 中删除，页面设计效果如图 8-78 所示。

图 8-78 删除讨论页面的设计

详细操作步骤如下：

01 打开删除讨论页面del_title.php，单击"应用程序"面板群组中"绑定"面板上的⊞按钮，在弹出的下拉菜单中选择"记录集（查询）"的选项，在打开的"记录集"对话框中单击"高级"按钮，进入记录集高级设定的页面，将现有的SQL语法改成以下的SQL语法，如图8-79所示。

```
SELECT bbs_main.*,bbs_ref.*
FROM bbs_main LEFT OUTER JOIN bbs_ref ON  bbs_main.bbs_ID=bbs_ref.bbs_
main_ID
WHERE bbs_main.bbs_ID ='".$bbs_ID."'
```

图 8-79　改写 SQL 语句

02 上图中设置了一个名为$bbs_ID的变量值，即是admin.php传递过来的参数，因此在该页自动生成的PHP代码中的第一行加入如下的变量赋值：

```
$bbs_ID=strval($_GET['bbs_ID']);
```

03 在设定完记录集绑定后，把rs记录集中的字段插入到del_title.php页面上，如图8-80所示。

图 8-80　del_title.php 中的字段插入

04 在页面中插入一个隐藏字段bbs_ID，将这个变量绑定至删除讨论页面del_title.php中的隐藏字段bbs_ID。如图8-81所示。

图 8-81　插入字段到隐藏域中

05 完成页面的字段设置后，接着要在del_title.php页面加入"删除记录"的设置，具体的设置如图8-82所示。

图 8-82 "删除记录" 对话框

06 单击 "确定" 按钮，完成删除讨论页面的设置。

8.5.4 修改讨论

修改讨论主题页面upd_title.php的功能是更新主题的标题和内容到bbs_main数据表中，页面设计如图8-83所示。

图 8-83 修改讨论主题页面

操作步骤如下：

01 打开修改讨论主题页面upd_title.php，单击 "绑定" 面板上的 按钮，在弹出的下拉菜单中选择 "记录集（查询）" 选项，在打开的 "记录集" 对话框中单击 "高级" 按钮，进入记录集高级设定的页面（如图8-84所示），将现有的SQL语法改成以下的SQL语法：

```
SELECT bbs_main.*,bbs_ref.*
FROM bbs_main LEFT OUTER JOIN bbs_ref ON  bbs_main.bbs_ID=bbs_ref.bbs_
main_ID
WHERE bbs_main.bbs_ID ='".$bbs_ID."'
```

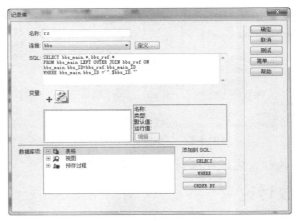

图 8-84　改写 SQL 语句

02 上图中设置了一个名为$bbs_ID的变量值，即是admin.php传递过来的参数，因此在该页自动生成的PHP代码中的第一行加入如下的变量赋值。

```
$bbs_ID=strval($_GET['bbs_ID']);
```

03 在设定完记录集绑定后，把记录集rs中的字段插入到upd_title.php页面上，如图8-85所示。

图 8-85　upd_title.php 中的字段插入

04 在页面中插入一个隐藏字段bbs_ID，将这个变量绑定至删除讨论页面upd_title.php中的隐藏字段bbs_ID，如图8-86所示。

图 8-86　插入字段到隐藏域中

05 完成页面的字段设置后，接着要在upd_title.php页面加入"更新记录"的设置。打开"更新记录"对话框，设置如图8-87所示。

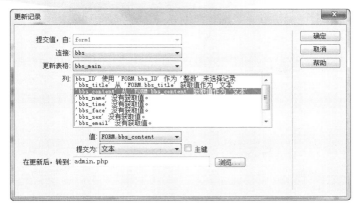

图 8-87 "更新记录"对话框

06 单击"确定"按钮，完成修改讨论主题页面的设置。

8.5.5 删除回复

删除回复页面 del_reply.php 功能是将表单中的数据从网站的数据表 bbs_ref 中删除。主要目的是，管理员对一些不文明和非法的回复信息进行删除。其页面设计如图 8-88 所示。

图 8-88 del_reply.php 页面的设计效果图

其详细的操作步骤如下：

01 打开后台版主管理页面 admin.php 并单击标题，进入 del_reply.php 页面。只要在标题的属性栏将链接到的页面修改一下参数为 del_reply.php 就可以实现这个功能，如图 8-89 所示。

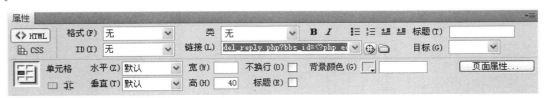

图 8-89 属性链接设置

02 在del_reply.php页面，单击"绑定"面板上的⊞按钮，在弹出的下拉菜单中选择"记录集（查询）"选项，在打开的"记录集"对话框中单击"高级"按钮，进入记录集高级设定的页面（如图8-90所示），将现有的SQL语法改成以下的SQL语法：

```
SELECT bbs_main.*,bbs_ref.*
FROM bbs_main LEFT OUTER JOIN bbs_ref ON  bbs_main.bbs_ID=bbs_ref.bbs_
main_ID
WHERE bbs_main.bbs_ID ='".$bbs_ID."'
```

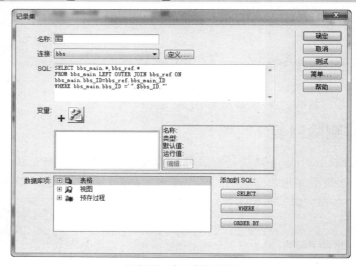

图 8-90 改写 SQL 语句

03 在该页自动生成的PHP代码中的第一行加入如下的变量赋值。

```
$bbs_ID=strval($_GET['bbs_ID']);
```

04 在设定完记录集绑定后，把记录集rs中的字段插入到del_reply.php页面上，如图8-91所示。

图 8-91 del_reply.php 中的字段插入

05 在页面中插入一个隐藏字段bbs_ID，将这个变量绑定至删除讨论页面del_reply.php中的隐藏字段bbs_ID，如图8-92所示。

图 8-92　插入字段到隐藏域中

06 完成页面的字段布置后，接着要在del_reply.php页面加入"删除记录"的设定，打开"删除记录"对话框，设置如图8-93所示。

图 8-93　"删除记录"对话框

本实例到这一步骤就已经开发完成，读者通过学习已经掌握了网站论坛管理系统的开发方法。在实际的网站开发应用中，可以结合本实例的一些技巧开发出功能更强大，需求更多的大型网站论坛管理系统。

第 **9** 章

全程实例七：翡翠电子商城前台

　　网上购物系统通常拥有产品发布功能、订单处理功能、购物车功能等动态功能。管理者登录后台管理，即可进行商品维护和订单处理操作。从技术角度来说主要是通过"购物车"就可以实现电子商务功能。网络商店是比较庞大的系统，它必须拥有会员系统、查询系统、购物流程、会员服务等功能模块，这些系统通过用户身份的验证统一进行使用，从技术角度上来分析难点就在于数据库中各系统数据表的关联。本章主要介绍使用PHP进行网上购物系统前台开发的方法，将系统地介绍翡翠电子商城的前台设计，数据库的规划以及常用的几个功能模块前台的开发。

本章的学习重点：

- 翡翠电子商城的系统规划
- 数据库的设计
- 首页动态功能开发
- 会员管理系统功能开发
- 新闻系统的开发
- 产品的定购功能开发
- 购物车功能的开发

9.1　翡翠电子商城系统规划

为了能系统地介绍使用PHP建设电子商务网站的过程，本章将模拟一个实用的翡翠电子商城网站的建设过程为例，来详细介绍网站想拥有一个网上购物系统必须做哪些具体工作。在进行大型系统网站开发之前首先要做好开发前的系统规划，方便程序员进行整个网站的开发与建设。

9.1.1　电子商城系统功能

B2C电子商城实用型网站是在网络上建立一个虚拟的购物商场，让访问者在网络上购物。网上购物以及网上商店的出现，避免了挑选商品的烦琐过程，让人们的购物过程变得轻松、快捷、方便，很适合现代人快节奏的生活；同时又能有效地控制"商场"运营的成本，开辟了一个新的销售渠道。本实例是使用PHP+MySQL直接用手写程序完成的实例，完成的首页如图9-1所示。

图 9-1　翡翠电子商城首页

本网站主要能够实现的功能如下：

（1）开发了强大的搜索以及高级查询功能，能够快捷地找到感兴趣的商品。

（2）采取会员制保证交易的安全性。

（3）流畅的会员购物流程：浏览、将商品放入购物车、去收银台。每个会员有自己专用的购物车，可随时订购自己中意的商品结账完成购物。购物的流程是指导购物车系统程序编写的主要依据。

（4）完善的会员中心服务功能：可随时查看账目明细、订单详情。

（5）设计会员价商品展示，能够显示企业近期所促销的一些会员价商品。

（6）人性化的会员与网站留言，可以方便会员和管理者的沟通。

（7）后台管理模块，可以通过使用本地数据库，保证购物定单安全及时有效地处理强大的统计分析功能，便于管理者及时了解财务状况、销售状况。

9.1.2 功能模块需求分析

将要建设的电子商城系统主要由如下几个功能模块组成：

（1）前台网上销售模块。指客户在浏览器中所看到的直接与店主面对面的销售程序，包括：浏览商品，订购商品，查询定购，购物车等功能，本实例的搜索页面如图9-2所示。

图 9-2 用户搜索结果效果

（2）后台数据录入模块。前台所销售商品所有数据，其来源都是后台所录入的数据。后台的产品录入页面，如图9-3所示。

图 9-3 用户搜索界面效果

（3）后台数据处理功能模块。是相对于前台网上销售模块而言，网上销售的数据，都放在销售数据库中，对这部分的数据进行处理，是后台数据处理模块的功能。后台订单处理页面如图9-4所示。

图 9-4　后台定单处理页面

（4）用户注册功能模块。用户当然并不一定立即就要买东西，可以先注册，任何时候都可以来买东西，用户注册的好处在于买完东西后无须再输入一大堆个人信息，只须将账号和密码输入就可以了，会员注册页面如图9-5所示。

图 9-5　会员注册页面

（5）订单号模块。客户购买完商品后，系统自动分配一个购物号码给客户，以方便客户随时查询账单处理情况，了解现在货物的状态。客户订购后结算中心页面效果如图9-6所示。

图 9-6　结算页面

（6）会员留言模块。客户能及时反馈信息，管理员能在后台实现回复的功能，真正做到处处为顾客着想，留言页面如图9-7所示。

图 9-7　用户留言页面

9.1.3　网站整体规划

在制作网站之前首先要把设计好的网站内容放置在本地计算机的硬盘上，为了方便站点的设计及上传，设计好的网页都应存储在一个目录下，再用合理的文件夹来管理文档。在本地站点中应该用文件夹来合理构建文档的结构。首先为站点创建一个主要文件夹，然后在其中再创建多个子文件夹，最后将文档分类存储到相应的文件夹下。读者可以下载本书提供的素材，看下第9章的站点文档结构，及文件夹结构，设计完成的结构如图9-8所示。

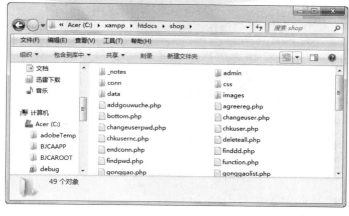

图 9-8　网站文件结构

首先对本商城的前台页面进行一下规划设计，对需要设计的页面功能分析如下：

- addgouwuche.php：添加定购的商品到购物车 gouwuche.php 页面
- agreereg.php：同意注册页面
- bottom.php：网站底部版权
- changeuser.php：用户注册信息更改页面
- changeuserpwd.php：更改登录密码页面
- chkuser.php：登录身份验证页面
- chkusernc.php：检查昵称是否被用文件
- conn/conn.php：数据库连接文件
- deleteall.php：删除用户处理页面
- finddd.php：订单查询页面
- findpwd.php：找回密码功能的页面
- serchorder.php：查找到商品显示页面
- function.php：系统调用的常用函数
- gouwuche.php：购物车页面
- gouwusuan.php：收银台结算页面
- highsearch.php：高级查找页面
- index.php：网站购物车首页
- left_menu.php：用户及公告系统
- logout.php：用户退出页面
- lookinfo.php：详细商品信息
- openfindpwd.php：找回密码回答答案页面
- reg.php：用户注册开始页面
- removegwc.php：购物车移除指定商品页面
- savechangeuserpwd.php：更改用户密码页面
- savedd.php：保存用户订单页面

- savepj.php: 保存商品评价页面
- savereg.php: 保存用户注册信息
- saveuserleaveword.php: 保存用户留言页面
- showdd.php: 显示详细订单页面
- showfenlei.php: 商品分类显示页面
- gonggao.php: 显示详细公告内容页面
- gonggaolist.php: 公告罗列分页显示页面
- showhot.php: 热门商品页面
- shownewpr.php: 最新商品页面
- showpp.php: 商品销售排行页面
- showpl.php: 商品评论分页显示页面
- showpwd.php: 用户找回的密码页面
- showtuijian.php: 推荐商品页面
- top.php: 网站顶部导航条
- usercenter.php: 会员中心页面
- userleaveword.php: 发表留言页面

从上面的分析统计该网站前台总共由41个页面组成，涉及到了动态网站建设几乎所有的动态功能开发设计。

9.2 系统数据库设计

网上购物系统的数据库也是比较庞大的，在设计的时候需要从使用的功能模块入手，可以分别创建不同命名的数据表，命名的时候也要与使用的功能命名相配合，方便后面相关页面设计制作时的调用，MySQL数据库的制作方法在前面的章节中也介绍过很多次，本章节将要完成的数据库命名为db_shop，在数据库中建立8个不同的数据表，如图9-9所示。

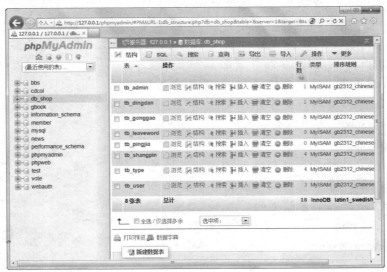

图 9-9 建立的 db_shop 数据库

9.2.1　设计商城数据表

数据库db_shop里面是根据开发的网站的几大动态功能来设计不同数据表的，本实例需要创建8个不同的数据表，下面分别介绍一下这些数据表的功能及设计的字段要求：

（1）tb_admin是用来储存后台管理员的信息表，设计的tb_admin数据表，如图9-10所示。其中name是管理员名称，pwd是管理员密码。

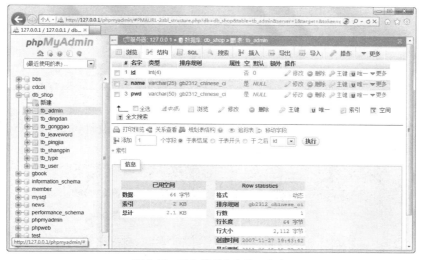

图 9-10　后台管理者表 tb_admin

（2）tb_dingdan是用来储存会员在网上下的订单的详细内容表，设计的tb_dingdan数据表，如图9-11所示。

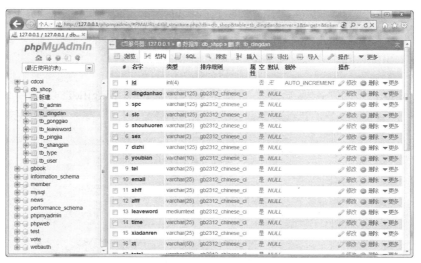

图9-11　用户订单表tb_ dingdan

（3）tb_gonggao是用来保存网站公告的信息表，设计的tb_gonggao数据表，如图9-12所示。

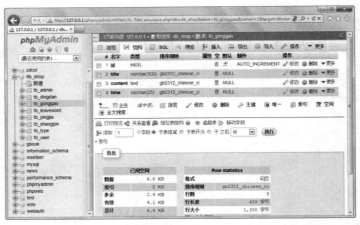

图 9-12　网站公告表 tb_gonggao

（4）tb_leaveword是用户给网站管理者留言的数据表，设计的tb_leaveword数据表，如图9-13所示。

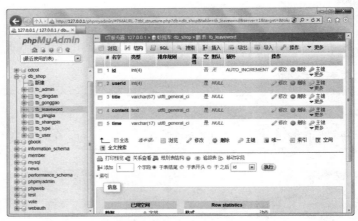

图 9-13　用户留言表 tb_leaveword

（5）tb_pingjia是用户对网上商品的评价表，设计的tb_pingjia数据表，如图9-14所示。

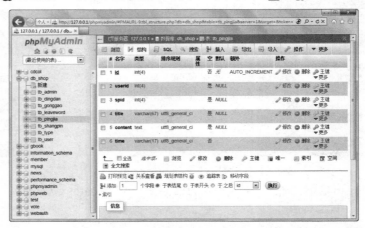

图 9-14　商品用户评价表 tb_pingjia

（6）tb_shangpin是商品表，购物系统中核心的产品发布，定购时的结算都要调用该数据表的内容，设计的tb_shangpin数据表，如图9-15所示。

图 9-15　商品表 tb_shangpin

（7）tb_type是商品的分类表，设计的tb_type数据表，如图9-16所示。

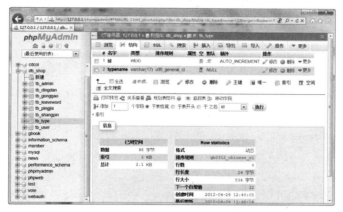

图 9-16　商品分类表 tb_type

（8）tb_user是用来保存网站会员注册用的数据表，设计的tb_user数据表，如图9-17所示。

图 9-17　网站用户信息表 tb_user

上面设计的数据表属于比较复杂的数据表，数据表之间主要通过产品的类别ID关联，建立网站所需要的主要内容信息，都能储存在数据库里面。

9.2.2 建立网站本地站点

定义站点的具体操作步骤如下：

01 首先在C:\xampp\htdocs路径下建立shop文件夹（如图9-18所示），本章所有建立的PHP程序文件都将放在该文件夹底下。

图9-18　建立站点文件夹 shop

02 打开Dreamweaver CC，执行菜单栏中的"站点"→"管理站点"命令，如图9-19所示，打开"管理站点"对话框。

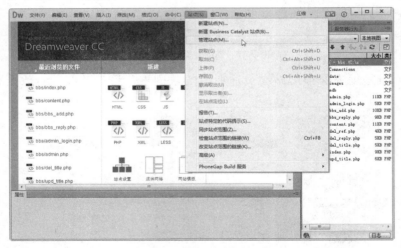

图9-19　"管理站点"对话框

03 单击"新建"按钮，打开"站点设置对象shop"对话框，如图9-20所示设置参数。

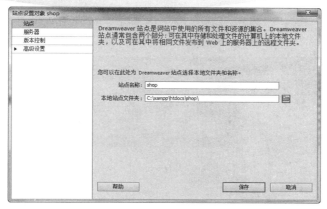

图 9-20　建立 shop 站点

04 单击列表框中的"服务器"选项，并单击"添加服务器"按钮 ，打开"基本"选项卡进行如图9-21所示的参数设置。

图 9-21　"基本"选项卡设置

05 设置后再单击"高级"选项卡，打开"高级"服务器设置界面，选中"维护同步信息"复选框，在"服务器模型"下拉列表项中选择PHP MySQL，表示是使用PHP开发的网页，其他的保持默认值，如图9-22所示。

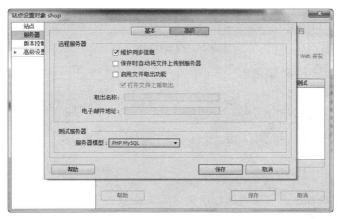

图 9-22　设置"高级"选项卡

06 单击"保存"按钮，返回"服务器"设置界面，再单击选择上"测试"复选框，如图9-23所示。

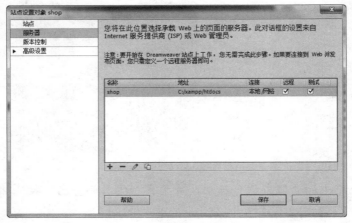

图9-23 设置"服务器"参数

07 单击"保存"按钮，则完成站点的定义设置。完成Dreamweaver CC测试shop网站环境设置。

9.2.3 建立数据库连接

数据库设计之后，需要将数据库链接到网页上，这样网页才能调用数据库和储存相应的信息。用PHP开发的网站，一般将数据库链接的程序代码文件命名为conn.php。在站点文件夹创建conn.php空白页面，按如图9-24所示输入数据库链接代码。

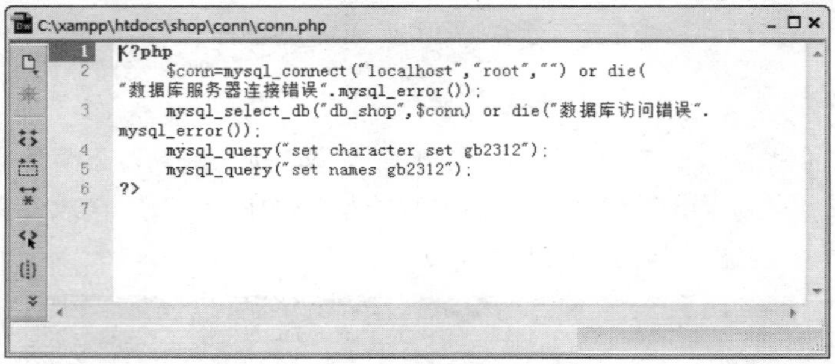

图9-24 设置数据库连接

对于本连接的程序说明如下：

```php
<?php
    $conn=mysql_connect("localhost","root","") or die("数据库服务器连接
错误".mysql_error());
  //设置数据库连接,本地服务器,用户名为root,密码为空,如果连接错误调用mysql_error()
函数。
    mysql_select_db("db_shop",$conn) or die("数据库访问错误".mysql_
error());
  //连接db_shop数据库,如果连接错误调用mysql_error()。
    mysql_query("set character set gb2312");
    mysql_query("set names gb2312");
```

```
//设置数据库的字体为gb2312即中文简体。
?>
```

读者使用时如果需要更改数据库名称，只需要将该页面中的db_shop做相应的更改即可以实现，同时也要使用户名和密码与你在本地安装的用户名和密码一样。

9.3　首页动态功能开发

对于一个电子商城系统来说，需要一个主页面来给用户进行注册、搜索需要定购的商品、网上浏览商品等操作。实例首页index.php主要嵌套了由font.css、top.php、left_menu.php、bottom.php等共5个页面组合而成，本小节介绍这些页面的设计过程。

9.3.1　创建样式表

任何网站如果想看上去美观些都是要经过专业的网页布局设计的，实例按传统的电子商务网站布局方式进行布局，文字样式的美化设计是使用样式表来直接设计的，实例的样式表保存在css文件夹下。

01 运行Dreamweaver CC软件，打开制作到这一步骤的站点文件夹。执行菜单栏"文件"→"新建"命令，打开"新建文档"对话框，选择"空白页"选项卡中"页面类型"下拉列表框下的CSS，然后单击"创建"按钮创建新页面，如图9-25所示。在网站css目录下新建一个名为font.css的网页并保存。

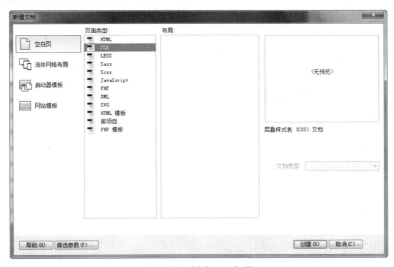

图 9-25　创建 css 文件

02 进入代码视图窗口，将里面所有的默认创建代码删除，然后加入如下代码：

```
A:link {
 COLOR: #990000;
 TEXT-DECORATION: none
}
A:visited {
 COLOR: #990000; TEXT-DECORATION: none
}
A:active {
```

```
    COLOR: #990000; TEXT-DECORATION: none
}
A:hover {
 COLOR: #000000
}
//网页链接属性设置
BODY {

 margin-top: 0px;
}
TD,TH {
 FONT-SIZE:12px;
 COLOR: #000000;
}
.buttoncss {
    font-family: "Tahoma", "宋体";
    font-size: 9pt; color: #003399;
    border: 1px #fff solid;
    color:006699;
    BORDER-BOTTOM: #93bee2 1px solid;
    BORDER-LEFT: #93bee2 1px solid;
    BORDER-RIGHT: #93bee2 1px solid;
    BORDER-TOP: #93bee2 1px solid;
    background-color: #ccc;
    CURSOR: hand;
    font-style: normal ;
}
.inputcss {
    font-size: 9pt;
    color: #003399;
    font-family: "宋体";
    font-style: normal;
    border-color: #93BEE2 #93BEE2 #93BEE2 #93BEE2 ;
    border: 1px #93BEE2 solid;
}
.inputcssnull {
    font-size: 9pt;
    color: #003399;
    font-family: "宋体";
    font-style: normal;
    border: 0px #93BEE2 solid;
}
.scrollbar{
   SCROLLBAR-FACE-COLOR: #FFDD22;
   FONT-SIZE: 9pt;
   SCROLLBAR-HIGHLIGHT-COLOR: #69BC2C;
   SCROLLBAR-SHADOW-COLOR: #69BC2C;
   SCROLLBAR-3DLIGHT-COLOR: #69BC2C;
   SCROLLBAR-ARROW-COLOR: #ffffff;
   SCROLLBAR-TRACK-COLOR: #69BC2C;
   SCROLLBAR-DARKSHADOW-COLOR: #69BC2C

 }
.scrollbar{
   SCROLLBAR-FACE-COLOR: #FFDD22;
   FONT-SIZE: 9pt;
   SCROLLBAR-HIGHLIGHT-COLOR: #69BC2C;
   SCROLLBAR-SHADOW-COLOR: #69BC2C;
   SCROLLBAR-3DLIGHT-COLOR: #69BC2C;
   SCROLLBAR-ARROW-COLOR: #ffffff;
```

```
    SCROLLBAR-TRACK-COLOR: #69BC2C;
    SCROLLBAR-DARKSHADOW-COLOR: #69BC2C
    }
    //网页表单对象的样式设置
```

通过上面样式文件的建立可以将整个网站的样式统一，起到美化整个网站的效果。

9.3.2 设计网站导航

导航频道是网站建设中很重要的部分，通常情况下一个网站的页面会有几十个，更大型一点的可能会达到几千个甚至几万个，每个页面都会有导航栏。但是，在网站后期维护或者需要更改的时候，这个工作量就会变得很大，所以为了方便，通常都会把导航栏开发成单独的一个页面，然后让每个页面都单独调用它。这样当需要变更的时候，只要修改导航栏这一个页面，其他的页面自动就全部更新了。实例创建的带显示登录用户名的导航栏，如图9-26所示。

图 9-26 导航频道

这里制作的步骤如下：

01 在Dreamweaver CC中执行菜单栏"文件"→"新建"命令，打开"新建文档"对话框，选择"空白页"选项卡中"页面类型"下拉列表框下的PHP选项，在"布局"下拉列表框中选择"无"选项，然后单击"创建"按钮创建新页面，在网站根目录下新建一个名为top.php的网页并保存。

02 再单击"显示代码视图" ![代码]按钮，进入代码视图窗口，将里面所有的默认创建代码删除，然后加入如下代码：

```php
<?php
  session_start();
  include("conn/conn.php");
?>//调用session函数，并调用conn.php数据库链接文件
<html>
<head>
<meta http-equiv="Content-Type" content="text/html; charset=gb2312">
<title>电子商务网站</title>
<link rel="stylesheet" type="text/css" href="css/font.css">
</head>
<body>
<table    width="766"   border="0"   align="center"   cellpadding="0"
cellspacing="0" background="images/bannerdi.gif">
```

```
<tr>
<td    colspan="3"    valign="bottom"><table    width="766"    border="0"
align="center" cellpadding="0" cellspacing="0">
<tr>
<td width="224" height="83"> </td>
<td align="right"><p> </p>
<table    height="20"    border="0"    align="center"    cellpadding="0"
cellspacing="0">
</table></td>
</tr>
</table></td>
</tr>
<tr>
<td width="568" height="32" bgcolor="#FFFFFF">   
  <a    href="index.php">  首        页  </a> |    <a
href="shownewpr.php">最新婚纱</a> | <a href="showtuijian.
php">推荐品牌</a>  |  <a href="showhot.php">热门品牌</a> | <a
href="showfenlei.php">婚纱分类</a> | <a href="usercenter.php">
用户中心</a> | <a href="finddd.php">订单查询</a> | <a
href="gouwuche.php">购物车</a></td>
<td width="121" align="center" bgcolor="#FFFFFF">
    </td>
  </tr>
</table>
```

上述代码中加黑部分为用户中心，可以方便用户登录购物显示购物车的详细信息，也可以让用户注销离开。

03 加入代码后，这时就会发现在编辑文档窗口中的效果，具体如图9-27所示。

图9-27　自动生成代码占位符

最后保存制作的页面，按F12快捷键，即可以在IE浏览器中看到和原来一样的导航效果。

9.3.3　登录、新闻及搜索

left_menu.php页面中的“我的购物车”、“用户系统”、“站内搜索”3个栏目是动态网站开发中经常遇到的功能，在电子商城中这几个功能也是必不可少的，下面将详细介绍这些功能的开通办法，制作步骤如下：

01 为了能够实现页面的调用，需要首先打开数据库db_shop文件，然后再打开tb_gonggao数据表，加入一些数据，如图9-28所示。

图 9-28　加入数据信息

02 创建left_menu.php页面，然后在<head>代码之前，加入调用数据库链接页面conn.php的命令，如下：

```php
<?php include("Conn/conn.php");?>
```

我的购物车主要实现登录后能显示登录的用户名，并显示购物车的实时情况，实现的PHP代码如下：

```php
<table width="209" border="0" cellspacing="0" cellpadding="0">
  <tr>
  <td ><img src="images/carttop.jpg" width="209" height="46" /></td>
  </tr>
  <tr>
  <td>
  <table width="100%" border="0" cellspacing="0" cellpadding="0">
  <tr>
  <td><font color="#FF3300">
  <?php
  if($_SESSION[username]!=""){
    echo "用户：$_SESSION[username]，欢迎您！";
    }
    else
    {echo "用户：游客，欢迎您！<br>  请先登录，后购物";}
?>
  </font></td>
  </tr>
  <tr>
  <td>
  <table    width="209"    border="0"    align="center"    cellpadding="0"
cellspacing="0">
  <form action="gouwuche.php" method="post" name="form1" id="form1">
  <tr>
  <td>
  <?php
```

```php
//session_register("total");
if($_GET[qk]=="yes"){
    $_SESSION[producelist]="";
    $_SESSION[quatity]="";
}
$arraygwc=explode("@",$_SESSION[producelist]);
$s=0;
for($i=0;$i<count($arraygwc);$i++){
    $s+=intval($arraygwc[$i]);
}
if($s==0 ){
    echo "<tr>";
    echo"   您的购物车为空!";
    echo"</tr>";
}
else{
?>
            <?php
    $total=0;
    $array=explode("@",$_SESSION[producelist]);
    $arrayquatity=explode("@",$_SESSION[quatity]);
    while(list($name,$value)=each($_POST)){
        for($i=0;$i<count($array)-1;$i++){
            if(($array[$i])==$name){
                $arrayquatity[$i]=$value;
            }
        }
    }
    $_SESSION[quatity]=implode("@",$arrayquatity);

    for($i=0;$i<count($array)-1;$i++){
        $id=$array[$i];
        $num=$arrayquatity[$i];

        if($id!=""){
        $sql=mysql_query("select  *  from  tb_shangpin  where
id='".$id."'",$conn);
        $info=mysql_fetch_array($sql);
        $total1=$num*$info[huiyuanjia];
        $total+=$total1;
        $_SESSION["total"]=$total;
?>
   
            <?php
    }
    }
?>
购物车总计：<?php echo $total;?>元
        <br>
          <a  href="gouwusuan.php">去 收 银 台</a>  <a
href="gouwuche.php?qk=yes">清空购物车</a>
            <?php
    }
```

```
      ?>
         <?php
if($_SESSION[username]!=""){
   echo "  <a href='logout.php'>注销离开</a>";
   }
?></br>
         </td>
            </tr>
            </form>
            </table>
```

然后简单地设计一下功能的显示效果，设计完成后编辑文档窗口，如图9-29所示。

图 9-29　设计我的购物车

03 在"用户系统"的显示界面上，是提供给用户登录、注册以及找回密码的功能，具体的注册和找回密码的功能将在下一节介绍，这里重点介绍使用PHP实现验证码随机调用并显示成数字的功能，程序如下：

```
<?php
   $num=intval(mt_rand(1000,9999));
//使用到了mt_rand()函数调用介于1000-9999的任意一个数字。
   for($i=0;$i<4;$i++){
echo "<img src=images/code/".substr(strval($num),$i,1).".gif>";
   }
//调用images/code/文件夹下的随机字母图片，并显示成4位数。
?>
```

该程序能够实现如图9-30所示的随机显示图片验证码数字的效果。

用户系统

用 户：
密 码：
验 证：　　　　　**1972**
登录　注册 找回密码

图 9-30　显示验证码效果

04 用户输入用户名和密码，并单击"登录"按钮后，要将输入的数据传递到chkuser.php页面进行登录验证。代码如下：

```
<form name="form2" method="post" action="chkuser.php" onSubmit="return
chkuserinput(this)">
```

该段代码包含了两个意思，第一个action="chkuser.php"意思是，转到chkuser.php页面进行验证；第二个onSubmit="return chkuserinput(this)"意思是直接调用JavaScript的chkuserinput(this)进行数据输入的验证，即通常在提交表单时要验证一下输入的数据是否为空，输入的数据格式是否符合要求，调用的程序如下：

```
<script language="javascript">
function chkuserinput(form){
  if(form.username.value==""){
 alert("请输入用户名!");
 form.username.select();
 return(false);
}     //如果用户名没输入提示"请输入用户名!"
if(form.userpwd.value==""){
 alert("请输入用户密码!");
 form.userpwd.select();
 return(false);
}     //如果用户密码没输入提示"请输入用户密码!"
if(form.yz.value==""){
 alert("请输入验证码!");
 form.yz.select();
 return(false);
}     //如果用户验证码没有输入提示"请输入验证码!"
 return(true);
}
 </script>
```

05 在主页的"品牌新闻"显示的数据要实现的效果是调出新闻的标题，在单击标题时能打开详细页面，调出5条所有的数据并将所有的代码列出，说明如下：

```
<?php
$sql=mysql_query("select * from tb_gonggao order by time desc limit
0,5",$conn);
 //按时间顺序从tb_gonggao数据表中调用5条数据
 $info=mysql_fetch_array($sql);
 if($info==false){
  ?>
<tr>
<td height="20" align="center">暂无新闻公告!</td>
</tr>//如果没有数据则显示为"暂无新闻公告!"
<?php
}
else{
  do{
  ?>
<tr>
 <td height="20"><div align="center">
 <table  width="180"    border="0"  align="center"  cellpadding="0"
cellspacing="0">
 <tr>
<td      width="16"       height="5"><div       align="center"><img
src="images/circle.gif" width="11" height="12"></div></td>
 <td      width="164"      height="24"><div      align="left">      <a
href="gonggao.php?id=<?php echo $info[id];?>">
 <?php
```

```
echo substr($info[title],0,24);
  if(strlen($info[title])>24){
echo "...";
  } //调用新闻标题并控制显示的字符数为24，如果标题比较长则显示为...
   ?>
</a> </div></td>
</tr>
</table>
</div></td>
</tr>
<?php
}
while($info=mysql_fetch_array($sql));
}
?>
```

06 在IE浏览器中浏览制作的调用数据，效果如图9-31所示。

品牌新闻：   更多..

» 低价婚纱照背后的问题
» 高房价与"隔代结婚"
» 婚宴场地简单10步轻松搞定
» 瑞典新郎礼服典雅简约不失精致
» 警惕婚礼大客车途中发生的故障
» 种玫瑰发短信赢钻戒参与须知
» 新娘要"奉子成婚"首选待产新娘...

图 9-31 "品牌新闻"的效果

如此轻易的就实现了数据库的调用、查询以及显示操作，读者会发现PHP动态网页的开发并不是很难，只需要掌握简单的代码即可以实现。在下面的所有其他功能区域都是采用调用、条件查询、绑定显示、关闭数据库这样一个相同的操作步骤来实现的。

07 最下面的"站内搜索"功能开发是将查询文本框放置到一个表单内，在单击"搜索"时提交到serchorder.php页面进行搜索并显示结果页面，单击"高级"按钮时提交到highsearch.php页面进行高级的搜索，该程序主要嵌入在<form>表单之内，代码如下：

```
<form name="form" method="post" action="serchorder.php">
  <tr>
  <td width="500" height="30" valign="middle"><div align="center">
  <input    type="text"    name="name"    size="15"    class="inputcss"
style="background-color:#fff                                              "
onMouseOver="this.style.backgroundColor='#ffffff'"
onMouseOut="this.style.backgroundColor='#e8f4ff'">
  <input type="hidden" name="jdcz" value="jdcz">
  <input name="submit" type="submit" class="buttoncss" value="搜索">
  <input        name="button"        type="button"        class="buttoncss"
onClick="javascript:window.location='highsearch.php';" value="高级">
  </div></td>
```

```
</tr>
</form>
```

此时Left_meau.php页面和新闻模块就开发完毕了，保存以方便其他页面嵌套使用。

9.3.4 产品的前台展示

网站实现在线购物，一般都是通过用户自身的登录、浏览、定购、结算这样的流程来实现网上购物的，所以在首页上制作产品的动态展示功能非常的重要，实例在首页上设计了"推荐品牌"、"最新婚纱"以及"热门品牌"三个显示区域，下面就介绍产品展示区域的实现方法。

01 对于上述的三个显示区域在使用程序开发之前，首先要先在Dreamweaver CC中设计好最终的网页效果，实例设计的三个展示区域如图9-32所示，每个区域显示最新发布的两款产品信息，将产品的图片、价格、数量全部展示出来，并加入"购买"和显示"详细"的按钮。

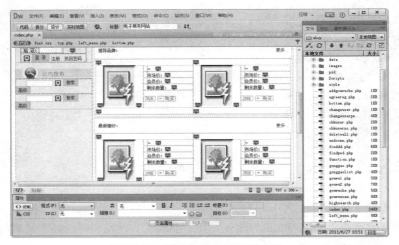

图9-32　设计产品展示的区域效果

02 三个区域的程序实现的方法是一样的，就是按条件查询出数据的结果是不一样的，这里介绍"推荐品牌"区域的代码实现方法如下：

```
<table   width="550"   border="00"   align="center"   cellpadding="0"
cellspacing="0">
<tr>
<td width="555" height="110"><table width="530" height="110" border="0"
align="center" cellpadding="0" cellspacing="0">
<tr>
<td width="265">
<?php
  $sql=mysql_query("select * from tb_shangpin where tuijian=1 order by
addtime desc limit 0,1");//按tujian=1的值调用数据
  $info=mysql_fetch_array($sql);
  if($info==false){
   echo "本站暂无推荐商品！";
  }//如果没有数据显示为"本站暂无推荐商品！"
```

```
    else{
    ?>
    <table width="270" border="0" cellspacing="0" cellpadding="0">
<tr>
<td width="130" rowspan="5"><div align="center">
<?php
    if(trim($info[tupian]=="")){
    echo "暂无图片";
}//如果没有产品图片则显示为"暂无图片"
    else{
    ?>
    <img src="<?php echo $info[tupian];?>" width="80" height="80"
border="0">
    <?php
    }
    ?>
</div></td>
<td width="11" height="16"> </td>
<td width="124"><font color="FF6501"><img src="images/circle.gif"
width="10" height="10"> <?php echo $info[mingcheng];?></font></td>
    </tr>
    <tr>
<td height="16"> </td>
<td><font color="#000000">市场价：</font><font color="FF6501"><?php echo
$info[shichangjia];?></font></td>
    </tr>
    <tr>
<td height="16"> </td>
    <td><font color="#000000">会员价：</font><font color="FF6501"><?php echo
$info[huiyuanjia];?></font></td>
    </tr>
    <tr>
<td height="16"> </td>
    <td><font color="#000000">剩余数量：</font><font color="13589B">
<?php
    if($info[shuliang]>0)
    {
    echo $info[shuliang];
    }
    else
    {
    echo "已售完";
    }
    ?>
</font></td>
    </tr>
    <tr>
<td height="30" colspan="2"><a href="lookinfo.php?id=<?php echo
$info[id];?>"><img src="images/b3.gif" width="34" height="15"
border="0"></a> <a href="addgouwuche.php?id=<?php echo $info[id];?>"><img
src="images/b1.gif" width="50" height="15" border="0"></a>    </td>
    </tr>
    </table>
```

```php
<?php
   }
   ?>
</td>
   <td width="265">
    <?php
   $sql=mysql_query("select * from tb_shangpin where tuijian=1 order by
addtime desc limit 1,1");
   $info=mysql_fetch_array($sql);
   if($info==true)
   {
   ?>
    <table width="270"  border="0" cellspacing="0" cellpadding="0">
   <tr>
   <td width="130" rowspan="5"><div align="center">
   <?php
    if(trim($info[tupian]=="")){
   echo "暂无图片";
   }
   else{
    ?>
    <img  src="<?php  echo  $info[tupian];?>"  width="80"  height="80"
border="0">
   <?php
      }
    ?>
   </div></td>
   <td width="11" height="16"> </td>
   <td  width="124"><font  color="FF6501"><img  src="images/circle.gif"
width="10" height="10"> <?php echo $info[mingcheng];?></font></td>
   </tr>
   <tr>
   <td height="16"> </td>
   <td><font color="#000000">市场价：</font><font color="FF6501"><?php echo
$info[shichangjia];?></font></td>
   </tr>
   <tr>
   <td height="16"> </td>
   <td><font color="#000000">会员价：</font><font color="FF6501"><?php echo
$info[huiyuanjia];?></font></td>
   </tr>
   <tr>
   <td height="16"> </td>
   <td><font color="#000000">剩余数量：</font><font color="13589B">
   <?php
   if($info[shuliang]>0)
   {
     echo $info[shuliang];
   }
   else
   {
     echo "已售完";
   }
```

```
    ?>
  </font></td>
  </tr>
  <tr>
    <td  height="30"  colspan="2"><a  href="lookinfo.php?id=<?php  echo
$info[id];?>"><img       src="images/b3.gif"       width="34"       height="15"
border="0"></a> <a href="addgouwuche.php?id=<?php echo $info[id];?>"><img
src="images/b1.gif" width="50" height="15" border="0"></a> </td>
  </tr>
  </table>
    <?php
    }
    ?>
  </td>
  </tr>
  </table></td>
  </tr>
  <tr>
  <td height="10" background="images/line1.gif"></td>
  </tr>
  </table>
```

03 按上述的程序实现方法，将另外两个产品展示的功能设计完成，最后可以实现的效果如图9-33所示。

图 9-33 首页的商品展示效果

 版权页面

9.3.5

底部版权页面是一个静态的页面，制作非常的简单，在Dreamweaver CC中进行直接排版设计即可，完成的效果如图9-34所示。

图 9-34 版权页面的效果

网站的首页制作结束，如果需要快速建立首页，可以直接参考网上下载资源中完成的页面，查看代码，可以方便地完成购物系统首页的设计与制作。

9.4 会员管理系统功能

网站的会员管理系统，在首页上只是一个让用户登录和注册的窗口。当输入用户名和密码时，单击"登录"按钮，即转到chkuser.php页面进行判断登录。当单击"注册"文字链接时，将会打开网站的会员注册页面agreereg.php进行注册。单击"找回密码"会弹出找回密码的Windows对话窗口，本小节将对会员管理系统的开发进行介绍。

9.4.1 会员登录判断

会员在首页输入用户名和密码，单击"登录"按钮时只有用户名、密码、验证码全部正确才可以登录成功，如果有错误就需要显示相关的错误信息，所有的功能都要用PHP进行分析判断，创建一个空白PHP页面，并命名为chkuser.php。

在该页面中加入如下的代码：

```php
<?php
include("conn/conn.php");//调用数据库连接
$username=$_POST[username];
$userpwd=md5($_POST[userpwd]);
$yz=$_POST[yz];
$num=$_POST[num];
if(strval($yz)!=strval($num)){
 echo "<script>alert('验证码输入错误!');history.go(-1);</script>";
 exit;
 }//如果验证码错误则提示"验证码输入错误！"，并且返回登录页面
class chkinput{
  var $name;
  var $pwd;
  function chkinput($x,$y){
    $this->name=$x;
    $this->pwd=$y;
}
 function checkinput(){
 include("conn/conn.php");
$sql=mysql_query("select          *         from          tb_user          where
name='".$this->name."'",$conn);
$info=mysql_fetch_array($sql);
    if($info==false){
        echo "<script  language='javascript'>alert('不存在此用户!
```

```
');history.back();</script>";
            exit;
        }//如果数据库里不存在该用户名则显示"不存在此用户"，并返回。
      else{
        if($info[dongjie]==1){
            echo "<script language='javascript'>alert('该用户已经被冻结!
');history.back();</script>";
            exit;
        }//如果用户已经在后台冻结，则显示"该用户已经被冻结!"并且返回
        if($info[pwd]==$this->pwd)
        {
          session_start();
          $_SESSION[username]=$info[name];
          session_register("producelist");
          $producelist="";
          session_register("quatity");
          $quatity="";
          header("location:index.php");
          exit;
        }
        else {
          echo "<script language='javascript'>alert('密码输入错误!
');history.back();</script>";
          exit;
        }//如果用户密码错误，则显示"密码输入错误!"并且返回
      }
    }
  }

  $obj=new chkinput(trim($username),trim($userpwd));
  $obj->checkinput();
?>
```

该段程序，首先加入判断验证码、用户名以及密码是否正确的代码，如果不正确则显示相应的错误信息，如果全部正确则登录成功返回登录的首页。

9.4.2 会员注册功能

会员注册的功能并不只是简单的一个网页就能实现，它需要同意协议，判断用户是否存在，写入数据等细节的步骤，这里介绍如下：

01 单击"注册"文字链接时，将会打开网站的会员注册页面agreereg.php，该页面制作的效果如图9-35所示。该页面的内容是必不可少的，提示一下网站管理者，为了避免日后注册用户会发生一些纠纷，需要提前将网站所提供的具体服务和约束等放到注册信息里面，这样可以有效地保护自己的利益。

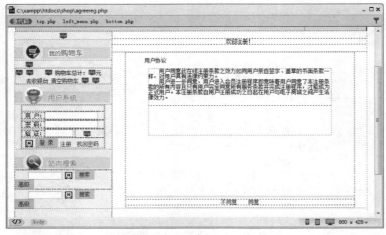

图 9-35　同意网站里的服务条款

02 单击"同意"按钮后，就打开具体的注册用户信息填写内容页，该页面制作的时候也比较简单，只需要按数据库中tb_user数据表的字段名为准，在注册页面分别创建相应的文本框即可，设计的页面如图9-36所示。

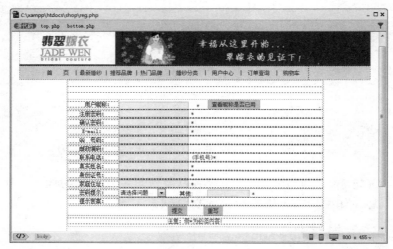

图 9-36　用户注册信息的页面

03 其中的技术难点在于"查看昵称是否已用"功能，在输入用户昵称时，需要单击该按钮检查数据库中是否有存在该用户昵称，实现的方法代码如下：

```
<script language="javascript">
  function chknc(nc)
  {
window.open("chkusernc.php?nc="+nc,"newframe","width=200,height=10,left=500,top=200,menubar=no,toolbar=no,location=no,scrollbars=no,location=no");
  }//单独打开Windows窗口通过调用chkusernc.php页面进行判断
</script>
```

所以嵌套的实际判断的页面是chkusernc.php，该页面的代码如下：

```php
<?php
 $nc=trim($_GET[nc]);
?>
<?php
 include("conn/conn.php");
?>
<html>
<head>
<title>
昵称重用检测
</title>
<link rel="stylesheet" type="text/css" href="css/font.css">
</head>
<body topmargin="0" leftmargin="0" bottommargin="0">
<table    width="200"    height="100"    border="0"    align="center"
cellpadding="0" cellspacing="0" bgcolor="#eeeeee">
  <tr>
   <td height="50"><div align="center">
<?php
  if($nc=="")
  {
    echo "请输入昵称!";
  }
  else
  {
    $sql=mysql_query("select    *    from    tb_user    where
name='".$nc."'",$conn);
    $info=mysql_fetch_array($sql);
    if($info==true)
    {
      echo "对不起,该昵称已被占用!";
    }
    else
    {
      echo "恭喜,该昵称没被占用!";
    }
  }
?>
  </div></td>
  </tr>
  <tr>
   <td height="50"><div align="center"><input type="button" value="
确定" class="buttoncss" onClick="window.close()"></div></td>
  </tr>
</table>
</body>
```

04 在单击"提交"按钮时还要实现所有的字段检查功能，调用的JavaScript程序进行
检查的代码如下：

```javascript
<script language="javascript">
 function chkinput(form)
  {
```

```
    if(form.usernc.value=="")
{
 alert("请输入昵称!");
 form.usernc.select();
 return(false);
}
if(form.p1.value=="")
{
 alert("请输入注册密码!");
 form.p1.select();
 return(false);
}
   if(form.p2.value=="")
{
 alert("请输入确认密码!");
 form.p2.select();
 return(false);
 }
if(form.p1.value.length<6)
 {
 alert("注册密码长度应大于6!");
 form.p1.select();
 return(false);
 }
if(form.p1.value!=form.p2.value)
 {
 alert("密码与重复密码不同!");
 form.p1.select();
 return(false);
 }
   if(form.email.value=="")
{
 alert("请输入电子邮箱地址!");
 form.email.select();
 return(false);
 }
if(form.email.value.indexOf('@')<0)
{
 alert("请输入正确的电子邮箱地址!");
 form.email.select();
 return(false);
 }
  if(form.tel.value=="")
{
 alert("请输入联系电话!");
 form.tel.select();
 return(false);
 }
 if(form.truename.value=="")
{
 alert("请输入真实姓名!");
 form.truename.select();
 return(false);
```

```
    }
    if(form.sfzh.value=="")
    {
    alert("请输入身份证号!");
    form.sfzh.select();
    return(false);
    }
    if(form.dizhi.value=="")
    {
    alert("请输入家庭住址!");
    form.dizhi.select();
    return(false);
    }
    if(form.tsda.value=="")
    {
    alert("请输密码提示答案!");
    form.tsda.select();
    return(false);
    }
     if((form.ts1.value==1)&&(form.ts2.value==""))
      {
    alert("请选择或输入密码提示答案!");
    form.ts2.select();
    return(false);
    }
     return(true);
    }
</script>
```

该段程序是验证表单经常使用到的方法，读者可以重点浏览并掌握其功能，对于其他系统的开发也经常使用到。

05 在验证表单没问题后，才将表单的数据传递到savereg.php页面进行数据表的插入记录操作，也就是实质上的保存用户注册信息的操作，具体的代码如下：

```
<?php
session_start();
include("conn/conn.php");
$name=$_POST[usernc];
$pwd1=$_POST[p1];
$pwd=md5($_POST[p1]);
$email=$_POST[email];
$truename=$_POST[truename];
$sfzh=$_POST[sfzh];
$tel=$_POST[tel];
$qq=$_POST[qq];
if($_POST[ts1]==1)
  {
  $tishi=$_POST[ts2];
  }
else
  {
  $tishi=$_POST[ts1];
```

```
  }
$huida=$_POST[tsda];
$dizhi=$_POST[dizhi];
$youbian=$_POST[yb];
$regtime=date("Y-m-j");
$dongjie=0;
$sql=mysql_query("select * from tb_user where name='".$name."'",$conn);
$info=mysql_fetch_array($sql);
if($info==true)
  {
    echo "<script>alert('该昵称已经存在!');history.back();</script>";
    exit;
  }
  else
  {
mysql_query("insert                          into               tb_user
(name,pwd,dongjie,email,truename,sfzh,tel,qq,tishi,huida,
  dizhi,youbian,regtime,pwd1)                              values
('$name','$pwd','$dongjie','$email','$truename','$sfzh','$tel',
  '$qq','$tishi','$huida','$dizhi','$youbian','$regtime','$pwd1')",$co
nn);//按字段对应相应的数据
  session_register("username");
  $username=$name;
      session_register("producelist");
  $producelist="";
  session_register("quatity");
  $quatity="";
  echo "<script>alert('恭喜，注册成
功!');window.location='index.php';</script>";
  }//插入数据后显示注册成功，并返回首页index.php
  ?>
```

通过以上几个步骤的程序编写才完成一个会员注册的功能，一般的用户注册都是这样的一个逻辑实现过程。

9.4.3 找回密码功能

会员在使用过程中忘记密码也是经常遇到的事，在实例中单击"找回密码"文字链接将打开相应的窗口实现找回密码的功能，具体的实现步骤如下：

01 在制作的left_men.php页面中加入Javascript的验证代码，实现的功能是单击"找回密码"链接时打开openfindpwd.php页面进行验证，代码如下：

```
<script language="javascript">
    function openfindpwd(){
window.open("openfindpwd.php","newframe","left=200,top=200,width=200
,height=100,menubar=no,toolbar=no,location=no,scrollbars=no,location=no
");
    }
</script>
```

02 使用Dreamweaver设计出找回密码的页面如图9-37所示，只需要一个简单的对话窗

口，输入昵称并进行判断即可。

图 9-37 找回密码的页面

03 在输入需要找回密码的昵称之后，单击"确定"按钮需要进行表单验证，判断是否为空，如果不为空则指向findpwd.php页面显示"密码提示"，输入提示的答案，如图9-38所示。

```javascript
<script language="javascript">
 function chkinput(form)
 {
   if(form.nc.value=="")
   {
     alert("请输入您的昵称!");
form.nc.select();
return(false);

   }
  return(true);
 }
</script
```

图 9-38 密码提示页面

04 输入"提示答案"之后，单击"确定"按钮，也要进行表单验证并转向最终显示密码的页面showpwd.php，验证的代码如下：

```javascript
<script language="javascript">
   function chkinput(form)
   {
     if(form.da.value=="")
   {
   alert('请输入密码提示答案!');
```

```
    form.da.select();
    return(false);
  }
    return(true);
  }
</script>
  <form        name="form2"        method="post"        action="showpwd.php"
onSubmit="return chkinput(this)">
```

05 showpwd.php的页面比较简单只需要查询数据库，把符合条件的数据显示出结果，即把昵称和密码显示在页面上即可，如图9-39所示。

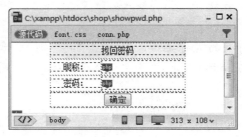

图 9-39　显示密码页面

9.5　品牌新闻系统

网站的"品牌新闻"在首页及各个页面显示了标题，当单击相应的标题时，将打开详细的显示内容页面gonggao.php，gonggao.php用于显示具体的信息内容；当单击首页的"更多>>"文字链接时，即可打开所有的信息标题页面gonggaolist.php。

9.5.1　信息标题列表

所有的信息标题页面gonggaolist.php制作的效果，如图9-40所示。

图 9-40　所有新闻列表页面效果

该页面的编写程序部分如下所示：

```php
<?php
    $sql=mysql_query("select count(*) as total from tb_gonggao",$conn);
    $info=mysql_fetch_array($sql);
    $total=$info[total];
    if($total==0)
    {
      echo "本站暂无公告!";
    }//调用tb_gonggao数据，如果没有则显示"本站暂无公告!"
    else
    {
    ?>
      <table  width="530"  border="0"  align="center"  cellpadding="0"
cellspacing="0">
        <tr bgcolor="#EEEEEE">
          <td  width="296"  height="20"><div  align="center">公 告 主 题
</div></td>
          <td width="136"><div align="center">发布时间</div></td>
          <td width="68"><div align="center">查看内容</div></td>
        </tr>
        <?php
        $pagesize=20;
         if ($total<=$pagesize){
           $pagecount=1;
           }
           if(($total%$pagesize)!=0){
             $pagecount=intval($total/$pagesize)+1;

           }else{
             $pagecount=$total/$pagesize;

           }
           if(($_GET[page])==""){
               $page=1;

           }else{
               $page=intval($_GET[page]);

           }

           $sql1=mysql_query("select * from tb_gonggao order by time
desc limit ".($page-1)*$pagesize.",$pagesize ",$conn);
             while($info1=mysql_fetch_array($sql1))
           {
        ?>
        <tr>
          <td      height="20"><div      align="left">-<?php     echo
$info1[title];?></div></td>
            <td      height="20"><div      align="center"><?php     echo
$info1[time];?></div></td>
            <td          height="20"><div          align="center"><a
href="gonggao.php?id=<?php echo $info1[id];?>">查看</a></div></td>
```

```
        </tr>
        <?php
    }
   ?>
     <tr>
       <td height="20" colspan="3">  
           <div align="right">本站共有公告 
               <?php
        echo $total;
       ?>
    条 每页显示 <?php echo $pagesize;?> 条 第
 <?php echo $page;?> 页/共 <?php echo $pagecount; ?> 
页
          <?php
          if($page>=2)
          {
          ?>
          <a   href="gonggaolist.php?page=1"   title=" 首 页 "><font
face="webdings"> 9 </font></a> <a href="gonggaolist.php?id=<?php echo
$id;?>&amp;page=<?php  echo  $page-1;?>"  title=" 前 一 页 "><font
face="webdings"> 7 </font></a>
          <?php
          }
          if($pagecount<=4){
           for($i=1;$i<=$pagecount;$i++){
          ?>
          <a  href="gonggaolist.php?page=<?php  echo  $i;?>"><?php  echo
$i;?></a>
          <?php
           }
          }else{
           for($i=1;$i<=4;$i++){
          ?>
          <a  href="gonggaolist.php?page=<?php  echo  $i;?>"><?php  echo
$i;?></a>
          <?php }?>
          <a href="gonggaolist.php?page=<?php echo $page-1;?>" title="后
一    页    "><font    face="webdings">    8    </font></a>    <a
href="gonggaolist.php?id=<?php   echo   $id;?>&amp;page=<?php   echo
$pagecount;?>" title="尾页"><font face="webdings"> : </font></a>
          <?php }?>
           </div></td>
        </tr>
       </table>
      <?php
      }

      ?></td>
    </tr>
  </table>
```

该页面的技术难点在于新闻标题的分页显示功能，在显示的标题太多时一般都要使用上述的分页显示功能实现按页显示记录。

9.5.2　显示详细内容

具体信息量显示页面，通常包括所显示信息的标题、时间以及出处，制作的具体效果如图9-41所示。

图 9-41　详细新闻页面

该页面的编写程序部分如下所示：

```
    <table    width="530"    border="0"    align="center"    cellpadding="0"
cellspacing="1">
    <?php
        $id=$_GET[id];
    $sql=mysql_query("select * from tb_gonggao where id='".$id."'",$conn);
    $info=mysql_fetch_array($sql);
        include("function.php");
    ?>
    <tr>
    <td width="24" height="25" bgcolor="#FFFFFF"><div align="center">
</div></td>
    <td width="315" bgcolor="#FFFFFF"><div align="center">公告主题: <?php
echo unhtml($info[title]);?></div></td>
    <td  width="66"  bgcolor="#FFFFFF"><div  align="center"> 发 布 时 间 :
</div></td>
    <td width="120" bgcolor="#FFFFFF"><div align="left"><?php echo
$info[time];?></div></td>
    </tr>
    <tr>
    <td height="125" bgcolor="#FFFFFF"><div align="center"></div></td>
    <td height="125" colspan="3" bgcolor="#FFFFFF"><div align="left"><?php
echo unhtml($info[content]);?></div></td>
    </tr>
    </table>
```

通过上述两个页面的设计，品牌新闻系统的前台部分即开发完成。

9.6 产品的定购功能

购物车系统主要由网上产品定购与后台结算这两个功能组成，实例中与购物车相关的页面主要有产品显示的页面就包括一个"购买"的功能按钮，主要包括index.php、用于显示产品详细信息的页面lookinfo.php，"最新婚纱"频道页面shownewpr.php，"推荐品牌"频道页面showtuijian.php，"热门品牌"频道页面showhot.php，"婚纱分类"频道页面showfenlei.php，产品搜索结果页面serchorder.php，下面分别介绍除了首页以外页面的实现的功能。

9.6.1 产品介绍页面

产品介绍页面lookinfo.php是用来显示商品细节的页面。细节页面要能显示出商品所有的详细信息，包括商品价格、商品产地、商品单位、商品图片，以及是否还有产品放入购物车等功能，实例中我们还加入了"商品评价"功能。

由所需要建立的功能出发，可以建立如图9-42所示的动态页面。在页面中，一个PHP代码图标代表加入动态命令实现该功能。

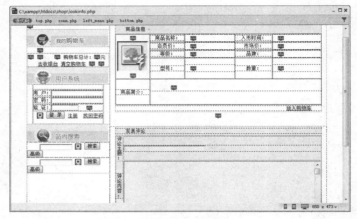

图 9-42　产品介绍页面

该模块的程序分析如下，其中购物车的定购代码进行了加粗说明。

```php
<?php
$sql=mysql_query("select * from tb_shangpin where
id=".$_GET[id]."",$conn);
$info=mysql_fetch_object($sql);
?>
<tr>
<td width="89" height="80" rowspan="4" align="center" valign="middle"
bgcolor="#FFFFFF"><div align="center">
                    <?php
    if($info->tupian==""){
  echo "暂无图片";
}
else
{
```

```
    ?>
    <a href="<?php echo $info->tupian;?>" target="_blank"><img src="<?php
echo $info->tupian;?>" alt="查看大图" width="80" height="80"
border="0"></a>
    <?php
    }
    ?>
    </div></td>
    <td width="92" height="20" align="left" bgcolor="#FFFFFF"><div
align="center">商品名称：</div></td>
    <td width="134" bgcolor="#FFFFFF"><div align="left"> <?php echo
$info->mingcheng;?></div></td>
    <td width="100" bgcolor="#FFFFFF"><div align="center">入市时间：
</div></td>
    <td width="129" bgcolor="#FFFFFF"><div align="left"> <?php echo
$info->addtime;?></div></td>
    </tr>
    <tr>
    <td height="20" align="left" bgcolor="#FFFFFF"><div align="center">会
员价：</div></td>
    <td width="134" bgcolor="#FFFFFF"><div align="left"> <?php echo
$info->huiyuanjia;?></div></td>
    <td width="100" bgcolor="#FFFFFF"><div align="center">市场价：
</div></td>
    <td width="129" bgcolor="#FFFFFF"><div align="left"> <?php echo
$info->shichangjia;?></div></td>
    </tr>
    <tr>
    <td height="20" align="left" bgcolor="#FFFFFF"><div align="center">等
级：</div></td>
    <td width="134" bgcolor="#FFFFFF"><div align="left"> <?php echo
$info->dengji;?></div></td>
    <td width="100" bgcolor="#FFFFFF"><div align="center">品牌：</div></td>
    <td width="129" bgcolor="#FFFFFF"><div align="left"> <?php echo
$info->pinpai;?></div></td>
    </tr>
    <tr>
    <td height="20" align="left" bgcolor="#FFFFFF"><div align="center">型
号：</div></td>
    <td width="134" bgcolor="#FFFFFF"><div align="left"> <?php echo
$info->xinghao;?></div></td>
    <td width="100" bgcolor="#FFFFFF"><div align="center">数量：</div></td>
    <td width="129" bgcolor="#FFFFFF"><div align="left"> <?php echo
$info->shuliang;?></div></td>
    </tr>
    <tr>
    <td width="89" height="69" bgcolor="#FFFFFF"><div align="center">商品
简介：</div></td>
    <td height="69" colspan="4" bgcolor="#FFFFFF" valign="top"><div
align="left"><br>
        <?php echo $info->jianjie;?></div></td>
    </tr>
    </table></td>
```

```
   </tr>
   </table>
   <table    width="530"    height="20"    border="0"    align="center"
cellpadding="0" cellspacing="0">
   <tr>
   <td><div    align="right"><a    href="addgouwuche.php?id=<?php    echo
$info->id;?>">放入购物车</a>  </div></td>//单击"放入购物车"传递产
品的id号并到addgouwuche.php去结算
   </tr>
   </table>
   <?php
   if($_SESSION[username]!="")
     {
   ?>
   <form    name="form1"    method="post"    action="savepj.php?id=<?php    echo
$info->id;?>" onSubmit="return chkinput(this)">
   <table    width="530"    border="0"    align="center"    cellpadding="0"
cellspacing="0">
    <tr>
   <td height="25" bgcolor="#EEEEEE"><div align="center" style="color:
#FFFFFF">
   <div align="left">  <span style="color: #000000">发表评论
</span></div>
    </div></td>
    </tr>
    <tr>
    <td height="150" bgcolor="#999999"><table width="530" border="0"
align="center" cellpadding="0" cellspacing="1">
   <script language="javascript">
    function chkinput(form)
   {
    if(form.title.value=="")
    {
     alert("请输入评论主题!");
   form.title.select();
   return(false);
    }
    if(form.content.value=="")
    {
     alert("请输入评论内容!");
   form.content.select();
   return(false);
    }
    return(true);
   }
    </script>
    <tr>
   <td width="80" height="25" bgcolor="#FFFFFF"><div align="center">评论
主题: </div></td>
   <td width="467" bgcolor="#FFFFFF"><div align="left">
   <input    type="text"    name="title"    size="30"    class="inputcss"
style="background-color:#e8f4ff                                        "
onMouseOver="this.style.backgroundColor='#ffffff'"
```

```
onMouseOut="this.style.backgroundColor='#e8f4ff'">
   </div></td>
   </tr>
   <tr>
   <td height="125" bgcolor="#FFFFFF"><div align="center">评论内容：
</div></td>
   <td height="125" bgcolor="#FFFFFF"><div align="left">
   <textarea    name="content"    cols="70"    rows="10"    class="inputcss"
style="background-color:#e8f4ff                                              "
onMouseOver="this.style.backgroundColor='#ffffff'"
onMouseOut="this.style.backgroundColor='#e8f4ff'"></textarea>
   </div></td>
   </tr>
   </table></td>
     </tr>
   </table>
   <table    width="530"    height="25"    border="0"    align="center"
cellpadding="0" cellspacing="0">
     <tr>
   <td><div align="center">
   <input name="submit2" type="submit" class="buttoncss" value="发表">
   <a href="showpl.php?id=<?php echo $_GET[id];?>">查
看该商品评论</a></div></td>
   </tr>
   </table>
   </form>
   <?php
   }
   ?>
```

在上面的代码中，展示的只是数据的查询和显示功能，核心功能在于"发表评论"，单击"发表"按钮后将传递到savepj.php页面保存评价，其页面的代码如下：

```
<?php
include("conn/conn.php");
$title=$_POST[title];
$content=$_POST[content];
$spid=$_GET[id];
$time=date("Y-m-j");
session_start();
$sql=mysql_query("select        *        from        tb_user        where
name='".$_SESSION[username]."'",$conn);
   $info=mysql_fetch_array($sql);
   $userid=$info[id];
   mysql_query("insert into tb_pingjia (userid,spid,title,content,time)
values ('$userid','$spid','$title','$content','$time') ",$conn);
   echo "<script>alert('评论发表成功!');history.back();</script>";
   ?>
```

9.6.2 最新婚纱频道

该页面为单击导航条中的"最新婚纱"链接后转到的页面shownewpr.php，主要是显示数据库中最新上架的商品。

首先完成静态页面的设计，该页面完成的效果如图9-43所示。

图 9-43 最新婚纱的页面

代码核心部分如下：

```
<table      width="550"      height="70"      border="0"      align="center"
cellpadding="0" cellspacing="0">
<?php
$sql=mysql_query("select * from tb_shangpin order by addtime desc limit
0,4",$conn);
//从产品表中调出最新加入的4条产品信息
$info=mysql_fetch_array($sql);
if($info==false){
echo "本站暂无最新产品！";
}
else{
do{
?>
<tr>
<td width="89"rowspan="6"><div align="center">
<?php
if($info[tupian]==""){
echo "暂无图片！";
}
else{
?>
<a href="lookinfo.php?id=<?php echo $info[id];?>"><img border="0"
src="<?php echo $info[tupian];?>" width="80" height="80"></a>
<?php
}
?>
</div></td>
<td width="93" height="20"><div align="center" style="color: #000000">
商品名称：</div></td>
<td colspan="5"><div align="left"><a href="lookinfo.php?id=<?php echo
```

```
$info[id];?>"><?php echo $info[mingcheng];?></a></div></td>
    </tr>
    <tr>
    <td width="93" height="20"><div align="center" style="color: #000000">
商品品牌: </div></td>
    <td     width="101"    height="20"><div    align="left"><?php    echo
$info[pinpai];?></div></td>
    <td width="62"><div align="center" style="color: #000000">商品型号:
</div></td>
    <td         colspan="3"><div         align="left"><?php         echo
$info[xinghao];?></div></td>
    </tr>
    <tr>
    <td width="93" height="20"><div align="center" style="color: #000000">
商品简介: </div></td>
    <td     height="20"    colspan="5"><div    align="left"><?php    echo
$info[jianjie];?></div></td>
    </tr>
    <tr>
    <td height="20"><div align="center" style="color: #000000">上市日期:
</div></td>
    <td          height="20"><div          align="left"><?php          echo
$info[addtime];?></div></td>
    <td height="20"><div align="center" style="color: #000000">剩余数量:
</div></td>
    <td    width="69"    height="20"><div    align="left"><?php    echo
$info[shuliang];?></div></td>
    <td width="63"><div align="center" style="color: #000000">商品等级:
</div></td>
    <td         width="73"><div         align="left"><?php         echo
$info[dengji];?></div></td>
    </tr>
    <tr>
    <td height="20"><div align="center" style="color: #000000">商场价:
</div></td>
    <td height="20"><div align="left"><?php echo $info[shichangjia];?>元
</div></td>
    <td height="20"><div align="center" style="color: #000000">会员价:
</div></td>
    <td height="20"><div align="left"><?php echo $info[huiyuanjia];?>元
</div></td>
    <td height="20"><div align="center" style="color: #000000">折 扣:
</div></td>
    <td         height="20"><div         align="left"><?php         echo
(@ceil(($info[huiyuanjia]/$info[shichangjia])*100))."%";?></div></td>
    </tr>
    <tr>
    <td         height="20"         colspan="6"         width="461"><div
align="center">    <a href="addgouwuche.php?id=<?php
echo  $info[id];?>"><img  src="images/b1.gif"  width="50"  height="15"
border="0" style=" cursor:hand"></a></div></td>
    </tr>
    <tr>
```

```
<td height="10" colspan="7" background="images/line1.gif"></td>
</tr>
<?php
}while($info=mysql_fetch_array($sql));
  }
?>
</table>
```

9.6.3 推荐品牌频道

该页面为单击导航条中的"推荐品牌"链接后转到的页面showtuijian.php，主要是显示数据库中推荐的商品。

首先完成静态页面的设计，该页面完成的效果如图9-44所示。

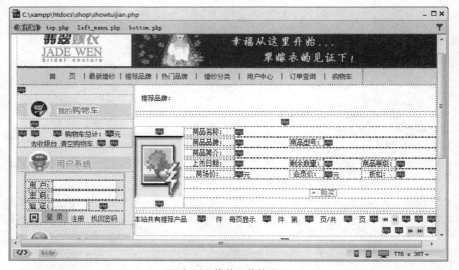

图9-44 推荐品牌的页面

推荐品牌的功能和最新婚纱频道功能基本上一样的，不同的地方就是在于推荐时从数据库查询的代码不一样，主要代码不同部分如下所示。

```
<?php
    $sql=mysql_query("select count(*) as total from tb_shangpin where
tuijian=1 ",$conn);
//从tb_shangpin数据表中查询出tuijian=1的商品
    $info=mysql_fetch_array($sql);
    $total=$info[total];
    if($total==0)
    {
      echo "本站暂无推荐产品!";
    }
    else
    {

    ?>
```

9.6.4 热门品牌频道

该页面为单击导航条中的"热门品牌"链接后转到的页面showhot.php，主要是显示数据库中热门的商品。

首先完成静态页面的设计，该页面完成的效果如图9-45所示。

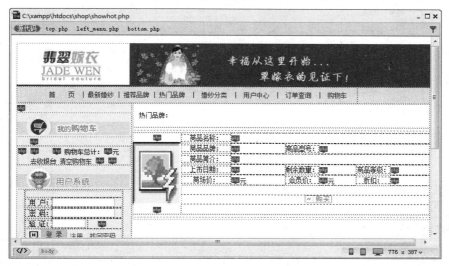

图9-45 热门品牌的页面

热门品牌的功能代码主要核心不同部分如下所示。

```php
<?php
    $sql=mysql_query("select * from tb_shangpin order by cishu desc
limit 0,10",$conn);
//从tb_shangpin数据表中查询出10条的热门品牌
    $info=mysql_fetch_array($sql);
    if($info==false)
     {
      echo "本站暂无热门产品!";
     }
    else
     {
       do
        {
?>
```

9.6.5 婚纱分类频道

该页面为单击导航条中的"热门品牌"链接后转到的页面showfenlei.php，按商品的分类显示不同的商品。

首先完成静态页面的设计，该页面完成的效果如图9-46所示。

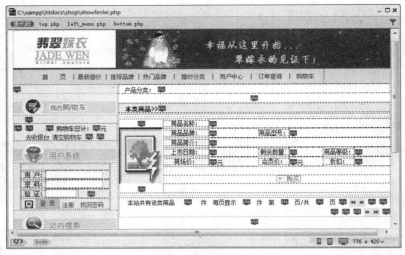

图 9-46　分类的页面

分类的功能代码主要不同部分如下所示。

```php
<?php
    if($_GET[id]=="")
    {
      $sql=mysql_query("select * from tb_type order by id desc limit
0,1",$conn);
    //从tb_type数据表中查询出所有的商品分类
      $info=mysql_fetch_array($sql);
      $id=$info[id];
    }
    else
    {
      $id=$_GET[id];
    }
    $sql1=mysql_query("select * from tb_type where id=".$id."",$conn);
    $info1=mysql_fetch_array($sql1);

      $sql=mysql_query("select count(*) as total from tb_shangpin where
typeid='".$id."' order by addtime desc ",$conn);
    $info=mysql_fetch_array($sql);
    $total=$info[total];
    if($total==0)
    {
      echo "<div align='center'>本站暂无该类产品!</div>";
    }
    else
    {
    ?>
```

9.6.6　产品搜索结果

一般的大型网站都存在搜索功能，在首页中要设置商品搜索功能。通过输入搜索的商品，单击搜索按钮后，要打开的页面就是这个商品搜索结果页面serchorder.php。

由上面的功能分析出发，设计好的商品搜索结果页面如图9-47所示。

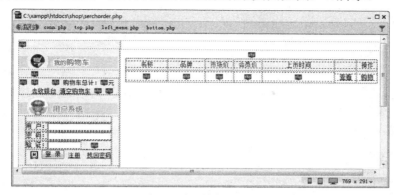

图 9-47　产品搜索结果页面

相关的程序代码分析如下：

```php
<?php
$jdcz=$_POST[jdcz];
$name=$_POST[name];
$mh=$_POST[mh];
$dx=$_POST[dx];
if($dx=="1"){
$dx=">";
}
elseif($dx=="-1"){
$dx="<";
}
else{
$dx="=";
}
$jg=intval($_POST[jg]);
$lb=$_POST[lb];
if($jdcz!=""){
$sql=mysql_query("select * from tb_shangpin where mingcheng like
'%".$name."%' order by addtime desc",$conn);//按分类名称查询tb_shangpin数据
表
}
else
{
  if($mh=="1"){
$sql=mysql_query("select * from tb_shangpin where huiyuanjia $dx".$jg."
and typeid='".$lb."' and mingcheng like '%".$name."%'",$conn);
}//按会员价查询tb_shangpin数据表
else{
$sql=mysql_query("select * from tb_shangpin where huiyuanjia $dx".$jg."
and typeid='".$lb."' and mingcheng = '".$name."'",$conn);
}
}
$info=mysql_fetch_array($sql);
if($info==false){
echo "<script language='javascript'>alert(' 本 站 暂 无 类 似 产
```

```
品!');history.go(-1);</script>";
    }
    else{
    ?>
    <table    width="530"    border="0"    align="center"    cellpadding="0"
cellspacing="1" bgcolor="#CCCCCC">
    <tr bgcolor="#F0F0F0">
    <td width="92" height="25"><div align="center" style="color: #990000">
名称</div></td>
    <td  width="83"><div  align="center"  style="color: #990000"> 品 牌
</div></td>
    <td  width="62"><div  align="center"  style="color: #990000"> 市 场 价
</div></td>
    <td  width="62"><div  align="center"  style="color: #990000"> 会 员 价
</div></td>
    <td width="161"><div align="center" style="color: #990000">上 市 时 间
</div></td>
    <td  width="48"><div  align="center"  style="color: #FFFFFF"><span
class="style1"></span></div></td>
    <td  width="42"><div  align="center"  style="color: #990000"> 操 作
</div></td>
    </tr>
    <?php
    do{
    ?>
    <tr bgcolor="#FFFFFF">
    <td          height="25"><div          align="center"><?php          echo
$info[mingcheng];?></div></td>
    <td          height="25"><div          align="center"><?php          echo
$info[pinpai];?></div></td>
    <td          height="25"><div          align="center"><?php          echo
$info[shichangjia];?></div></td>
    <td          height="25"><div          align="center"><?php          echo
$info[huiyuanjia];?></div></td>
    <td          height="25"><div          align="center"><?php          echo
$info[addtime];?></div></td>
    <td  height="25"><div  align="center"><a  href="lookinfo.php?id=<?php
echo $info[id];?>">查看</a></div></td>
    <td height="25"><div align="center"><a href="addgouwuche.php?id=<?php
echo $info[id];?>">购物</a></div></td>
    </tr>
    <?php
    }while($info=mysql_fetch_array($sql));
    }
    ?>
    </table></td>
    </tr>
    </table>
```

    到这里，就完成了商品相关动态页面的设计，可以实现网站产品的前台展示和定购的
功能。

9.7 网站的购物车功能

网站的核心技术，就在于产品的展示与网上定购、结算功能，在网站建设中这块的知识统称为"购物车系统"。购物车最实用的功能就是进行产品结算，通过这个功能，用户在选择了自己喜欢的产品后可以通过网站确认所需要的产品，输入联系办法，提交后写入数据库，方便网站管理者进行售后服务，这也就是购物车的主要功能。

9.7.1 放入购物车

addgouwuche.php页面在前面的代码中经常应用到，就是单击"购买"图标按钮后，需要调用的页面，主要是实现统计订单数量的功能页面。该页面完全是PHP代码，如图9-48所示。

```
C:\xampp\htdocs\shop\addgouwuche.php
conn.php
1   <?php
2   session_start();
3   include("conn/conn.php");
4   if($_SESSION[username]==""){
5     echo "<script>alert('请先登录后购物!');history.back();</script>";
6     exit;
7   }
8   $id=strval($_GET[id]);
9   $sql=mysql_query("select * from tb_shangpin where id='".$id."'",$conn);
10  $info=mysql_fetch_array($sql);
11  if($info[shuliang]<=0){
12    echo "<script>alert('该商品已经售完!');history.back();</script>";
13    exit;
14  }
15  $array=explode("@",$_SESSION[producelist]);
16  for($i=0;$i<count($array)-1;$i++){
17    if($array[$i]==$id){
18      echo "<script>alert('该商品已经在您的购物车中!');history.back();</script>";
19      exit;
20    }
21  }
22  $_SESSION[producelist]=$_SESSION[producelist].$id."@";
23  $_SESSION[quatity]=$_SESSION[quatity]."1@";
24  header("location:gouwuche.php");
25  ?>
```

图 9-48 addgouwuche.php 页面的设计

代码分析如下：

```php
<?php
session_start();
include("conn/conn.php");
if($_SESSION[username]==""){
 echo "<script>alert('请先登录后购物!');history.back();</script>";
 exit;
 }//判断是否已经登录
$id=strval($_GET[id]);
$sql=mysql_query("select * from tb_shangpin where id='".$id."'",$conn);
$info=mysql_fetch_array($sql);
if($info[shuliang]<=0){
    echo "<script>alert('该商品已经售完!');history.back();</script>";
    exit;
 }//判断是否还有产品
 $array=explode("@",$_SESSION[producelist]);
 for($i=0;$i<count($array)-1;$i++){
 if($array[$i]==$id){
    echo "<script>alert('该商品已经在您的购物车中!');history.back();</script>";//判断是否重复购买
     exit;
```

```
      }
    }
    $_SESSION[producelist]=$_SESSION[producelist].$id."@";
    $_SESSION[quatity]=$_SESSION[quatity]."1@";
    header("location:gouwuche.php");//实现统计累加的功能并进行转向
  ?>
```

注意

session在PHP编程技术中，占有非常重要份量的函数。由于网页是一种无状态的连接程序，因此无法得知用户的浏览状态。必须通过session变量记录用户的有关信息，以供用户再次以此身份，对服务器提供要求时作确认。

9.7.2 清空购物车

在购物车定购过程中通过单击"删除"和"清空购物车"文字链接，能够调用removegwc.php页面，通过里面的命令清空购物车中的数据统计，设计的PHP命令，如图9-49所示。

```
C:\xampp\htdocs\shop\removegwc.php                        _ □ ×
 1  <?php
 2  session_start();
 3  $id=$_GET[id];
 4  $arraysp=explode("@",$_SESSION[producelist]);
 5  $arraysl=explode("@",$_SESSION[quatity]);
 6  for($i=0;$i<count($arraysp);$i++){
 7    if($arraysp[$i]==$id){
 8       $arraysp[$i]="";
 9       $arraysl[$i]="";
10     }
11   }
12  $_SESSION[producelist]=implode("@",$arraysp);
13  $_SESSION[quatity]=implode("@",$arraysl);
14  header("location:gouwuche.php");
15  ?>
```

图 9-49　removegwc.php 页面

清除订单的代码如下：

```
<?php
session_start();
$id=$_GET[id];
$arraysp=explode("@",$_SESSION[producelist]);
$arraysl=explode("@",$_SESSION[quatity]);
for($i=0;$i<count($arraysp);$i++){
  if($arraysp[$i]==$id){
  $arraysp[$i]="";
  $arraysl[$i]="";
 }
 }
$_SESSION[producelist]=implode("@",$arraysp);
$_SESSION[quatity]=implode("@",$arraysl);
header("location:gouwuche.php");
?>
```

通过上面的命令可以清空购物车里的订单，并返回gouwuche.php重新进行定购。

9.7.3 收款人信息

用户登录后选择商品放入购物车，单击首页上的"去收银台"文字链接，则打开订单用户信息确认页面gouwusuan.php，在该页面中设置收货人的详细信息，设置的结果如图9-50所示。

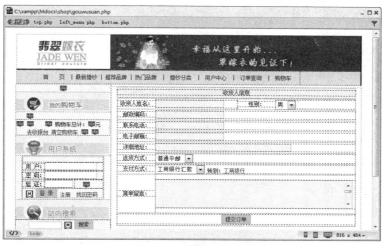

图 9-50　收款人信息页面

9.7.4 生成订单功能

单击 "提交订单" 按钮后，则调用savedd.php页面，该页面的功能是：把订单写入数据库后返回gouwusuan.php页面，具体代码如下：

```php
<?php
session_start();
include("conn/conn.php");
$sql=mysql_query("select       *       from       tb_user       where
name='".$_SESSION[username]."'",$conn);
$info=mysql_fetch_array($sql);
$dingdanhao=date("YmjHis").$info[id];
$spc=$_SESSION[producelist];
$slc= $_SESSION[quatity];
$shouhuoren=$_POST[name2];
$sex=$_POST[sex];
$dizhi=$_POST[dz];
$youbian=$_POST[yb];
$tel=$_POST[tel];
$email=$_POST[email];
$shff=$_POST[shff];
$zfff=$_POST[zfff];
if(trim($_POST[ly])==""){
   $leaveword="";
 }
 else{
   $leaveword=$_POST[ly];
 }
 $xiadanren=$_SESSION[username];
 $time=date("Y-m-j H:i:s")
```

```
    $zt="未作任何处理";
    $total=$_SESSION[total];
    mysql_query("insert into tb_dingdan(dingdanhao,spc,slc,shouhuoren,
sex,dizhi,youbian,tel,email,shff,zfff,leaveword,time,xiadanren,zt,total)
values ('$dingdanhao','$spc','$slc','$shouhuoren','$sex','$dizhi',
'$youbian','$tel','$email','$shff','$zfff','$leaveword','$time','$xiada
nren','$zt','$total')",$conn);
    header("location:gouwusuan.php?dingdanhao=$dingdanhao");
    ?>
```

9.7.5 订单查询功能

用户在购物的时候，还需要知道自己在最近一共购买了多少商品，单击导航条上的"订单查询"命令，打开查询输入的页面finddd.php，在查询文本域中输入客户的订单编号或者是下订单人姓名，都可以查到订单的处理情况页面，方便与网站管理者的沟通。订单查询功能和首页上的商品搜索功能设计方法是一样的，需要在输入的查询页面设置好连接库的连接，设置查询输入文本域，建立查询命令，具体的设计分析类似前面的搜索功能模块设计，完成的效果如图9-51所示。

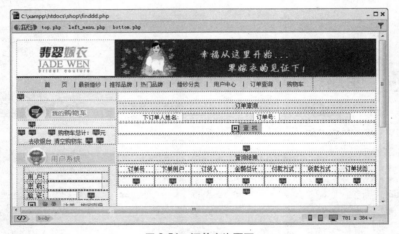

图9-51　订单查询页面

整个购物系统网站前台的动态功能的核心部分我们都已经介绍完了，还有其他一些小功能页面这里就不做介绍了，如果用户在使用时可以根据自己的需求对网站进行一定的完善和更改，达到自己的使用要求。

## 第 10 章

全程实例八：翡翠电子商城后台

翡翠电子商城前台主要实现了网站针对会员的所有功能，包括了会员注册、购物车以及留言功能的功能开发。但一个完善的网上购物系统并不只提供给用户注册，还要给网站所有者一个功能齐全的后台管理功能。网站所有者登录后台管理即可进行发布新闻公告、会员注册信息的管理、回复留言、商品维护，以及进行订单的处理等。本章主要介绍翡翠电子商城后台的一些功能开发。

本章的学习重点：

- 电子商城系统后台的规划
- 商品管理功能的开发
- 用户管理功能的开发
- 订单管理功能的开发
- 信息管理功能的开发

10.1 电子商城系统后台规划

电子商城的后台管理系统是整个网站建设的难点，它包括了几乎所有的常用PHP处理技术，也相当于一个独立运行的系统程序。实例的后台主要要实现"商品管理"、"用户管理"、"订单管理"以及"信息管理"四大功能模块，在进行具体的功能开发之前，和网站前台的制作方法一样首先要进行一个后台的需求整体规划。

10.1.1 后台页面的设计

本实例将所有制作的后台管理页面放置在admin文件夹下面，和单独设计一个网站一样需要建立一些常用的文件夹如用于连接数据库的文件夹conn、用于放置网页样式表的文件夹css、放置图片的文件夹images，以及用于放置上传的产品图片文件夹upimages，设计完成的整体文件夹及文件如图10-1所示。

图 10-1 网站后台文件结构

该网站后台总共由42个页面组成，从开发的难易度上说并不比前台的开发简单。对需要设计的页面功能分析如下：

- addgonggao.php: 增加新闻公告的页面
- addgoods.php: 增加商品信息的页面
- addleibie.php: 增加商品类别的页面
- admingonggao.php: 增加商品公告的页面
- changeadmin.php: 管理员信息变改页面
- changegoods.php: 商品信息变更页面
- changeleaveword.php: 会员留言变更页面
- chkadmin.php: 管理员登录验证页面
- conn/conn.php: 数据库连接文件页面
- default.php: 后台登录后的首页
- deleted.php: 删除订单的页面
- deletefxhw.php: 删除商品信息页面
- deletegonggao.php: 删除公告信息页面
- deletelb.php: 删除商品大类页面

- deleteleaveword.php: 删除用户留言页面
- deletepingjia.php: 删除商品评论页面
- deleteuser.php: 删除用户信息页面
- dongjieuser.php: 冻结用户处理页面
- editgonggao.php: 编辑公告内容页面
- editgoods.php: 编辑商品信息页面
- editleaveword.php: 编辑用户留言页面
- editpinglun.php: 编辑用户评论页面
- edituser.php: 编辑用户信息页面
- finddd.php: 订单查询页面
- function.php: 调用的常用函数
- index.php: 后台用户登录
- left.php: 展开式树状导航条
- lookdd.php: 查看订单页面
- lookleaveword.php: 查看用户留言页面
- lookpinglun.php: 查看用户评论页面
- lookuserinfo.php: 查看用户信息页面
- orddd.php: 执行订单页面
- saveaddleibie.php: 保存新增商品大类页面
- savechangeadmin.php: 保存用户信息变更页面
- savechangegoods.php: 保存经修改商品信息
- saveeditgonggao.php: 保存经修改公告内容
- savenewgonggao.php: 保存新增公告信息
- savenewgoods.php: 保存新增公告信息
- saveorder.php: 保存执行订单页面
- showdd.php: 打印订单的功能页面
- showleibie.php: 商品大类显示页面
- top.php: 后台管理的顶部文件

10.1.2 后台管理登录页面

后台的功能开发和网站的前台的功能展示开发并不大一样，前台除了功能的需求之外，还需要讲究更多的网页布局即网站的美工设计，后台的开发主要重视功能的需求开发，而网页美工可以放到其次。本小节介绍一下网站后台从登录到可实现的管理具体有哪些流程，以方便读者更容易了解后面小节的内容介绍。

对于网站拥有者需要登录后台进行管理网上购物系统，由于涉及到很多商业机密，所以需要设计登录用户确认页面，通过输入惟一的用户名和密码来登录后台进行管理。本网上购物系统为了方便使用，只需要在首页用户系统中直接输入"用户名"admin和"密码"admin，登录的地址为：http://127.0.0.1/shop/admin/login.php，如图10-2所示。

图 10-2　后台管理登录页面

单击"登录"按钮即可以登录后台的首页进行全方位的管理，如图10-3所示。

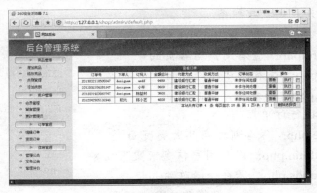

图 10-3　后台管理主界面

单击左边树状的管理菜单中的"商品管理"菜单项，可以看到它包含了增加商品、修改商品、类别管理、添加类别4个功能选项，通过这4个功能主要实现商品的添加、修改管理，如图10-4所示的增加商品页面。

图 10-4　"增加商品"页面

如果想实现对用户的管理，可以单击"用户管理"菜单项，里面包括了会员管理、"留言管理以及更改管理员3个菜单选项。在这3个功能中，后台管理者不但可以实现对注册会员的删除，还可以实现相应留言的删除管理，对于后台登录的admin身份也可以进行变更，如图10-5所示的后台管理者变更。

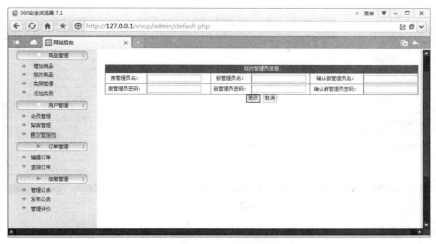

图 10-5　后台管理者变更页面

　　订单管理是购物系统后台管理的核心部分，单击"订单管理"展开菜单，可以看到包括了编辑订单和查询订单两个功能项。其中编辑订单就是实现前台会员下订单后与管理者的一个交互，管理者需要及时处理订单，并进行发货方可以实现购物交易的环节，编辑订单的页面如图10-6所示。

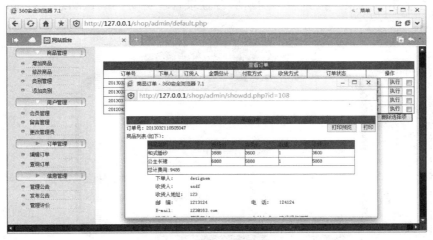

图 10-6　编辑订单页面

　　单击"信息管理"展开菜单可以看到包括了管理公告、发布公告和管理评价3个功能，通过这3个功能能够实现整个网站的即时新闻发布、公告修改以及商品评论的编辑修改功能，如图10-7所示。

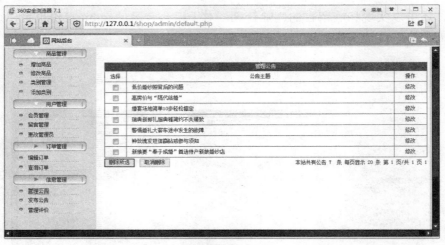

图 10-7　管理公告页面

从上述的后台管理者从登录到各功能的管理页面来看，本实例的后台管理功能非常的流畅，能够为后台管理提供非常便利的网站管理后台，这也是需要网站设计者与管理者沟通到位，问清需求后方可以规划出实用的网站后台。

10.1.3　设计后台管理

一般后台管理者在进行后台管理时都是需要进行身份验证，实例用于登录的页面如图10-8所示，在单击"登录"按钮后，判断后台登录管理身份的确认动态文件chkadmin.php。

图 10-8　后台管理登录静态效果

该页面制作也比较简单，主要的功能代码如下：

```
<script language="javascript">
  function chkinput(form){
    if(form.name.value==""){
  alert("请输入用户名！");
  form.name.select();
```

```
      return(false);
   }
   if(form.pwd.value==""){
     alert("请输入用户密码!");
     form.pwd.select();
     return(false);
   }
   return(true);
     }//单击登录按钮进行表单的验证
   </script>
   <form        name="form1"        method="post"        action="chkadmin.php"
onSubmit="return chkinput(this)">
     //通过验证后转到chkadmin.php进行判断
```

chkadmin.php是判断管理者身份是否正确的页面，使用PHP写的程序如下：

```
   <?php
    class chkinput{
      var $name;
      var $pwd;
      function chkinput($x,$y)
       {
        $this->name=$x;
        $this->pwd=$y;
       }
      function checkinput()
       {
       include("conn/conn.php");
   $sql=mysql_query("select        *        from        tb_admin        where
name='".$this->name."'",$conn);//从数据表tb_admin调出数据
       $info=mysql_fetch_array($sql);
       if($info==false)
         {
           echo "<script language='javascript'>alert('不存在此管理员!
');history.back();</script>";
           exit;
         }//如果不存在则显示为"不存在此管理员"
       else
         {
           if($info[pwd]==$this->pwd){
              header("location:default.php");
            }//如果正确则登录default.php页面
           else
            {
             echo "<script language='javascript'>alert('密码输入错误!
');history.back();</script>";
              exit;
            }
         }
       }
     }
     $obj=new chkinput(trim($_POST[name]),md5(trim($_POST[pwd])));
     $obj->checkinput();
```

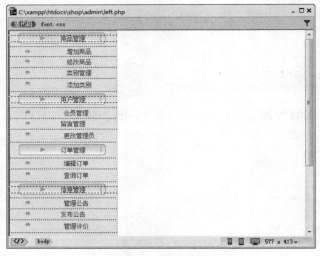

网站开发全程实例（第2版）

10.1.4 设计树状菜单

后台管理的导航菜单是一个树状的展开式菜单，分为二级菜单，在单击一级菜单时可以实现二级菜单的展开和合并的操作，在Dreamweaver中设计的样式如图10-9所示。

图10-9 树状导航菜单

而实现动态的展开和合并是使用JavaScript实现的，核心的代码如下：

```javascript
<script language="javascript">
 function openspgl(){
   if(document.all.spgl.style.display=="none"){
  document.all.spgl.style.display="";
  document.all.d1.src="images/point3.gif";
 }
 else{
  document.all.spgl.style.display="none";
  document.all.d1.src="images/point1.gif";
 }
 }
 function openyhgl(){
   if(document.all.yhgl.style.display=="none"){
  document.all.yhgl.style.display="";
  document.all.d2.src="images/point3.gif";
 }
 else{
  document.all.yhgl.style.display="none";
  document.all.d2.src="images/point1.gif";
 }
 }
 function openddgl(){
   if(document.all.ddgl.style.display=="none"){
  document.all.ddgl.style.display="";
  document.all.d3.src="images/point3.gif";
 }
```

```
else{
 document.all.ddgl.style.display="none";
 document.all.d3.src="images/point1.gif";
 }
 }
function opengggl(){
  if(document.all.gggl.style.display=="none"){
 document.all.gggl.style.display="";
 document.all.d4.src="images/point3.gif";
 }
else{
 document.all.gggl.style.display="none";
 document.all.d4.src="images/point1.gif";
 }
 }
</script>
```

上述的代码经常应用于网站的动态菜单设计，读者可以将其应用于其他的网站，甚至是网站的前台菜单。

10.2　商品管理功能

由需求出发，商品管理包括了增加商品、修改商品、类别管理和添加类别4个功能主页面，本小节就介绍这几个商品管理功能页面程序的实现方法。

10.2.1　新增商品

在前台所有展示的产品都是要从后台进行商品发布的，供商品发布的字段要与数据库中保存商品的设计字段一一对应，实例设计的增加商品addgoods.php静态页面效果如图10-10所示。

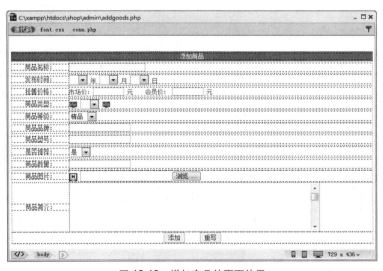

图 10-10　增加商品的页面效果

动态的程序核心代码如下：

```
<script language="javascript">
function chkinput(form)
{
  if(form.mingcheng.value=="")
   {
     alert("请输入商品名称!");
form.mingcheng.select();
return(false);
   }
  if(form.huiyuanjia.value=="")
   {
     alert("请输入商品会员价!");
form.huiyuanjia.select();
return(false);
   }
  if(form.shichangjia.value=="")
   {
     alert("请输入商品市场价!");
form.shichangjia.select();
return(false);
   }
  if(form.dengji.value=="")
   {
     alert("请输入商品等级!");
form.dengji.select();
return(false);
   }
  if(form.pinpai.value=="")
   {
     alert("请输入商品品牌!");
form.pinpai.select();
return(false);
   }
  if(form.xinghao.value=="")
   {
     alert("请输入商品型号!");
form.xinghao.select();
return(false);
   }
  if(form.shuliang.value=="")
   {
     alert("请输入商品数量!");
form.shuliang.select();
return(false);
   }
  if(form.jianjie.value=="")
   {
     alert("请输入商品简介!");
form.jianjie.select();
return(false);
   }
  return(true);
}
```

```
      </script>//进行表单验证
       <form name="form1" enctype="multipart/form-data" method="post"
action="savenewgoods.php" onSubmit="return chkinput(this)">//验证后提交
savenewgoods.php页面进行处理
```

savenewgoods.php是实现将发布的商品信息保存到数据库的文件，代码如下：

```php
<?php
include("conn/conn.php");
if(is_numeric($_POST[shichangjia])==false ||
is_numeric($_POST[huiyuanjia])==false)
  {
    echo "<script>alert('价格只能为数字！');history.back();</script>";
    exit;
  }
if(is_numeric($_POST[shuliang])==false)
  {
    echo "<script>alert('数量只能为数字！');history.back();</script>";
    exit;
  }
$mingcheng=$_POST[mingcheng];
$nian=$_POST[nian];
$yue=$_POST[yue];
$ri=$_POST[ri];
$shichangjia=$_POST[shichangjia];
$huiyuanjia=$_POST[huiyuanjia];
$typeid=$_POST[typeid];
$dengji=$_POST[dengji];
$xinghao=$_POST[xinghao];
$pinpai=$_POST[pinpai];
$tuijian=$_POST[tuijian];
$shuliang=$_POST[shuliang];
$upfile=$_POST[upfile];
if(ceil(($huiyuanjia/$shichangjia)*100)<=80)
  {
    $tejia=1;
  }
 else
  {
    $tejia=0;
  }
function getname($exname){
    $dir = "upimages/";//列出产品图片的上传目录
    $i=1;
    if(!is_dir($dir)){
      mkdir($dir,0777);
    }
    while(true){
        if(!is_file($dir.$i.".".$exname)){
        $name=$i.".".$exname;
        break;
    }
    $i++;
    }
    return $dir.$name;
```

```
  }
  $exname=strtolower(substr($_FILES['upfile']['name'],(strrpos($_FILES
['upfile']['name'],'.')+1)));
  $uploadfile = getname($exname);
  move_uploaded_file($_FILES['upfile']['tmp_name'], $uploadfile);
  if(trim($_FILES['upfile']['name']!=""))
  {
    $uploadfile="admin/".$uploadfile;
  }
  else
  {
    $uploadfile="";
  }
  $jianjie=$_POST[jianjie];
  $addtime=$nian."-".$yue."-".$ri;
  mysql_query("insert into tb_shangpin(mingcheng,jianjie,addtime,dengji,
xinghao,tupian,typeid,shichangjia,huiyuanjia,pinpai,tuijian,shuliang,ci
shu)values('$mingcheng','$jianjie','$addtime','$dengji','$xinghao','$up
loadfile','$typeid','$shichangjia','$huiyuanjia','$pinpai','$tuijian','
$shuliang','0')",$conn);
  echo "<script>alert('商品".$mingcheng."添加成功!');
window.location.href='addgoods.php';</script>";
  ?>//上传成功转向addgoods.php页面
```

上述PHP的程序编写中，核心在于产品图片的上传功能。

10.2.2 修改商品

在商品发布后，如果发现发布的商品信息有错误，可以通过单击"修改商品"功能来进行商品信息的调整，在后台中单击"修改商品"打开的是editgoods.php页面。

01 使用Dreamweaver制作的静态页面效果如图10-11所示。

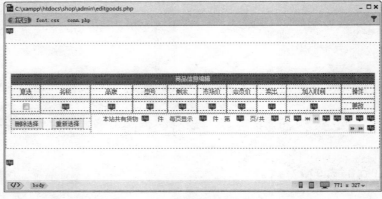

图 10-11　修改商品静态页面效果

02 在该页面中选中"复选"复选框，单击"删除选择"按钮可以实现链接到deletefxhw.php页面进行删除操作。从数据库中删除商品信息，使用的代码如下：

```
<?php
include("conn/conn.php");
while(list($name,$value)=each($_POST))
```

```
    {
    $sql=mysql_query("select tupian from tb_shangpin where id='".$value.
"'",$conn);
    $info=mysql_fetch_array($sql);
    if($info[tupian]!="")
    {
        @unlink(substr($info[tupian],6,(strlen($info[tupian])-6)));
    }
    $sql1=mysql_query("select * from tb_dingdan ",$conn);
    while($info1=mysql_fetch_array($sql1))
    { $id1=$info1[id];
    $array=explode("@",$info1[spc]);
    for($i=0;$i<count($array);$i++){
        if($array[$i]==$value)
    {
    mysql_query("delete from tb_dingdan where id='".$id1."'",$conn);
    }
        }
    }
        mysql_query("delete from tb_shangpin where id='".$value.
"'",$conn);
    mysql_query("delete from tb_pingjia where spid='".$value."'",$conn);
    }
    header("location:editgoods.php");
    ?>
```

03 通过单击"更改"文字链接能打开changegoods.php页面进行商品的信息变更页面，该页面设计的样式和添加产品时的样式是一模一样的，如图10-12所示。

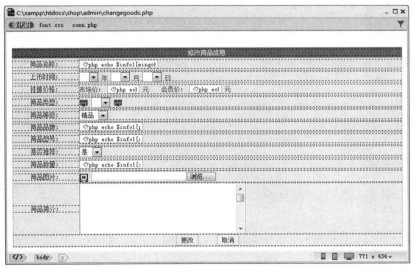

图 10-12　修改商品字段采集页面

04 在编辑商品信息之后，单击"更改"按钮提交表单到savechangegoods.php页面进行数据库的更新操作，核心代码如下：

```
<meta http-equiv="Content-Type" content="text/html; charset=gb2312">
```

```php
<?php
include("conn/conn.php");
$mingcheng=$_POST[mingcheng];
$nian=$_POST[nian];
$yue=$_POST[yue];
$ri=$_POST[ri];
$shichangjia=$_POST[shichangjia];
$huiyuanjia=$_POST[huiyuanjia];
$typeid=$_POST[typeid];
$dengji=$_POST[dengji];
$xinghao=$_POST[xinghao];
$pinpai=$_POST[pinpai];
$tuijian=$_POST[tuijian];
$shuliang=$_POST[shuliang];
//$upfile=$_POST[upfile];

 if(ceil(($huiyuanjia/$shichangjia)*100)<=80)
 {
    $tejia=1;
 }
 else
 {
    $tejia=0;
 }
if($upfile!="")
{
$sql=mysql_query("select * from tb_shangpin where id=".$_GET[id].
"",$conn);
$info=mysql_fetch_array($sql);
@unlink(substr($info[tupian],6,(strlen($info[tupian])-6)));
}

function getname($exname){
   $dir = "upimages/";
   $i=1;
   if(!is_dir($dir)){
      mkdir($dir,0777);
   }

   while(true){
       if(!is_file($dir.$i.".".$exname)){
       $name=$i.".".$exname;
       break;
    }
    $i++;
 }

   return $dir.$name;
}

$exname=strtolower(substr($_FILES['upfile']['name'],(strrpos($_FILES
['upfile']['name'],'.')+1)));
$uploadfile = getname($exname);
```

```php
move_uploaded_file($_FILES['upfile']['tmp_name'], $uploadfile);
$uploadfile="admin/".$uploadfile;
$jianjie=$_POST[jianjie];
$addtime=$nian."-".$yue."-".$ri;
mysql_query("update                                    tb_shangpin                        set
mingcheng='$mingcheng',jianjie='$jianjie',addtime='$addtime',dengji='$d
engji',xinghao='$xinghao',tupian='$uploadfile',typeid='$typeid',shichan
gjia='$shichangjia',huiyuanjia='$huiyuanjia',pinpai='$pinpai',tuijian='
$tuijian',shuliang='$shuliang' where id=".$_GET[id]."",$conn);
    echo "<script>alert('商品'.$mingcheng.'修改成功!');history.back();;
</script>";
    ?>
```

更新数据库主要应用到了update这个数据库更新的命令。

 ### 10.2.3　类别管理

商品的类别提供了删除功能，选中"操作"复选框，再单击"删除选项"按钮即可将类别从数据库中删除，该功能首页为showleibie.php。

使用Dreamweaver设计的该页面的静态效果如图10-13所示。该页面主要实现从类别的数据表中查询出相应的数据绑定到该页面。

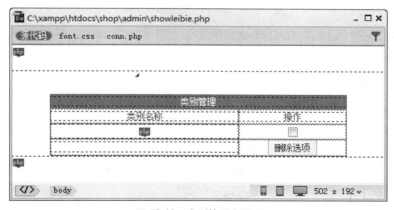

图 10-13　类别管理主页面

选中相应的类别复选框，单击"删除选项"按钮提交表单到deletelb.php动态页面进行删除，在删除时要把相关联的商品信息也一并删除，通过商品的id同时删除tb_type和tb_shangpin即可实现，实现删除类别的代码如下：

```php
<?php
include("conn/conn.php");
while(list($name,$value)=each($_POST)){
  mysql_query("delete from tb_type where id='".$value."'",$conn);//删
除类别
  mysql_query("delete from tb_shangpin where id='".$value."'",$conn);//
删除类别下的商品
  }
  header("location:showleibie.php");
//删除成功转向showleibie.php页面
  ?>
```

10.2.4 添加类别

电子商务网站的商品是多种多样的，在后台要设置商品分类的功能。在实际的网站开发中经常有一级分类、二级分类甚至三级分类，这些还涉及到菜单的二级联动问题。本实例只建立了一级分类，管理者可以在后台直接添加一级的分类，添加类别功能的主页面是addleibie.php。

使用Dreamweaver 设计addleibie.php页面的静态效果，如图10-14所示。

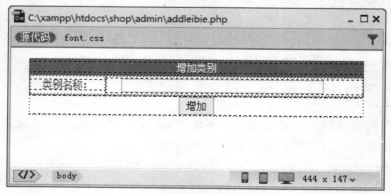

图 10-14   设计的增加类别主页效果

在单击"增加"按钮的时候要进行表单验证，并提交到saveaddleibie.php页面进行插入数据库的操作，该页面的代码如下：

```
$leibie=$_POST[leibie];
include("conn/conn.php");
$sql=mysql_query("select * from tb_type where
typename='".$leibie."'",$conn);
$info=mysql_fetch_array($sql);
if($info!=false){
 echo"<script>alert('该类别已经存
在!');window.location.href='addleibie.php';</script>";
 exit;
 }
//判断类别是否存在
mysql_query("insert into tb_type(typename) values ('$leibie')",$conn);
echo"<script>alert('新类别添加成
功!');window.location.href='addleibie.php';</script>";
 ?>
//添加成功指向addleibie.php
```

在编写的时候要充分考虑到类别是否已经存在，因此要加入一个判断。

10.3 用户管理功能

用户管理功能与前台的用户注册功能是互相呼应的，对于购物网站来说，一个完善的用户管理系统一定要有一个功能比较强大的用户后台管理，实例里面制作了会员管理、留言管理和更改管理员3个菜单项。本小节就介绍这几个小功能的实现方法。

10.3.1 会员管理

　　会员的管理功能主要是指能够在后台实现会员的删除操作，对一些会员能够实现"冻结"的操作，保留会员的信息，但禁止其在前台进行购物及发言。会员管理功能的首页为edituser.php，制作的详细步骤如下：

01 使用Dreamweaver设计的页面如图10-15所示。

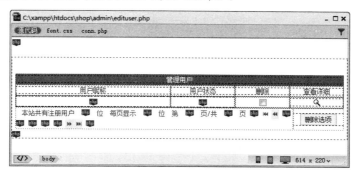

图 10-15　会员管理主页 edituser.php

02 选中"删除"复选框，单击"删除选项"按钮能够提交表单到deleteuser.php动态页面，实现会员数据删除的操作，该页面的程序如下：

```php
<?php
include("conn/conn.php");
while(list($name,$value)=each($_POST))
  {
    mysql_query("delete from tb_user where id=".$value."",$conn);
mysql_query("delete from tb_pingjia where userid=".$value."");
mysql_query("delete from tb_leaveword where userid=".$value."",$conn);
  }
header("location:edituser.php");
?>
```

在删除会员的时候同样要注意删除数据库中tb_user、tb_pingjia和tb_leaveword 3个数据表中所有关联的数据，删除成功后要返回会员管理主页面。

03 在单击"查看详细"链接后，打开的是对用户"冻结"和"解冻"的页面lookuserinfo.php，设计的页面如图10-16所示。

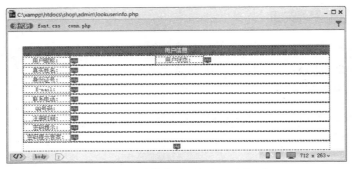

图 10-16　用户信息页面 lookuserinfo.php

在程序的编写时实现"冻结"和"解冻"其实非常的简单，只须用赋值为0或者1来区分是否冻结，在查询会员信息的时候按查询是0或者是1来给会员权限。代码如下：

```php
<?php
$sql=mysql_query("select * from tb_user where id=".$id."",$conn);
$info=mysql_fetch_array($sql);
if($info[dongjie]==0)
  {
    echo "冻结该用户";
  }
  else
  {
    echo "解除冻结";
  }
?>
```

10.3.2　留言管理

会员当在购物时遇到问题可以直接通过留言功能和管理者进行沟通，在后台管理者要及时浏览会员的留言并进行相应的处理，对于一些没用的留言可以进行直接的删除操作。用于留言管理的主页面是lookleaveword.php页面。

制作的lookleaveword.php页面效果如图10-17所示。

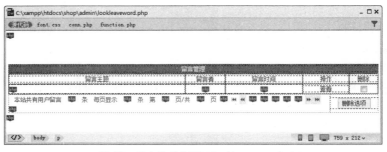

图 10-17　留言处理主页面 lookleaveword.php

该页面也主要是从数据库中查询所有的留言并显示在网页中，选中"删除"复选框，单击"删除选项"按钮提交表单信息至deleteleaveword.php页面进行删除数据的操作，实现删除的代码如下：

```php
<?php
```

```
include("conn/conn.php");
while(list($name,$value)=each($_POST))
{
   mysql_query("delete from tb_leaveword where id='".$value."'",$conn);
}
header("location:lookleaveword.php");
?>//删除成功返回lookleaveword.php
```

 ### 10.3.3 更改管理员

网站开发者在开发时一般使用的用户名和密码都是admin，在提交给网站管理者时，为了安全起见，管理者要能够实现后台管理者的用户名和密码的修改，实现该功能的主页面是changeadmin.php。

制作的更改管理员主页changeadmin.php的效果如图10-18所示。

图 10-18 网站管理者后台修改主页面

在输入新旧管理员的用户名和密码，在单击"更改"按钮可以提交表单进行验证并提交到savechangeadmin.php进行数据更新的操作，实现的代码如下：

```
<?php
$n0=$_POST[n0];
$n1=$_POST[n1];
$p0=md5($_POST[p0]);
$p1=trim($_POST[p1]);
include("conn/conn.php");
  $sql=mysql_query("select * from tb_admin where name='".$n0.
"'",$conn);
  $info=mysql_fetch_array($sql);
  if($info==false)
   {
     echo "<script>alert('不存在此用户!');history.back();</script>";
     exit;
   }
    else
    {
     if($info[pwd]==$p0)
   {
   if($n1!="")
    {
    mysql_query("update tb_admin set name='".$n1."'where
id=".$info[id]." ",$conn);
    }
```

```
    if($p1!="")
    {
      $p1=md5($p1);
        mysql_query("update tb_admin set pwd='".$p1."' where
id=".$info[id]."",$conn);
    }
  }
  else
  {
    echo "<script>alert('原密码输入错误!');history.back();</script>";
      exit;
  }
  }
  echo "<script>alert('更改成功!');history.back();</script>";
  ?>
```

该程序首先对管理员的用户名进行验证，判断正确后才进行更新数据，并显示更新成功。

10.4 订单管理功能

订单管理功能是购物网站的重点，对于网站管理者而言一定要及时登录后台对订单进行管理并及时发货。实现在登录后台时把订单管理的功能放到了默认打开的页面，主要包括了"编辑订单"和"查询订单"两个小功能，下面分别进行介绍。

10.4.1 编辑订单

所谓的编辑订单是指管理者在登录后台后，对会员提交的订单进行"已收款"、"已发货"和"已收货"验证，同进要及时打印出网上订单提交给公司进行发货处理。编辑订单的主页是lookdd.php。

01 设计的lookdd.php页面的效果如图10-19所示。该页面也只是简单的订单信息功能，只要从数据库中查询订单进行显示即可。

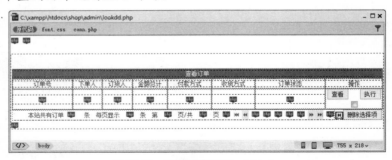

图10-19 查看订单页面 lookdd.php

02 设计的第二步就是实现单击"查看"按钮时，能调出订单的详细内容showdd.php页面并能进行打印，效果如图10-20所示。

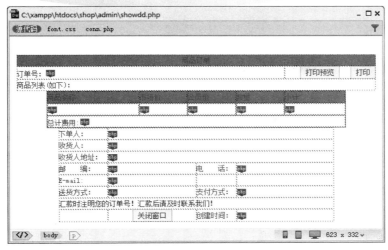

图 10-20　订单详细内容

showdd.php页面中调用函数实现打印的功能，具体的代码如下：

```
<html>
<head>
<meta http-equiv="Content-Type" content="text/html; charset=gb2312">
<title>商品订单</title>
<link rel="stylesheet" type="text/css" href="css/font.css">
<style type="text/css">
<!--
@media print{
div{display:none}
}
.style3 {color: #990000}
-->
</style>
</head>
<?php
  include("conn/conn.php");
  $id=$_GET[id];
  $sql=mysql_query("select * from tb_dingdan where id='".$id.
"'",$conn);
  $info=mysql_fetch_array($sql);
  $spc=$info[spc];
  $slc=$info[slc];
  $arraysp=explode("@",$spc);
  $arraysl=explode("@",$slc);
?>
<body topmargin="0" leftmargin="0" bottommargin="0">
<p> </p>
<table   width="600"      border="0"  align="center"  cellpadding="0"
cellspacing="0">
  <tr align="center" bgcolor="#FFCF60">
    <td height="20" colspan="2" bgcolor="#0099FF">商品订单</td>
  </tr>
  <tr>
    <td width="448" height="20">订单号: <?php echo $info[dingdanhao];
```

```
?></td>
        <td width="152"><div align="right">
    <script>
    function prn(){
    document.all.WebBrowser1.ExecWB(7,1);
    }
    </script>
    //实现打印预览的功能
        <object   ID='WebBrowser1'   WIDTH=0   HEIGHT=0   CLASSID='CLSID:
8856F961-340A-11D0-A96B-00C04FD705A2'></object>
    <input type="button" value="打印预览" class="buttoncss" onClick=
"prn()"> 
    <input type="button" value="打印" class="buttoncss" onClick=
"window.print()"></div></td>
    //实现打印的功能
    </tr>
    <tr>
        <td height="20" colspan="2">商品列表（如下）：</td>
    </tr>
    </table>
    <table width="500" height="60" border="0" align="center" cellpadding
="0" cellspacing="0">
    <tr>
        <td bgcolor="#666666"><table width="500" border="0" align="center"
cellpadding="0" cellspacing="1">
        <tr bgcolor="#0099FF">
        <td width="153" height="20">商品名称</td>
        <td width="80">市场价</td>
        <td width="80">会员价</td>
        <td width="80">数量</td>
        <td width="101">小计</td>
        </tr>
    <?php
    $total=0;
    for($i=0;$i<count($arraysp)-1;$i++){
    if($arraysp[$i]!=""){
        $sql1=mysql_query("select * from tb_shangpin where id='".
$arraysp[$i]."'",$conn);
        $info1=mysql_fetch_array($sql1);
    $total=$total+=$arraysl[$i]*$info1[huiyuanjia];
    ?>
    <tr bgcolor="#FFFFFF">
        <td height="20"><?php echo $info1[mingcheng];?></td>
        <td height="20"><?php echo $info1[shichangjia];?></td>
        <td height="20"><?php echo $info1[huiyuanjia];?></td>
        <td height="20"><?php echo $arraysl[$i];?></td>
        <td height="20"><?php echo $arraysl[$i]
*$info1[huiyuanjia];?></td>
    </tr>
    <?php
    }
    }
    ?>
        <tr bgcolor="#FFFFFF">
        <td height="20" colspan="5">
```

```
            总计费用:<?php echo $total;?>
          </td>
        </tr>
    </table></td>
  </tr>
</table>
  <table    width="460"    border="0"    align="center"    cellpadding="0"
cellspacing="0">
    <tr>
      <td width="81" height="20">下单人:</td>
      <td colspan="3"><?php echo $info[xiadanren];?></td>
    </tr>
    <tr>
      <td height="20">收货人:</td>
      <td height="20" colspan="3"><?php echo $info[shouhuoren];?></td>
    </tr>
    <tr>
      <td height="20">收货人地址:</td>
      <td height="20" colspan="3"><?php echo $info[dizhi];?></td>
    </tr>
    <tr>
      <td height="20">邮  编:</td>
      <td width="145" height="20"><?php echo $info[youbian];?></td>
      <td width="66">电  话:</td>
      <td width="158"><?php echo $info[tel];?></td>
    </tr>
    <tr>
      <td height="20">E-mail:</td>
      <td height="20"><?php echo $info[email];?></td>
      <td height="20"> </td>
      <td height="20"> </td>
    </tr>
    <tr>
      <td height="20">送货方式:</td>
      <td height="20"><?php echo $info[shff];?></td>
      <td height="20">支付方式:</td>
      <td height="20"><?php echo $info[zfff];?></td>
    </tr>
    <tr>
      <td height="20" colspan="4"><span class="inputcssnull">汇款时注明您
的订单号! 汇款后请及时联系我们! </span></td>
    </tr>
    <tr>
      <td height="20"> </td>
      <td    height="20"><div    align="center"><input    type="button"
onClick="window.close()" value="关闭窗口" class="buttoncss"></div></td>
      <td height="20">创建时间:</td>
      <td height="20"><?php echo $info[time];?></td>
    </tr>
  </table>
  </body>
</html>
```

03 要实现订单的网上处理，单击“执行”按钮即可以打开orderdd.php页面，进行订单的处理，上面包括了“已收款”、“已发货”、“已收货”3个复选项，对其进行相应的处理，如图10-21所示。

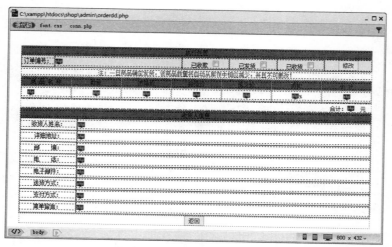

图 10-21　标记订单 orderdd.php

04 单击"修改"按钮，即提交表到saveorder.php页面进行修改数据的保存，具体的代码如下：

```php
<?php
$ysk=$_POST[ysk]." ";
$yfh=$_POST[yfh]." ";
$ysh=$_POST[ysh]." ";
$zt="";
if($ysk!=" "){
    $zt.=$ysk;
}
if($yfh!=" "){
    $zt.=$yfh;
}
if($ysh!=" "){
    $zt.=$ysh;
}
if(($ysk==" ")&&($yfh==" ")&&($ysh==" ")){
    echo "<script>alert('请选择处理状态!');history.back();</script>";
exit;
}
include("conn/conn.php");
$sql3=mysql_query("select * from tb_dingdan where id='".$_GET[id].
"'",$conn);
$info3=mysql_fetch_array($sql3);
if(trim($info3[zt])=="未作任何处理"){
$sql=mysql_query("select * from tb_dingdan where id='".$_GET[id].
"'",$conn);
$info=mysql_fetch_array($sql);
$array=explode("@",$info[spc]);
$arraysl=explode("@",$info[slc]);

for($i=0;$i<count($array);$i++){
```

```
    $id=$array[$i];
       $num=$arraysl[$i];
        mysql_query("update tb_shangpin set cishu=cishu+'".$num."' ,
shuliang=shuliang-'".$num."' where id='".$id."'",$conn);
      }
    }
    mysql_query("update tb_dingdan set zt='".$zt."'where id=
'".$_GET[id]."'",$conn);
    header("location:lookdd.php");
    ?>
```

通过上述4个步骤的设计，后台的订单编辑功能即开发完成。

10.4.2　查询订单

在网站运营一段时间后，网上的订单会越来越多，也经常会遇到会员查询订单的事情，网站管理者同样也需要一个订单的后台查询功能，才能方便地找到相应的订单。实例查询和显示的结果是在同一个页面，即finddd.php。

制作的finddd.php页面效果如图10-22所示。

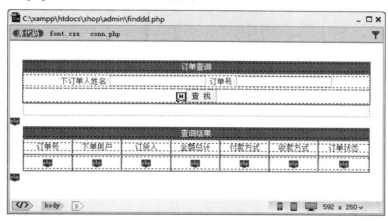

图 10-22　查询订单 finddd.php

核心程序如下：

```
<html>
<head>
<meta http-equiv="Content-Type" content="text/html; charset=gb2312">
<title>订单查询</title>
<link rel="stylesheet" type="text/css" href="css/font.css">
</head>
<?php
  include("conn/conn.php");
?>
<body topmargin="0" leftmargin="0" bottommargin="0">
<p> </p>
<table width="550" border="0" align="center" cellpadding="0"
cellspacing="0">
        <tr>
          <td height="20" bgcolor="#0099FF"><div align="center" style=
```

```
"color: #FFFFFF">订单查询</div></td>
          </tr>
          <tr>
           <td    height="50"    bgcolor="#555555"><table    width="550"
height="50" border="0" align="center" cellpadding="0" cellspacing="1">
              <tr>
               <td bgcolor="#FFFFFF">
     <table width="550" height="50" border="0" align="center" cellpadding=
"0" cellspacing="0">
       <script language="javascript">
        function chkinput3(form)
      {
       if((form.username.value=="")&&(form.ddh.value==""))
         {
          alert("请输入下订单人或订单号");
       form.username.select();
       return(false);
         }
        return(true);

      }
        </script>
               <form   name="form3"   method="post"   action="finddd.php"
onSubmit="return chkinput3( this)">
     <tr>
                 <td height="25"><div align="center">下订单人姓名:<input
type="text" name="username" class="inputcss" size="25" >
                 订单号:<input  type="text"  name="ddh"  size="25"
class="inputcss" ></div></td>
                 </tr>
                 <tr>
                  <td height="25">
                    <div align="center">
     <input type="hidden" value="show_find" name="show_find">
                      <input name="button" type="submit" class=
"buttoncss" id="button" value="查 找">
                      </div></td>
                  </tr>
       </form>
              </table></td>
             </tr>
           </table></td>
           </tr>
   </table>
        <table width="550" height="20" border="0" align="center"
 cellpadding="0" cellspacing="0">
          <tr>
           <td> </td>
          </tr>
        </table>
      <?php
       if($_POST[show_find]!=""){
         $username=trim($_POST[username]);
```

```php
    $ddh=trim($_POST[ddh]);
    if($username==""){
        $sql=mysql_query("select * from tb_dingdan where dingdanhao=
'".$ddh."'",$conn);
    }
    elseif($ddh==""){
        $sql=mysql_query("select * from tb_dingdan where xiadanren=
'".$username."'",$conn);
    }
    else{
        $sql=mysql_query("select * from tb_dingdan where xiadanren=
'".$username."'and dingdanhao='".$ddh."'",$conn);
    }
    $info=mysql_fetch_array($sql);
    if($info==false){
        echo "<div algin='center'>对不起,没有查找到该订单!</div>";
    }
    else{
    ?>
    <table width="550" border="0" align="center" cellpadding="0"
cellspacing="0">
        <tr>
          <td height="20" bgcolor="#0099FF"><div align="center"
style="color: #FFFFFF">查询结果</div></td>
        </tr>
        <tr>
          <td height="50" bgcolor="#555555"><table width="550"
height="50" border="0" align="center" cellpadding="0" cellspacing="1">
            <tr>
                <td     width="77"     height="25"     bgcolor="#FFFFFF"><div
align="center">订单号</div></td>
                <td width="77" bgcolor="#FFFFFF"><div align="center">下单
用户</div></td>
                <td width="77" bgcolor="#FFFFFF"><div align="center">订货
人</div></td>
                <td width="77" bgcolor="#FFFFFF"><div align="center">金额
总计</div></td>
                <td width="77" bgcolor="#FFFFFF"><div align="center">付款
方式</div></td>
                <td width="77" bgcolor="#FFFFFF"><div align="center">收款
方式</div></td>
                <td width="77" bgcolor="#FFFFFF"><div align="center">订单
状态</div></td>
            </tr>
    <?php
      do{
    ?>
            <tr>
                <td height="25" bgcolor="#FFFFFF"><div align=
"center"><?php echo $info[dingdanhao];?></div></td>
                <td height="25" bgcolor="#FFFFFF"><div align=
"center"><?php echo $info[xiadanren];?></div></td>
                <td height="25" bgcolor="#FFFFFF"><div align=
```

```
"center"><?php echo $info[shouhuoren];?></div></td>
              <td height="25" bgcolor="#FFFFFF"><div align=
"center"><?php echo $info[total];?></div></td>
              <td height="25" bgcolor="#FFFFFF"><div align=
"center"><?php echo $info[zfff];?></div></td>
              <td height="25" bgcolor="#FFFFFF"><div align=
"center"><?php echo $info[shff];?></div></td>
              <td height="25" bgcolor="#FFFFFF"><div align=
"center"><?php echo $info[zt];?></div></td>
            </tr>
    <?php
      }while($info=mysql_fetch_array($sql));
    ?>
          </table></td>
        </tr>
      </table>
     <?php
    }
   }
  ?>
  </body>
  </html>
```

10.5 信息管理功能

信息管理功能就是指在网站后台能够实现新闻、用户的商品评价等一些相关的管理操作，实例制作了管理公告、发布公告和管理评价3个功能，通过这3个功能能够实现整个网站的即时公告发布、公告修改以及商品评论的编辑修改功能。

10.5.1 管理公告

管理公告功能是指在后台对发布的公告可以进行修改和删除的操作，实例管理公告的主页为admingonggao.php。

01 制作好的admingonggao.php页面效果如图10-23所示。

图 10-23　管理公告 admingonggao.php

02 选中"选择"复选框，单击"删除所选"按钮将表单提交到deletegonggao.php进行删除公告的操作，代码如下：

```
<?php
 include("conn/conn.php");
```

```
while(list($name,$value)=each($_POST))
{
  mysql_query("delete from tb_gonggao where id='".$value."'",$conn);
}
header("location:admingonggao.php");
?>
```

03 单击"修改"文字链接，可以打开editgonggao.php页面进行公告的编辑操作，该页面如图10-24所示。

图 10-24　修改公告 editgonggao.php

04 输入修改的公告主题和公告内容，再单击"更改"按钮可以提交表单到saveeditgonggao.php进行内容的更新操作，更新的代码如下：

```
<?php
  $title=$_POST[title];
  $content=$_POST[content];
  include("conn/conn.php");
  mysql_query("update tb_gonggao set title='$title',content='$content'
where id='".$_POST[id]."'",$conn);
  echo "<script>alert('公告修改成功!');history.back();</script>";
?>
```

 发布公告

用于添加新的公告页面是addgonggao.php，实现的方法就是采集公告的字段进行数据的插入操作即可以完成，本小节就介绍新添加公告的具体方法。

01 制作采集公告的addgonggao.php页面如图10-25所示。

图 10-25　addgonggao.php 页面的效果

02 录入完主题和内容，单击"添加"按钮可以提交表单进行验证，并提交到

savenewgonggao.php页面进行新闻公告的保存操作，实现的代码如下：

```php
<?php
include("conn/conn.php");
$title=$_POST[title];
$content=$_POST[content];
$time=date("Y-m-j");
mysql_query("insert into tb_gonggao (title,content,time) values
('$title','$content','$time')",$conn);
echo "<script>alert('公告添加成功!');history.back();</script>";
?>
```

10.5.3 管理评价

后台的最后一个功能是管理评价功能，通过管理可以将商品的一些负面信息进行删除，管理评价功能的页面是editpinglun.php，制作的方法如下：

01 制作的editpinglun.php页面效果如图10-26所示。

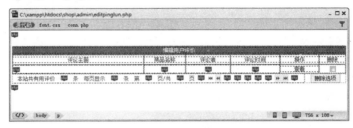

图 10-26 编辑用户评价 editpinglun.php

02 通过单击"查看"文字链接能打开Windows窗口显示评价的详细内容，实现的代码如下：

```php
<?php
include("conn/conn.php");
$sql=mysql_query("select count(*) as total from tb_pingjia ",
$conn);
$info=mysql_fetch_array($sql);
$total=$info[total];
if($total==0)
{
  echo "本站暂无用户发表评论!";
}
else
{
?>
<script language="javascript">
function openpj(id)
{
window.open("lookpinglun.php?id="+id,"newframe","width=500,height=30
0,top=100,left=200,menubar=no,toolbar=no,location=no,scrollbar=no,statu
s=no");
```

```
    }
</script>
```

03 选中"删除"复选框，再单击"删除选项"按钮将表单提交至删除评价的页面 deletepingjia.php，该页面的代码如下：

```php
<?php
include("conn/conn.php");
while(list($name,$value)=each($_POST))
  {
      $id=$value;
      mysql_query("delete from tb_pingjia where id=".$id."",$conn);
  }
header("location:editpinglun.php");
?>
```

本章系统地讲解了翡翠电子商城的后台管理开发办法，一般的电子商城的常用功能也无非就是这些，有些比较复杂的结算系统如积分系统，叠代结算系统等都是在使用PHP的运算函数基础上使用客户提供的结算运算公式去实现的。读者可以触类旁通，举一反三，在掌握本系统开发方法的基础上做更多的需求开发，真正成为PHP高级程序员。